Freud, un indispensable étranger

Still lost in translation 1

Freud, un indispensable étranger

Still lost in translation 1

Jean Claude Schotte, Luxembourg

2015

Voor Leen, Emilia, Jiline en Orane

Timeo hominem unius libri

Thomas d'Aquin[1]

I don't know the question, but sex is definitely the answer

Woody Allen

----

[1] « Je crains l'homme d'un seul livre ». La phrase, où le mot « hominem » (homme, humain), est parfois remplacé par le mot « lectorem » (lecteur), est attribuée à Thomas d'Aquin. Elle est ambigüe, et se prête à deux interprétations contraires : d'habitude elle sert à critiquer celui qui se limite à un seul livre et qui ne connaît rien d'autre, mais elle peut également indiquer que le lecteur en question est un adversaire redoutable, puisqu'il a approfondi une pensée de fond en comble. Mon credo personnel est qu'il faut retourner une pensée dans tous les sens, et puis une autre au moins. Vaste projet ! Mais le seul qui permette dans le champ du savoir une distribution du pouvoir autre que totalitaire, sans virer à l'éclectisme chaotique, épistémologiquement trop incohérent, mais socialement utile parce que commode. Lisez Freud, mais lisez par exemple aussi Michel Foucault ou Jean Gagnepain, qui ne sont pas psychanalystes.

Introduction

Un contexte, un livre

La réglementite carabinée

J'entame la rédaction de ce livre sur Freud à un moment où le législateur s'apprête à légiférer le champ de la psychothérapie, tant en Belgique qu'au Luxembourg[2]. Mais comment s'y prend-il ? Là où j'habite et travaille, au Grand-duché, il projette non seulement d'organiser une prise en charge des pratiques psychothérapeutiques par la sécurité sociale, ce qui est compréhensible au regard des difficultés financières de certaines personnes, mais également de protéger le titre de psychothérapeute et la pratique de la psychothérapie au moyen d'une loi à caractère pénal. Il se prépare à ratifier la loi sur les psychothérapies sans doute la plus répressive de toute l'Union

----

[2] Ajoute (mai 2015) :

J'ai préféré maintenir le texte introductif tel quel, pour faire comprendre contre quoi le psychanalyste doit se battre. Cela n'empêche pas que les choses avancent.

En Belgique, la loi a été votée le 30 janvier 2014. Et le législateur, à l'écoute des psychanalystes, a judicieusement su préserver la spécificité de la psychanalyse (article 31, §3 et §4).

Au Luxembourg, la loi portant création de la profession de psychothérapeute a été votée par la Chambre des Députés le 20 mai 2015. Le texte de loi n'a pas été modifié en vue d'inscrire le pluralisme des pratiques et des enseignements dans la loi elle-même. Mais le combat incessant des psychanalystes de la Société Psychanalytique du Luxembourg a quand-même servi, in extremis et contre toute attente, et malgré l'opposition continuée de certains députés de la majorité, du Ministère de la Santé, de certains psychologues de l'Université et de certains représentants de l'Association des psychologues. Le brouhaha dans les médias, l'appui des collègues français et belges, et l'écoute et l'engagement des parlementaires de l'opposition (CSV et Dei Lënk), ont fini par attirer l'attention du rapporteur de la Commission de la Santé sur la cause des psychanalystes. Celui-ci, M. Georges Engel, a su convaincre assez de collègues pour approuver son rapport, modifié de telle sorte que la spécificité des formations et des pratiques psychanalytiques est reconnue et préservée, à la manière belge (Rapport de la Commission de la santé, de l'égalité des chances et des sports du 21 avril 2015, p. 16 : l'exercice de la psychanalyse et le port du tire de la psychanalyse ne relèvent pas de la loi portant création de la profession de psychothérapeute).

européenne, une loi qui est en plus franchement protectionniste et corporatiste.

Le principe de base officiel de cette loi est double. Primo, le métier du psychothérapeute ne peut être exercé que par ceux qui ont une formation première en médecine ou en psychologie. Et secundo, les personnes qui terminent avec succès la formation spécifique en psychothérapie de l'Université du Luxembourg sont automatiquement reconnues comme psychothérapeutes. Ergo, les psychothérapeutes formés dans d'autres pays où l'on n'exige pas qu'ils soient au départ psychologue ou médecin et qui ne sont donc ni l'un ni l'autre, ne seront jamais reconnus au Luxembourg et ne pourront jamais y travailler en tant que psychothérapeute. Et ceux qui sont formés à l'étranger, après avoir fait des études de base en psychologie ou en médecine, devront espérer obtenir une équivalence, ce qui est loin d'être acquis, pour une autre raison : à l'étranger, la grande majorité des formations en psychothérapie est assurée en dehors des universités, dans des instituts et des écoles privés.

L'exclusivité de l'accès à la formation spécifique est justifiée par un des architectes et principaux porte-parole de la loi, un professeur psychologue non clinicien de l'Université du Luxembourg, au nom du savoir que possèdent les médecins et les psychologues[3]. Les premiers, argumente-t-il, connaissent le fonctionnement organique. Et les deuxièmes ont appris à se débattre adéquatement avec le comportement, le vécu et les processus conscients de l'humain (das Verhalten, das Erleben und die Bewusstseinsprozessen des Menschen). Ils disposent des compétences qui permettent de décrire le comportement humain sur des bases scientifiques, de l'expliquer théoriquement à partir de principes et de déduire des prédictions au sujet de l'évolution du comportement et de ses conséquences (Psychologen verfügen über die Kompetenzen das Verhalten des Menschen wissenschaftlich fundiert zu beschreiben, dieses theoretisch begründet zu erklären, und

---

[3] Steffgen G., Die Psyche, ein wertvolles Gut. Plaidoyer für eine fachlich qualifizierte Beratung und Unterstützung, dans le *Luxemburger Wort* du 2 mai 2014.

Vorhersagen hinsichtlich der Entwicklung des Verhaltens und seiner Konsequenzen abzuleiten). Sur ces bases, ils font des propositions scientifiquement fondées en vue de la modification du comportement, ils les implémentent adéquatement et ils effectuent une évaluation appropriée d'actes psychologiques (Darauf aufbauend machen sie wissenschaftlich wohlbegründete Vorschläge für die Veränderung des Verhaltens, setzen diese adäquat um und führen eine angemessene Evaluation psychologischer Handlungen durch).

La première chose que je puis dire en tant que psychanalyste, est que les psychanalystes ne parlent pas en ces termes de leur propre travail, jamais, mais qu'ils ne font pas pour autant n'importe quoi. La seconde chose est beaucoup plus basique : les psychanalystes n'ont pas la prétention à mon sens irréaliste, égocentrique et fondamentalement idiote (au sens originaire du mot), de croire que le psychologue soit le seul qui ait appris quelque chose d'intelligent ou de pertinent à propos de l'humain. C'est pour cela que beaucoup de psychanalystes ne sont ni psychologues ni médecins, ce qui ne les empêche pas d'être pleinement psychanalystes et formés comme il le faut pour exercer leur profession. Les psychanalystes ne croient que les historiens ou les sociologues par exemple, les littéraires et les philosophes, les instituteurs et les pédagogues, les infirmiers psychiatriques et les assistants sociaux, et cetera, ne disposent pas d'une formation de base suffisante pour entamer une formation spécifique en psychanalyse. Mais il est déjà évident que beaucoup de psychanalystes ne pourront plus jamais travailler au Luxembourg, sauf modification du projet de loi lui-même ou clarification utile dans le rapport qui accompagnera la loi une fois qu'elle sera votée et qui en orientera l'interprétation juridique.

La première mouture du projet de loi n° 6578 prévoyait d'interdire et de rendre passible de poursuite pénale quantité de pratiques pourtant courantes, appréciées, sans danger, et qui plus est admises et officiellement approuvées dans des pays limitrophes, au sein donc de l'UE où les principes de la libre circulation et de la libre prestation des services sont en vigueur, et où le principe de la reconnaissance mutuelle a été adopté depuis longtemps. Parmi les pratiques susceptibles d'être condamnées, il fallait compter deux types d'activités. D'abord, celles qu'effectuent des gens qui ne sont pas formés comme psychothérapeutes, mais qui participent quand-même indirectement au travail psychothérapeutique de toute une équipe, l'assistant social par exemple, l'ergothérapeute et l'infirmier psychiatrique, sans lesquels le travail institutionnel dans les hôpitaux psychiatriques et les centres de santé mentale est impossible. Et puis aussi, le travail de beaucoup d'indépendants qualifiés, exerçant une profession libérale, parmi lesquels les psychanalystes laïques (à la base ni médecins ni psychologues), voire les psychanalystes tout court.

La version amendée du projet de loi, écrite suite aux nombreuses protestations de divers professionnels, introduit un distinguo entre la « psychothérapie » d'une part[4], et « l'accompagnement » (aide psychologique, conseils, soutien) pour des « difficultés courantes » d'autre part. Cette nouvelle version règle sans doute le problème des gens qui travaillent au sein d'une équipe dans les institutions, mais elle n'est guère meilleure pour tous les praticiens indépendants. Dans certains cas, la profession de ces derniers relève à part entière du champ de la psychothérapie. Dans d'autres cas, elle implique à la manière de la psychanalyse des effets psychothérapeutiques, obtenus dans le cadre d'une activité qui n'est pas du tout réductible à la seule psychothérapie, et qui n'est pas que de l'accompagnement.

Il est vrai que l'on peut discuter longuement au sujet du rapport exact entre la psychothérapie et la psychanalyse. Mais il n'y a aucun doute que la psychanalyse, en tant que pratique de la parole adressée, libre de toute contrainte extérieure qui serait induite soit par l'utilisation du DSM (le manuel diagnostique et statistique des troubles mentaux) ou de la CIM (la

---

[4] La psychothérapie est définie comme « traitement psychologique pour un trouble mental, pour des perturbations comportementales ou pour tout problème entraînant une souffrance ou une détresse psychologique, et qui a pour but de favoriser chez le ou les patient(s) des changements bénéfiques, notamment dans le fonctionnement cognitif, émotionnel et comportemental, dans le système interpersonnel, dans la personnalité ou dans l'état de santé » (article 1).

classification internationale des maladies) soit par les besoins d'une administration de la santé, n'est pas une psychothérapie au sens défini par le projet de loi, même si la pratique psychanalytique a des effets psychothérapeutiques. Par ailleurs, les psychanalystes ne s'occupent pas seulement de « difficultés ordinaires ». La distinction entre les « difficultés courantes » qui relèveraient de l'accompagnement, et les autres qui relèveraient de la psychothérapie est cliniquement intenable : le psychanalyste commence par exemple un travail avec quelqu'un qui le consulte pour avoir souffert une rupture amoureuse, mais il ne sait pas du tout ce qui risque de s'y manifester par après, une mélancolie par exemple, ou une psychose paranoïaque avec délire érotomane. Il n'a aucunement ce pouvoir magique de prédiction que possède vraisemblablement le psychologue du professeur de l'Université du Luxembourg. Bref, quoique reconnus par leurs pairs et admis dans les pays voisins du Grand-duché, les psychanalystes laïques et autres, se retrouvent avec la dernière version de la loi dans l'insécurité juridique et risquent tôt ou tard des poursuites pénales pour exercice illégal de la psychothérapie.

Pourquoi légiférer ainsi ? Le fait-on parce qu'il y a de plus en plus de gens psychiquement malades et qu'on ne veut pas se contenter de leur donner des médicaments ? Très bien, mais il n'y a aucune raison d'éliminer le pluralisme des pratiques, des théories, des épistémologies. Et il y a toutes les raisons du monde d'interroger la société dans laquelle ces problèmes surgissent, ce qu'on ne fait pas assez ici au Luxembourg, où les « burn out » font presque partie du curriculum standard de certaines professions.

Légifère-t-on ainsi par souci de comptabilité, pour ne pas faire exploser les frais de la sécurité sociale ? Voilà une chose compréhensible, mais qui n'implique nullement l'exclusion a priori de certaines approches, et encore moins leur répression. On aurait pu se limiter à rendre accessibles divers types de soins à ceux qui ne peuvent aujourd'hui se le permettre.

Légifère-t-on ainsi par ignorance des pratiques effectives, dans une espèce de rejet irréaliste des compétences d'autrui, acquises dans les pays voisins et exercées ici ? La diversité des approches est pourtant aussi irréductible que nécessaire, ainsi que l'affirment implicitement les pays qui ne légifèrent pas, et ainsi que l'affirment tous les pays de l'UE qui légifèrent, même le plus sévère des législateurs européens, le législateur allemand[5].

Légifère-t-on ainsi au nom d'une quelque peu naïve mais en somme souvent insidieuse bienveillance, dans la conviction de protéger les usagers de l'offre psychothérapeutique contre des « charlatans » qui n'hésiteraient pas à « extorquer » l'argent des patients « fragiles » ? Ces protecteurs attitrés s'arrogent le droit de définir d'avance ce qui est bénéfique pour le patient, sans lui demander ce qu'il en pense. Ils ne peuvent vraisemblablement pas concevoir que l'usager puisse être servi selon ses propres besoins et souhaits sans qu'une administration se mette à contrôler tout ce qui se passe. Et ils n'ont jusqu'à présent nullement prouvé le bien-fondé de leur discours alarmiste qui relève surtout de la « Stimmungmacherei ».

Légifère-t-on ainsi par velléité hégémonique, animé par une ambition démesurée qu'on affiche sans vergogne, poussé par un besoin narcissique de réussite sociale, à la manière de certaines personnes qui cherchent à patronner le marché pour leur propre bénéfice, et qui veulent se l'arroger au moyen d'un monopole organisé par le législateur ? Est-ce donc pour servir les intérêts très partisans d'une certaine corporation, celle des psychologues, ceux qui sont déjà en place et ceux qui viendront travailler au Luxembourg

---

[5] Le législateur allemand inscrit en 1999 d'emblée la pluralité des approches psychothérapeutiques dans sa *Psychotherapie-Richtlinie* (paragraphe 13 de la *Richtlinie des Gemeinsamen Bundesausschusses über die Durchführung der Psychotherapie,* dans la version actualisée du 19 février 2009, modifiée une dernière fois le 18 avril 2013). Et il réaffirme en avril 2009, lorsqu'il évalue son système établi depuis 1999, que ce pluralisme est nécessaire face à la pluralité des maladies psychiques (*Forschungsgutachten zur Ausbildung von psychologischen PsychotherapeutInnen und Kinder-und JugentlichentherapeutInnen).* Il n'imagine nullement qu'on puisse se contenter de n'avoir que des thérapeutes cognitivo-comportementaux ou que des psychanalystes ou que des systémiciens et cetera, au contraire.

au futur ?[6] Nous avons en tant que psychanalystes de la SPL (la Société psychanalytique du Luxembourg) eu l'occasion de faire connaissance avec leurs représentants officiels lors d'un round de discussion informel auquel prenaient part aussi les représentants des (pédo)psychiatres, et celui des médecins généralistes. Il était clair que les psychologues revendiquent le droit d'établir des diagnostics au même titre que les médecins (pédo)psychiatres, mais aussi qu'ils étaient beaucoup plus péremptoires que ces derniers qui se rendent bien compte qu'il y a plus d'une manière d'établir un diagnostic, que la manière du DSM ou de la CIM n'est pas la seule, et qui ne croient pas qu'un diagnostic suffit pour décider d'une intervention qui marchera à tous les coups. Les représentants de ces psychologues n'ont d'ailleurs pas hésité à nous dire que nous serions alors « la dernière génération » : la dernière à pouvoir se former et pratiquer la psychanalyse à la manière instituée depuis 100 ans par tant d'associations de psychanalystes. Ces représentants, bien évidemment, prétendent départager les formations, les pratiques et les théories des uns, de celles des autres. Et les premiers seraient selon leurs dires les psychothérapeutes légitimes, « les bons » (sic), alors que les autres seraient les mauvais, rien que des dangereux charlatans sans aucune légitimité.

Ces représentants, en parfaite harmonie avec les vues du professeur de l'Université du Luxembourg, opèrent ce départage, ainsi que nous avons pu le constater, au nom de l'argument massue de notre époque, la scientificité. Lorsque nous leur avons demandé ce que cela veut dire « scientifique », nous avons eu droit à une réponse banale, stéréotypée, sans doute juste suffisante pour réussir sans marge un examen de philosophie des sciences dans

---

[6] Il est connu que plusieurs centaines d'étudiants luxembourgeois en psychologie vont dans les années à venir rentrer au Luxembourg pour y travailler. Quel heureux hasard que la loi sur le psychothérapeute stipule que nul ne peut porter le titre de psychothérapeute sans être capable d'exercer son métier soit en français soit en allemand … (article 2.1.e) ! Il faut savoir que la moitié de la population du pays est étrangère, et que beaucoup d'étrangers ne demandent nullement qu'on les prenne en charge en français ou en allemand.

une université. Ils parlent sans problème de pratiques psychothérapeutiques scientifiques, mais ils devraient peut-être se demander si la scientificité n'est pas plutôt une caractéristique de certains types d'énoncés seulement : il se pourrait, du moins pour qui réfléchit et ne se contente pas de banalités peu évidentes, que l'examen des pratiques mérite plutôt d'être abordé en termes éthiques, ou politiques. Ils oublient par ailleurs, me semble-t-il, qu'une vérité scientifique digne de ce nom, est par définition très conditionnelle : une proposition X, Y ou Z est vraie scientifiquement à condition que ceci et cela et cetera. Or, les conditions du labo ne sont jamais celles du terrain : l'université n'est pas le cabinet. Et l'observation qui valide une proposition n'est pas donnée : elle est construite dans un cadre restrictif, elle tient jusqu'à preuve du contraire et elle ne permet pas de statuer sur la validité d'autres propositions qui sont des réponses à des questions bien différentes et impensables dans le contexte de départ. Nul n'exerce la recherche scientifique dans un vide paradigmatique, même pas dans le domaine des sciences physico-chimiques, et certainement pas quand il s'agit de construire un savoir sur l'homme. Il est donc probable que les pratiques de cette corporation elle-même ne passeraient pas les tests de validité de ceux qui ne travaillent pas comme eux.

Légifère-t-on ainsi par académisme, ce vice présomptueux de qui croit que seule l'université puisse garantir une solide formation ? On semble alors oublier que la plupart des formations en psychothérapie dans l'UE est assurée en dehors des universités[7]. Les auteurs de la loi, ainsi qu'il apparaît au vu de l'article 4 de la loi et si l'on parcourt le programme en psychothérapie de l'Université du Luxembourg, n'ignorent pas que la formation pratique en milieu hospitalier avec supervision est un élément crucial de cette formation et qu'il faut donc apprendre en pratiquant sur le terrain. Mais ils semblent croire que la position qu'occupe le psychothérapeute sur le terrain puisse être élucidée suffisamment à partir de sa participation à des cours et

---

[7] Selon le *Forschungsgutachten* de 2009 par exemple, la formation à l'exercice des diverses formes de psychothérapie est en Allemagne assurée dans 173 instituts dont 141 sont non-universitaires.

des séminaires à l'université où l'on parle de sa pratique, à partir d'une pratique clinique supervisée e documentée en institution, et à partir de son retour réflexif sur ce qu'il fait. Les psychanalystes ne sont pas du même avis : la formation à la psychanalyse qui n'est jamais parcourue selon un cursus académique calculable en « credits », exige une pratique supervisée mais aussi et avant tout l'analyse personnelle, autrement plus radicale que toute introspection réflexive.

Ou alors, légifère-t-on ainsi parce que l'« Arbeitsgruppe des Gesundheitsministeriums » qui a préparé la loi contient en son sein des professeurs de l'Université du Luxembourg ?[8] Cette université, je l'ai dit, a démarré un nouveau cursus en psychothérapie en 2013. Elle a donc tout intérêt à ce que ce cursus soit vivable : sans étudiants, il ne survivra pas. Quelle aubaine que la loi précise que les psychothérapeutes attitrés seront ceux qui auront terminé leur formation spécifique dans ce programme luxembourgeois ! Se pourrait-il qu'il y ait là quelque conflit d'intérêt ? Quant aux autres diplômés, ceux qui seraient formés ailleurs, dans d'autres pays, ils devront encore voir s'ils obtiennent une équivalence, ce qui est déjà exclu pour bon nombre d'entre eux, puisque beaucoup de pays de l'UE ne réservent pas la formation en psychothérapie aux seuls psychologues et médecins, contrairement au Luxembourg, qui n'en démord pas. Par ailleurs, les premiers étudiants du programme luxembourgeois doivent encore terminer leur formation : la valeur de la formation donnée reste à prouver, sur le terrain, en dehors des amphithéâtres. Last but not least : qu'enseigne-t-on dans ce programme luxembourgeois ?

---

[8] Steffgen G., *ibidem* et Vögele C., Professionalisierung eines Berufstandes. Neuer Studiengang Psychotherapie dans le *Luxemburger Wort* du 17 mai 2013

La science psychothérapeutique sans histoire(s),

ou le pragmatisme technique au détriment du reste

On y parle de psychanalyse dans un cours introductif, mais cela s'arrête là. On n'en veut pas, des psychanalystes, qui ont déjà maintes fois proposé d'enseigner à la faculté de psychologie. Et il semble que les étudiants qui sont candidats à cette formation en psychothérapie ont tout intérêt à ne pas avoir étudié dans une fac de psychologie orientée vers la psychanalyse. On ne peut pas non plus dire qu'on y enseigne tout ce qui serait vraiment représentatif des quelques grands courants classiques dans le champ des psychothérapies au sens large du mot. On retrouve des bribes et morceaux de ceci et cela, qui aurait été empiriquement validé. Et ça l'a sans doute été, mais dans un contexte particulier, à l'aune d'un certain modèle d'évaluation de l'efficience psychothérapeutique qui n'est pas pertinent dans d'autres perspectives.

Les professeurs de l'université du Luxembourg qui se sont fait les principaux porte-parole de la loi dans la presse nationale, prétendent que la psychothérapie des « scientist-practitioners » est désormais une discipline scientifique arrivée à maturité qui accumule continûment les connaissances, par-delà toutes les disputes selon eux révolues entre les diverses écoles (schulübergreifend)[9]. On aurait au passé travaillé dans le contexte de divers paradigmes (les TCC ou thérapies cognitivo-comportementales, le systémisme, la psychanalyse, la psychothérapie humaniste et cetera). Aujourd'hui on pourrait par contre se passer de ces paradigmes qui dictent chacun leurs démarches, leurs procédures, leurs limites. Les confrontations scientifiques,

---

[9] Vögele C., Master in Psychotherapy, in Steffgen, Michaux, Ferring (éditeurs), *Psychologie in Luxemburg. Ein Handbuch*, p. 155 : "Dabei spielen Therapieschulen eine immer geringere Rolle".; Steffgen G., dans l'hebdomadaire luxembourgeois *Revue*, numéro 24 de 2015, p. 44 : « Eine wesentliche Stärke des Gesetztextes erweist sich auch darin das der interessengeleitete zum Teil auch polemische geführte Therapieschulenkonflikt keinen Eingang in den Gesetztext gefunden hat ».

révélatrices d'options épistémologiques de base incommensurables, au-raient donc cédé le pas à une espèce d'œcuménisme scientifique. Les chercheurs seraient donc les représentants d'une science psychothérapeutique sans histoire(s), mais de plus en plus efficace.

Personnellement, je n'ai pas conscience que l'œcuménisme scientifique existe. Tout d'abord, il faut remarquer en toute généralité que l'histoire des sciences est une histoire non-linéaire, marquée par la concurrence des modèles et par des ruptures épistémologiques, même dans le champ des sciences physico-chimiques modernes. C'est du moins ce que j'ai cru comprendre au passé, en étudiant l'œuvre de Gaston Bachelard par exemple, ou celle d'une autre tradition, germanophone d'abord, anglo-saxonne ensuite, celle du cercle de Vienne, de Karl Popper, de Thomas Kuhn, Imre Lakatos, et de Paul Feyerabend[10]. Une science qui accumule des connaissances par-delà les divergences de paradigme et sans devoir élucider ses axiomes épistémologiques, cela n'existe pas. Ensuite, il faut indiquer que le fait de rendre les choses intelligibles n'implique pas nécessairement qu'on doive être capable de les maîtriser : la science aristotélicienne par exemple ne cherche pas à soumettre la « physis » techniquement. Et de toute manière aucun pragmatisme ne saurait scientifiquement évacuer les questions de cohérence et de correspondance.

Notons enfin ceci. Les diverses psychothérapies traditionnelles, au sens large du mot, sont élaborées dans le contexte d'un paradigme au sens kuhnien du mot : elles impliquent des choix de base sur ce qu'on examine, sur le genre de questions qu'on pose, sur les procédures de confirmation que l'on accepte et cetera. Elles sont chacune à la recherche d'une certaine cohérence entre pratiques et théories. Et elles sont toutes, diraient les chercheurs allemands, orientées vers des manières de procéder (vefahrensorientiert) : celui qui procède à la manière des TCC ne procède pas à la manière de

---

[10] Schotte J.C., La science des philosophes. Une histoire critique de la théorie de la connaissance, Bruxelles, De Boeck (Le point philosophique), 1998.

la psychanalyse. Et voilà que certains universitaires prétendent maintenant renvoyer toutes ces manières d'agir qui sont fondamentalement irréductibles les unes aux autres, au passé. Ils privilégient eux-mêmes d'autres approches, qui sont orientées soit sur les troubles (störungsorientiert) soit sur les facteurs qui sont opérants dans tout type de psychothérapie (wirkfaktorenorientiert). Tout cela est bien beau – et bien critiquable car cela n'implique pas du tout, contrairement à ce qu'ils prétendent, sans le dire en ces mots, que l'on se retrouve soudainement dans le ciel platonicien des idées sempiternelles et ubiquitaires[11].

Qu'est-ce qu'un « trouble » (Störung) ? Qui le définit, au nom de quoi ? Quel est le statut d'une séméiologie ? Quelle conception honore-t-on des symptômes ? Faut-il les éliminer ? Peut-on se contenter d'une séméiologie, ou faut-il une théorie de l'appareil psychique, du fonctionnement dynamique du psychisme, de l'humain tout court ? Non seulement ces questions doivent être posées, mais les réponses qu'on y donne, en plus varient, et fortement, férocement. Il est fou de prétendre que ces questions soient réglées ! Je dirais même, en tant que clinicien : pareille position relève de l'imposture perverse. On ne peut prétendre ces questions résolues qu'à la condition de vivre dans le déni du fait que quantité de praticiens, les psychanalystes notamment, donnent à ces questions des réponses divergentes, chaque fois singulières, propres à leur perspective, contestant largement ce qu'avancent les professeurs de l'Université du Luxembourg.

---

[11] Notons que les experts qui ont évalué dans leur *Forschungsgutachten* de 2009 le système allemand, constatent que les praticiens allemands actifs sur le terrain et les instituts de formation allemands privilégient toujours et encore l'approche classique, « orientée vers les manières de procéder » (vefahrensorientiert) (p. 335), et qu'ils s'alignent ainsi sur ce qui se fait à l'étranger (p. 335 et p. 392). Les experts constatent aussi qu'il n'y a pas d'alternative valable jusqu'à ce jour (ibidem, p. 374 et p. 392).

Quant aux facteurs opérants (Wirkfaktoren), là aussi, il y aurait beaucoup à dire. Il y en aurait cinq[12] : la qualité du rapport thérapeutique (die Qualität der therapeutischen Beziehung), l'activation des ressources (die Ressourcenaktivierung), l'actualisation des problèmes (die Problemaktualisierung), l'éclaircissement motivationnel (die motivationale Klärung), et la maîtrise des problèmes (die Problembewältigung). Encore une fois : qui détermine ce qu'est un problème ? Au nom de quoi ? Quelle conception du rapport maladie-santé tient-on ? Quel outil diagnostique emploie-t-on ? S'en réfère-t-on au DSM, à la CIM ou à aucun des deux, comme c'est le cas pour les psychanalystes ? Et puis : quelle théorie du rapport entre soignant et soigné invoque-t-on ? Quelle sociologie ? Qu'implique déjà le seul fait de parler d'un thérapeute et de son « client » (Klient) ? Quelle place accorde-t-on au transfert, aux mécanismes de projection, aux processus d'identification, à la répétition, à la résistance ? Et comment établit-on la bonne qualité de ce rapport ? Qu'est-ce que cela veut dire, un bon rapport, est-ce la même chose pour tout le monde ? Cela a-t-il un sens d'en donner une définition standard, en termes statistiques ? Et puis : qu'est-ce qu'une motivation ? Peut-on rendre consciente toute motivation ? Existe-t-il des motivations contradictoires ? La vie psychique est-elle nécessairement consciente ou s'y manifeste-t-il plutôt une causalité spécifique qui en détermine définitivement l'étrangeté ? Et qui a donc décidé que les problèmes demandent une maîtrise ? Qui nous dit que les personnes qui demandent une prise en charge veulent des solutions techniques, basées sur des diagnostics statistiquement standardisés, sans patiente construction d'une problématique clinique unique ? Se pourrait-il qu'il ne faille pas trop vite chercher à résoudre les problèmes des gens qui consultent, dans la mesure où ces problèmes n'en sont peut-être pas vraiment puisqu'ils peuvent parfaitement bien évoluer au cours du travail, et puisqu'il se peut que les problèmes de fond n'apparaissent qu'à la condition de prendre le temps de les laisser apparaître par-delà les premières évidences traitées sur la base d'indices manualisés ? Bref, se

---

[12] Selon la théorie du chercheur Klaus Grawe, invoquée par le Prof. G. Steffgen de l'université du Luxembourg, dans son article dans le *Luxemburger Wort* du 2 mai 2014.

pourrait-il que toutes ces conceptions soi-disant neutres et matures des professeurs de l'Université du Luxembourg s'accordent trop bien avec les exigences de l'administration de la santé, lesquelles ne sont pas d'ordre clinique mais budgétaire ? Se pourrait-il que tous ces beaux discours s'accordent trop bien avec les attentes d'une société néolibérale socialement corrigée, et qui croit que si ça marche, cela doit être vrai ? La santé se confond-elle avec une quelconque normalisation ?

Je me demande si ces messieurs, sans s'en rendre compte peut-être, ne propagent pas une idée au mieux naïve et au pire parfaitement idéologique d'un savoir scientifique aseptisé, hors société. Et je crains qu'ils le fassent avec une triple conséquence. *Première conséquence*, l'incohérence des démarches, présentée comme un progrès puisqu'on accumule et intègre toute intervention psychothérapeutique qui a fait ses preuves empiriquement : les techniques enseignées à l'Université seraient empiriquement validées, au regard du modèle d'évaluation des EST (Empirically Supported Treatments)[13], ou au regard du modèle des EBPP (Evidence Based Practices in Psychotherapy)[14] . *Deuxième conséquence*, la domination des TCC, malgré tout, une domination avouée, mais à moitié seulement puisque relativisée par l'intégration de bouts de systémisme entre autres, soit : l'exclusion pure et simple d'une approche radicalement différente telle que la psychanalyse. *Troisième conséquence*, la réduction de la science à une sorte d'ensemble occasionnel d'interventions et de stratégies, à un pragmatisme technique éclectique adopté dans l'absence de toute interrogation sur le rapport qui existe entre une certaine manière de pratiquer la psychothérapie et un certain type de pouvoir, législatif, exécutif, juridique, économique et cetera.

---

[13] Ainsi l'*Exposé des motifs* accompagnant le premier projet de loi avant amendement, p. 11.

[14] Ainsi la présentation officielle du programme en psychothérapie sur le site web de l'Université du Luxembourg, pour l'année académique 2014-2015.

Je n'ai rien contre le pragmatisme s'il s'appuie sur le sens commun, donc sur l'expérience clinique et la discussion jamais terminée qu'elle provoque entre des acteurs sociaux qui occupent des positions souvent conflictuelles. Je suis cependant très sceptique par rapport à un pragmatisme qui instrumentalise la parole échangée pour en faire un outil de communication assujetti à des questionnaires écrits d'avance et utilisés en vue d'une quantification des indices de maladie. Je me méfie autrement dit d'un pragmatisme qui s'appuie sur des techniques diagnostiques superficielles censées décider des interventions et stratégies qu'on dit adéquates, parce qu'on croit pouvoir déterminer de l'extérieur les fins à poursuivre. Et je suis absolument opposé au pragmatisme instrumental qui se présente comme la science incarnée, qui fait comme si toutes les questions axiomatiques étaient réglées dans l'unanimité. Et ce d'autant plus que ses tenants, sans même avoir le courage d'engager la discussion ouvertement avec celui qui n'est pas d'accord[15], se permettent de détruire la profession que j'exerce, celle du psychanalyste.

---

[15] Une anecdote illustre la chose. Je ne l'invente pas, malheureusement (il y a plusieurs témoins). J'ai été invité par la rédaction du mensuel luxembourgeois le *Forum* pour une conversation (ein Gespräch), à publier telle quelle, avec un professeur de psychologie de l'Université du Luxembourg au sujet de la loi, le vendredi 13 février 2015. Arrivé sur place, ce monsieur n'a pas voulu discuter. Il s'attendait à être interviewé par les journalistes du *Forum*. Espérait-il pouvoir dire comme d'habitude ce qu'il voulait, sans devoir affronter aucune objection pertinente de la part des interviewers ? Je ne le sais pas. Il disait n'avoir pas réalisé que J.C. Schotte n'est pas un journaliste mais un psychanalyste. Il déclarait aussi qu'il parle de la loi en tant que scientifique. Il disait ne pas vouloir parler avec un psychanalyste, ni d'ailleurs avec un systémicien ou un comportementaliste-cognitiviste. Il disait ne pas être préparé pour pareille discussion ... alors qu'il est un de ceux qui travaillent depuis des années à préparer cette loi et qu'il est un de ces avocats dans la presse ! Il disait également que la loi serait bientôt votée et que ce n'était donc pas le moment de jeter de l'huile sur le feu par une discussion — il vaut vraisemblablement mieux discuter quand les jeux sont faits, à son seul avantage. Toujours cohérent, il ne refusait toutefois pas toute discussion, il fallait seulement qu'il se prépare. Ce qui lut accordé. Un nouveau

La mise en discipline

Au total, je ne peux m'empêcher de penser à Michel Foucault, dont le sommeil éternel, fort mérité, risque d'être dérangé par tant de violence déguisée. Quoi de plus évident en effet, pour des gens de bonne intention, que la mise en discipline ? Quoi de mieux que la normalisation? Menschlich, all zu menschlich ! Selbstverständlich, all zu selbstverständlich !

Une question mérite quand-même d'être posée : le pouvoir étatique a-t-il la charge de protéger les libertés ? Ou doit-il plutôt se faire le rempart de la sécurité, de l'ordre intérieur contre des ennemis présumés dont on peut se demander s'ils ne sont pas essentiellement fabriqués de toute pièce ? Cherche-t-il, sans vouloir ni pouvoir l'admettre, à formater les esprits dans le moule du gestionnaire qui a besoin de savoir tout ce qu'on fait ? Rappelons quand-même que ce gestionnaire n'est nullement clinicien, et qu'il ne peut aucunement s'appuyer sur des avis d'experts incontestés, qui permettraient de trancher l'épineuse question de l'efficience relative des méthodes psychothérapeutiques respectives.

Les péripéties du modèle d'évaluation des « Empirically Supported Treatments», propagé par une section de l'Association Américaine de Psychologie, contredit ou complété par exemple par le modèle des « Empirically Informed Therapies » prouvent plusieurs choses[16]. *Un*, les modèles d'évaluation de l'efficience des méthodes psychothérapeutiques ne sont pas universellement applicables : on ne peut pas évaluer des méthodes non directives

---

RV fut donc fixé, quelques jours plus tard, pour que cette discussion entre le psychanalyste et le professeur puisse avoir lieu, une fois n'est pas coutume. Et ce qui fut attendu, arriva : le lendemain déjà, le 14 février, ce professeur se retira en déclarant ne pas être d'accord pour discuter dans ces conditions. C'est ce qu'on appelle, j'imagine, l'honnêteté intellectuelle. Il faut savoir que ce monsieur n'est même pas clinicien !

[16] Je tiens à remercier Thierry Simonelli pour ces informations précieuses.

telles que la psychanalyse avec des modèles développés à la mesure des méthodes directives[17]. *Deux*, beaucoup de méthodes psychothérapeutiques n'ont jamais été évaluées, selon quelque modèle que ce soit : on ne peut pas dire au nom des modèles d'évaluation existants qu'elles soient inefficaces ou dangereuses, ni le contraire. *Trois*, une situation clinique singulière, par définition dynamique et déterminée par le transfert, est irréductible à des modèles de laboratoire au fond irréalistes. *Quatre*, aucune des méthodes psychothérapeutiques particulières qui ont été évaluées jusqu'à présent n'est la panacée : parmi celles qui ont été évaluées, il n'y en a aucune qui marche à 100% pour tout patient, quel que soit le praticien ; chacune marche, mais seulement plus ou moins, et encore, pour certains types de problème plutôt que d'autres, et encore, pour certains aspects de ces problèmes. *Cinq*, il n'existe ni références diagnostiques ni méthodes d'interventions qui seraient communément admises par tous les prestataires de service psychothérapeutique ensemble, par-delà les divergences énormes qui existent entre leurs options épistémologiques de base. Un comportementaliste et un psychanalyste par exemple ne pensent pas pareil et ils n'agissent pas du tout de la même manière. Le mot seul déjà de « santé mentale » est matière à dissension entre eux. Par conséquent, la préservation d'un pluralisme irréductible est requise : elle répond à la diversité des problématiques à traiter, elle est donc dans l'intérêt de ceux qui consultent un professionnel. Last but not least : elle est conforme aux principes d'une société démocratique[18].

---

[17] Le modèle des « Empirically Supported Treatments» est adapté à l'évaluation des thérapies directives seulement, et beaucoup trop académique, alors que le modèle des « Empirically informed Therapies », infiniment plus prudent, est beaucoup plus pertinent par rapport aux situations cliniques réelles.

Il faut citer à côté des EST et des EIT plusieurs autres modèles d'évaluation : les « Empirically Supported Relationships » (ESR), l'« Evidence Based Practice in Psychotherapy » (EBPP), les « Single-Case Study Research Designs » ou « Single-Subject-Designs », et les « Process/Outcome Studies ».

[18] Dans un entretien avec le magazine luxembourgeois *Paperjam*, publié en ligne le 7 mars 2015, la Ministre de la Santé luxembourgeoise Mme. L. Mutsch déclare, dans le contexte de la problématique de l'égalité des chances, que « La diversité doit être

Quelques préjugés ambiants

Je suis par ailleurs stupéfait d'entendre quelle idée certaines gens pourtant bien formées et cultivées se font aujourd'hui de la psychanalyse. Elle n'est à leurs yeux qu'une expérience assez bizarre, au meilleur des cas très personnelle. Elle pourrait donc être intéressante, mais elle serait uniquement destinée à des personnes plutôt loquaces, intellectualistes en fait, et certainement assez riches pour se la permettre. Et de toute façon, elle relèverait plutôt de la fantaisie qu'autre chose. Et elle appartiendrait définitivement au passé de notre savoir. Si l'on veut se faire soigner, on ne va pas, croient-ils, chez un psychanalyste. Ou bien on prend des médicaments ou bien on va chez un psychothérapeute qui pratique la psychothérapie comportementale et cognitive : ici on prescrit une dose de cachets et là on prescrit une dose de dix séances. Et hop !

Ben, ma foi. Je comprends qu'une personne peu diserte ne soit peut être pas pressentie a priori pour une analyse, et encore : il y a ceux qui n'ont pas grand-chose à dire, et il y a ceux qui ne parlent pas, c'est différent. Hormis le fait que le prix est une affaire négociable, et que d'autres types de soins peuvent être coûteux sans rien apporter à qui veut en premier lieu être entendu, ces gens cultivés semblent croire que la psychanalyse n'a plus rien à offrir théoriquement, et qu'elle n'a aucun effet psychothérapeutique. Freud l'aurait contesté. Et je le conteste vivement. Il y a des questions proprement freudiennes qui méritent d'être posées, encore et toujours. Et s'il est exact que la psychanalyse ne se réduit jamais à n'être qu'une psychothérapie, je n'en conclurais pas qu'elle n'ait pas d'intérêt pratique, ne fût-ce que parce que le cabinet du psychanalyste est un des rares lieux où l'on puisse parler librement, non seulement à l'abri de toutes sortes d'administrations au service de l'état, mais aussi à l'abri de ses parents, de ses enfants, de ses partenaires, de ses amis, de ses collègues, de ses supérieurs. En outre, il m'a

---

au cœur du débat national ». Apparemment, il est facile de faire de belles déclarations dans la presse, mais beaucoup moins impératif d'observer en acte les beaux principes qu'on énonce.

depuis longtemps semblé que bon nombre de discussions sur l'efficacité présumée de telle ou telle approche psychothérapeutique et sur les prétendues preuves pour ou contre telle ou telle théorie, soit s'arrêteraient soit perdraient beaucoup de leur intérêt, si l'on prenait comme référence la personne qui demande une prise en charge. Il me semble évident, par expérience, que certains patients ne travailleront jamais à la manière du psychanalyste, d'autres en revanche jamais à la manière du comportementaliste. Pourquoi ? Eh bien, tout simplement à cause de leur personnalité, de leur sensibilité personnelle.

Cela me rappelle un rapport sur un patient hospitalisé dans une des sections du centre psychiatrique Dr. Guislain, à Gand en Belgique. Ce rapport avait été rédigé dans une section de l'hôpital où l'on ne travaillait certainement pas à la manière des analystes : on y pratiquait tout sauf la psychothérapie institutionnelle à la façon de Jean Oury à La Borde et de François Tosquelles à Saint-Alban. La conclusion du rapport, rédigé à l'occasion du transfert d'un patient vers une autre section de même hôpital, mais où l'on pratiquait cette psychothérapie institutionnelle et où travaillaient plusieurs personnes formées à la psychanalyse, était celle-ci : « La thérapie que nous avons tentée n'a pas marché parce que le patient, trop narcissique, refuse de coopérer ». Sic. L'idée d'interroger le narcissisme des thérapeutes n'avait effleuré ni le thérapeute en train de rédiger son rapport, ni tous ses collègues évidemment bienveillants. Espère-t-on vraiment soigner quelqu'un qui serait plutôt narcissique sans lui ouvrir une place qui ne soit pas dictée d'avance, en le contraignant à suivre le programme, en récompensant certaines de ses conduites et en en punissant d'autres, comme on avait l'habitude de le faire dans cette section de l'hôpital ? Moi, je ne crois pas que cela soit possible. Inversement, il devrait être clair que la psychanalyse ne va pas marcher pour certains patients d'un autre type, qui seraient en revanche très contents de pouvoir travailler avec un comportementaliste qui prend les choses en main, qui leur dit quoi faire, et qui les entraîne, comme un coach. Et tant mieux.

Arrêtons de formater tout le monde. Prenons acte de ce que nous faisons, et des limites de ce que nous faisons. Enfin, essayons d'en prendre acte, sans jamais prétendre avoir fini notre écolage. Entretemps, il me semble clair que nous devons en tant que psychanalystes faire entendre ce qu'est la psychanalyse pour qu'elle continue d'exister dans ce contexte actuel de réglementite carabinée, et de corporatisme sans vergogne. D'où ce livre, consacré à l'œuvre du fondateur de la psychanalyse.

À la recherche d'Œdipe ou passer par Freud pour s'en passer

Ce volume peut être lu seul, mais à mes yeux il ne se suffit pas à lui seul. C'est en effet le premier volume d'une série que j'ai baptisée *Still lost in translation*, série consacrée en définitive à une lecture, que j'espère cliniquement pertinente mais nouvelle, de l'*Œdipe tyran* de Sophocle − divergente de celle de Freud, qui a été rejetée par les hellénistes.

Tout d'abord, ce livre n'épuise pas l'œuvre de Freud elle-même. Je veux dire, je n'y écris pas tout ce que j'estime pouvoir ou devoir en écrire. Il forme un tout avec au moins deux autres livres déjà écrits. *Méditations cartésiennes et anticartésiennes. Still lost in translation 2*, explore la position paradoxale dans laquelle Freud se retrouve à l'égard du savoir à prétention apodictique inauguré par René Descartes[19]. Alors que le philosophe cherche la

───────────────

[19] Freud n'est pas le seul fondateur des sciences humaines à se retrouver par rapport à Descartes en une position de contre-dépendance.
Il en va de même pour Ferdinand de Saussure notamment, qui thématise un nouvel objet, appelé la « langue ». On décèle à travers ce nouvel objet, construit par déconstruction du concept trop global et ambigu de « langage », effectivement un objet nouveau, appelé par lui « le système », c'est-à-dire la structure de la signification. Celle-ci détermine le fait qu'un phonème parfaitement bien délimité par rapport aux autres phonèmes puisse être réalisé de quantité de manières acoustiquement, et le fait qu'un sème parfaitement bien identifié soit polysémique, donc intrinsèquement ouvert à une variété de sens. Le phonème et le sème, pourrait-on dire, sont à la fois structuralement définis, et performanciellement incertains. Ce ne sont pas des objets « cartésiens » mais des objets contradictoires.

certitude, Freud au contraire s'intéresse à des phénomènes tout sauf évidents. Il s'intéresse par exemple au rêve qui se prête à des interprétations qui sont par définition impossibles à terminer. Or, ce n'est qu'à la condition d'interroger la causalité spécifique qui se manifeste dans ce type de phénomènes, que l'on peut faire des sciences humaines. Il faut donc quelque part corriger l'épistémologie cartésienne. Et c'est exactement cela que Freud entreprend de faire. Et c'est ce que ne comprennent toujours pas ses détracteurs, désespérément positivistes. Mais par ailleurs, ce même Freud reste dépendant de Descartes. Il ne réintroduit pas du tout ce que Descartes a dû évacuer pour pouvoir effectuer sa révolution épistémologique, à savoir : « le monde des affaires humaines », le monde, plus exactement, des rapports de pouvoir dans la cité. Ainsi Freud, comme tant d'autres penseurs qui se sont depuis Descartes intéressés à ce qui d'un sujet fait un sujet, abandonne-t-il au fond la problématique du pouvoir à la philosophie politique, puis aux sociologues. Cet abandon n'est pas sans conséquences, notamment lorsqu'il essaie d'expliquer ce qui rend l'humain malade psychiquement : Freud privilégie le sexe comme facteur déclenchant. Et cela explique aussi pourquoi Freud est parfaitement incapable de lire ce que Sophocle écrit, qui vit dans la cité, et qui est un auteur politique, à part entière, un homme intéressé par-dessus tout par les questions de pouvoir.

D'un Œdipe à l'autre, de Freud à Sophocle. Still lost in translation 3, entreprend la confrontation de Freud et de Sophocle. Il explore l'Œdipe du premier et l'Œdipe du deuxième, très divergents. S'il fallait résumer le propos, on pourrait par exemple dire que le premier, freudien, est un sujet clivé dont la vérité intime est à chercher du côté du sexe au sens élargi du mot,

---

Mais il faut en même temps affirmer, d'un point de vue sociologique, que la langue que thématise De Saussure est une fiction politique : le linguiste qui construit son corpus fait comme si la langue, qui est une réalité historique, était en ordre, alors qu'elle ne l'est jamais, puisqu'elle manifeste du conflit social, des combats d'identité et des guerres d'allégeances.
Voir à ce sujet Schotte J.C., *La raison éclatée. Pour une dissection de la connaissance*, p. 23-39.

alors que le deuxième, sophocléen, est un héros tragique dont la vérité publique est à chercher du côté de la mort, borne indépassable de tout exercice du pouvoir.

Et j'ai envie de dire : une fois *Still lost in translation 3* terminé, j'en ai assez dit au sujet de Freud pour me permettre de m'en passer à peu près pour la suite de mes lectures de l'*Œdipe tyran* de Sophocle. Car il faut savoir que ces trois livres n'ont pour moi de valeur qu'en vue d'un horizon qui les dépasse : ils n'ont d'intérêt qu'à partir de certains présupposés freudiens que j'y rencontre et qui sont pour moi, parce que j'ai également été (dé)formé ailleurs, autant d'impasses et d'obstacles épistémologiques à exploiter, dans le but de dépasser Freud. J'essaierai donc dans l'avenir d'analyser le drame de Sophocle à la fois « axiologiquement » et « sociologiquement », en m'appuyant sur la pensée de Jean Gagnepain[20]. Ce dernier est l'auteur de la théorie de la médiation : une anthropologie clinique, impensable sans l'œuvre de Sigmund Freud notamment, mais irréductible à la perspective freudienne systématiquement trop unidimensionnelle, parce qu'orientée vers une conception du sujet qui naît en tant que sujet du souhait uniquement, et qui n'accède à la vie sociale que parce qu'il renonce à une part de satisfaction, narcissique d'abord, incestueuse ensuite.

Questionner le plaisir à la manière de Freud

Freud, un indispensable étranger. Still lost in translation 1, a été écrit à l'occasion d'un enseignement dans le contexte de l'AFB, l'Association freudienne de Belgique, qui fait partie de l'ALI, l'Association lacanienne Internationale. L'enseignement s'adresse à ceux qui s'intéressent à la psychanalyse, envisagent peut-être de la pratiquer un jour, et parfois font déjà du travail

---

[20] Gagnepain J., *Du vouloir dire. Traité d'épistémologie des sciences humaines. Volume I (Du signe, de l'outil), Volume II (De la personne, de la norme), et Volume IIII (Guérir l'homme, former l'homme, sauver l'homme)*.

clinique, en tant que psychanalyste, en tant qu'analysant, ou autrement. L'objectif de la part d'enseignement dont j'ai la charge depuis quelques années, est de lire des textes freudiens. Il faut rendre à César ce qui revient à César : je dirai donc que Pierre Marchal m'avait poussé à participer à enseigner, et qu'il m'avait plus tard demandé, comme ça, en passant, si je n'envisageais pas d'écrire ce que je racontais, pour que ce soit disponible, plus durablement. Et je l'en remercie. C'est ce qu'on appelle le désir du désir de l'autre …

Les six premiers textes, ceux de la première partie, *Lire Freud, pour quoi ?,* avaient au départ été prévus comme une ouverture : une introduction au reste, mais substantielle. Il s'est fait qu'ils occupent le gros du livre. Et pourquoi pas. La question qui y est traitée, est à mon sens psychanalytique par excellence. C'est celle du plaisir et du déplaisir, celle du vouloir que Freud appelle le souhaiter – un souhaiter confronté à l'insupportable (das Unerträgliche) deux fois, puisqu'on ne peut souhaiter ni sans se heurter à la défaillance des objets réels, d'une part, ni sans se heurter à des interdits, à une norme, d'autre part, une norme qui est selon Freud sociale, et qui demande que l'on renonce aux plaisirs premiers du passé, en vue du progrès.

Ces six textes sont à lire l'un après l'autre, et dans cet ordre. D'un texte au suivant, c'est cette même question quintessentielle qui est à chaque fois reprise, et compliquée. Je procède ainsi à la manière du peintre : la surface de l'œuvre achevée recèle un travail de fond, l'esquisse première s'épaissit. Du premier au dernier des six textes, à chaque fois une couche nouvelle se superpose à la couche précédente. Et la dernière couche est la plus manifeste. Je ne prétendrai pas que cela désambigüise les choses, car la plupart du temps cela est impossible chez Freud. C'est à la fois sa richesse et sa limite.

En examinant la problématique freudienne du plaisir, je ne parle pas du tout de quelque chose qui me serait étranger. Ce que dit le psychanalyste au sujet des humains, même malades, vaut aussi bien pour lui-même. J'affirme donc en toute logique, prendre plaisir à lire Freud, et je ne m'abstiens pas de questionner à la manière freudienne le plaisir que j'éprouve. Mais je prête du même coup le flanc aux critiques faciles des adversaires de la psychanalyse, qui n'attendent que pareille occasion pour tenir que Freud est un auteur plaisant, mais rien que cela : un plaisantin fantaisiste, un conteur de belles fables. Ils ont tort. Et je me demande s'ils réalisent où ils se situent historiquement en refusant toute « Wahrheit » à la « Dichtung ». Ils prennent à mon sens l'héritage cartésien de la modernité.

Il faut toutefois savoir que cette modernité a été critiquée et sabordée de l'intérieur, à travers les diverses ruptures qui ont ponctué l'histoire de son savoir : les hommes, sans arrêter d'être des apprentis sorciers, s'avèrent peut-être « maîtres et possesseurs » de la nature, selon les vœux de Descartes, mais il semble que l'humain ne soit aucunement maître et possesseur de lui-même. Et Freud, comme je viens de le dire, participe à sa manière à l'histoire de cette découverte de l'humain par lui-même : il met le doigt sur la faille qui le spécifie, celle qui se manifeste par exemple dans des phénomènes aussi contradictoires que l'acte manqué, de celui qui veut une chose explicitement, mais également, sans avoir la liberté d'en décider autrement, une autre, implicitement. Freud est ainsi un de ces penseurs qui nous contraignent à nous demander si la spécificité de l'humain peut être expliquée adéquatement tant que les sciences humaines se contentent d'emprunter des modèles d'intelligibilité aux sciences physico-chimiques et biologiques, ou s'il faut au contraire compléter une théorie des fonctions naturelles propres à l'homme en tant qu'animal, par la théorie d'un fonctionnement culturel qui dénature sa nature animale.

Je reprendrai donc la question du (dé)plaisir, et de sa spécificité humaine (le manque qui le transforme sans recours possible), dans une deuxième partie, intitulée *Un second désenchantement*. Je la reprendrai en une perspective historique plus globale, plus distante. Juste assez distante pour faire de nous des héritiers de Freud, même tardifs. Je me situerai donc

comme héritier de Freud, en racontant comment celui-ci parachève à sa manière la modernité, comment il en délimite le programme d'émancipation
par la découverte d'un impossible irrémédiable, qui est logé au cœur même
du vouloir humain.

La découverte d'une spécificité humaine

Une fois cet impossible reconnu, il serait tentant d'en donner une
traduction lacanienne et d'affirmer en gros que cet impossible est dû au fait
que l'homme est un « parlêtre ». Ce serait toutefois méconnaître à quel point
Freud, malgré tout, n'est pas notre contemporain. Le psychanalyste héritier
de Freud, hérite comme tout héritier, partout et toujours : d'une part seulement. Lacan effectue ainsi son retour à Freud, mais ceux qu'il combat, les
tenants de l'« egopsychology », y retournent tout autant. Et encore : l'héritier hérite quelque chose avec la capacité d'en faire son affaire. Il peut assumer une dette dans le plus strict respect de la tradition. Mais il peut également renouveler ce qu'il reprend : il s'approprie alors son héritage sans exé-
cuter un testament qui l'obligerait à reproduire une copie du modèle.

Il faut remarquer de ce point de vue que Freud n'a jamais abandonné
ses premiers soucis, proprement « économiques ». Son *Entwurf*, projet d'une
psychologie de facture naturaliste, non publié de son vivant, n'est pas un accident de parcours. Freud s'intéresse aux destins des pulsions, connaissable
dit-il, à travers leurs deux ambassadeurs : les affects et les représentations.
Mais l'essentiel, au regard de la santé psychique, est selon lui le destin des
affects, c'est-à-dire de la valeur, ou de ce qu'il appelle également, comme un
bon naturaliste qui ne peut se contenter de demeurer ce naturaliste, l'énergie psychique. L'essentiel, ce n'est donc pas le destin des représentations.

Certes, si je souhaite quelque chose, certains diront qu'il y a là « une
pensée » : je représente quelque chose, je représente ce que je souhaite. On
retrouvera aisément ce genre de propos dans des travaux contemporains de
philosophie analytique, ou encore dans des recherches cognitivistes. Mais

l'important n'est pas là, du point de vue économique : l'important, c'est qu'il y ait une tension, et donc quête d'une satisfaction, mais également obstacle à l'évacuation d'un surplus d'énergie. Et il se fait que l'énergie psychique non évacuée adéquatement exige beaucoup de travail, psychique, justement : elle circule entre plusieurs systèmes psychiques à la mesure d'un jeu complexe d'investissements et de désinvestissements ; elle est plus exactement répartie entre ces systèmes par un sujet qui souhaite, mais qui en même temps refoule, et qui renonce donc à une part de satisfaction pour pouvoir réaliser des satisfactions alternatives en situation. L'économie du plaisir, que Freud peut encore formuler en des termes strictement naturalistes, ne peut donc se suffire à elle-même. Elle doit être complétée par une topique et une dynamique du plaisir : humainement parlant, elle est, pourrait-on dire, en introduisant un concept non-freudien mais lacanien, une économie du plaisir transformée par le « manque ». Et en tant que telle, elle ne peut plus être rendue intelligible en des termes naturalistes seulement : la topique indique l'irruption d'une dimension culturelle dans un fonctionnement sinon animal, l'opposition de deux pôles. Et la dynamique traite des rapports variables entre ces pôles, l'animal et le culturel.

Mais que serait-donc cette dimension proprement culturelle ? Serait-ce celle des représentations ? Non, je ne le crois pas, ne fut-ce que parce que l'animal est capable également de représentation – ou plutôt d'un certain type de représentation, car on précisera que la représentation dont il est capable n'est pas humaine. La représentation humaine est transformée de fond en comble parce qu'elle est structuralement transformée. Mais comment appeler cette représentation transformée ? On parlera, si l'on est lacanien, du « signifiant ». L'ambiguïté est cependant grande si l'on tient à prétendre à tout prix que le fonctionnement structural en général, auquel seul l'humain émerge, est celui du « signifiant ». Il faut se rappeler dans ce contexte que Lacan lui-même est extrêmement ambigu à ce propos. Il affirme, comme on le sait, que « l'inconscient est structuré comme un langage »[21]. En toute logique cela veut dire qu'il y a une homogénéité formelle entre plusieurs dimensions d'un fonctionnement spécifiquement humain. Mais cela n'implique pas que ces dimensions soient superposables, réductibles les unes aux autres. Ce même Lacan affirme cependant encore tout autre chose, à savoir que « l'inconscient est langage »[22]. Un certain logocentrisme, à mon sens cliniquement intenable, n'est jamais absent de bon nombre de réflexions psychanalytiques, et c'est dommage. Il faut à mon sens prendre toute la mesure du fait que la linguistique n'est pas la « linguisterie », et vice versa.

Il n'empêche : le psychanalyste qu'est Freud invite ses patients à ne pas répéter en acte ce qui les travaille et les anime, mais à l'explorer en remémorant, à en parler, à « dire » ce qui leur passe par la tête, sans censurer ce qu'ils « pensent ». Il leur demande d'associer des « idées » librement. Et il interprète e que d'aucuns appelleront sans doute à nouveau des « pensées », qui sont donc des souhaits, des motifs : il retrouve par exemple les « pensées » latentes de rêve en deçà des contenus manifestes du rêve.

La question est donc : quel rôle jouent les « mots » qui sont dits pendant l'analyse ? Soyons clairs : ils ne sont nullement instrumentalisés comme ils peuvent l'être dans certaines formes de psychothérapie, celles-là justement que j'ai classées sous la rubrique du pragmatisme technique. Mais il doit être clair aussi que la conception freudienne des mots, n'est nullement lacanienne : le langage, chez Freud, est de l'ordre de la conscience. Par ail-

---

[21] Lacan J., *Séminaire XI. Les quatre concepts fondamentaux de la psychanalyse*, p. 28 et suivantes.

[22] Idem, La science et la vérité, in *Écrits*, p. 866. Voir au sujet de cette ambiguïté, Pirard R., Si l'inconscient est structuré comme un langage …, in *Anthropies. Prolégomènes à une anthropologie clinique*, p. 13-50, surtout p. 26 et suivantes.

leurs, ce même Freud n'ignore pas que les mots circulent entre plusieurs personnes, qu'il appelle l'analysé et le médecin : leur rapport est spécial, transférentiel pour tout dire. Si les mots qui cheminent sans itinéraire fixe et sans destinée de voyage établis de l'extérieur, libèrent, ce n'est pas simplement parce qu'ils sont dits, mais plutôt parce qu'ils sont adressés à quelqu'un qui est inconsciemment investi par l'analysant, et parce que celui-ci joue des mots pour aider à transformer cet investissement. Voilà ce que je tenterai d'explorer dans une troisième et dernière partie, intitulée *Übersetzung. Übertragung. Überbesetzung.*

Et après ?

Last but not least dans ce livre : une conclusion, moins logique que programmatique. Si Freud est à la fois un étranger et un proche, il faut quelque part en faire son deuil, et essayer autre chose. Je crois qu'une axiologie ou théorie de la Norme à la manière de Jean Gagnepain permettrait de repenser à nouveaux frais la problématique freudienne de la régulation et de la réglementation du plaisir et du déplaisir. Mais cette reformulation ne peut réussir qu'à condition de libérer cette axiologie du surpoids sociologique qui la grève chez Freud. L'humain renonce à une part de plaisir, il arrive à ne pas « céder sur son désir »[23], comme aurait dit Lacan, mais ce renoncement, socialement demandé ou non, socialement négociable ou relégué, n'est pas pour autant social en son principe. Il fonctionne selon une logique qui lui est propre, une « dicéique » à vrai dire, ainsi que Lacan, encore une fois, l'a plus d'une fois indiqué, à sa manière[24].

---

[23] Idem, Le séminaire. Livre VII. L'éthique de la psychanalyse, p. 368.
[24] Idem, *ibidem*, p. 11 : « ... tout dans l'éthique n'est pas uniquement lié au sentiment d'obligation. L'expérience morale comme telle, à savoir, la référence sanctionnelle, met l'homme dans un certain rapport avec sa propre action qui n'est pas simplement celui d'une loi articulée, mais aussi d'une direction, d'une tendance, et pour tout dire

Pareille reformulation me semble capitale pour le psychanalyste d'aujourd'hui qui serait parfois un peu fatigué par toutes les impasses théoriques dans l'œuvre de Freud et qui éprouverait quelques résistances face à l'œuvre de Lacan, parfois alambiquée. Les adversaires de Freud, bien sûr, ne sont nullement soucieux de formuler de nouvelles théories qui soient compatibles avec la pratique psychanalytique. Ils n'ont aucune envie de poser des questions d'origine freudienne à nouveaux frais, en sondant les abîmes de l'existence au chevet d'un animal toujours potentiellement malade. Ils ne s'intéressent pas à reconstruire un héritage, sans testament, mais à le détruire et à faire taire Freud une fois pour toutes. Je compte bien m'y opposer.

---

d'un bien qu'il appelle, engendrant un idéal de la conduite ». Comparez *ibidem* p. 14 : « Quelque chose là s'impose qui se distingue de la pure et simple nécessité sociale », et p. 265 : « Il est grossier d'admettre, que dans l'ordre de l'éthique même, tout puisse être ramené [...] à la contrainte sociale ».

Première partie

Lire Freud,

pour quoi ?

Chapitre 1

À vos souhaits !

Recycleren is moeilijk[25]

Freud a été lu et découvert mille fois, dépassé et réécrit deux mille fois, commenté et décortiqué trois mille fois, critiqué et contredit quatre mille fois, démasqué et détrôné cinq mille fois, enterré et évité six mille fois, ressuscité et canonisé sept mille fois, mal compris et bien compris huit mille fois, historiquement situé et relativisé neuf mille fois. Qu'arrive-t-il la dix millième fois qui est sans doute la millionième ou plus ? Vous aurez compris que je rigole. Quoiqu'il en soit, on ne peut pas dire que Freud ait laissé le monde indifférent – au passé principalement.

Aujourd'hui, son œuvre paraît quelquefois oubliée, même par des psychanalystes, simplement remplacée par celle de Jacques Lacan, si bien qu'elle pourrait bien disparaître dans les replis de l'histoire, l'histoire de notre pensée. Cette pensée aurait un moment constitué l'homme comme foyer d'intelligibilité, comme objet d'étude et sujet constitutif d'un savoir positif sur ses propres activités d'abord, comme lieu d'un impossible irrémédiable qui s'y découvre ensuite, par exemple sur le mode de la méconnaissance de soi, bref comme « étrange doublet empirico-transcendantal »[26]. Mais on n'aurait plus besoin d'un retour à Freud pour s'inscrire dans cette pensée. On pourrait se contenter de passer par Lacan, par exemple.

À moins que la situation ne soit bien pire, parce que déterminée par une crise radicale dans notre savoir tout court. Ce type de pensée, freudienne ou autre, soucieuse de penser la différence entre culture et nature, risque aujourd'hui d'être recouvert et évacué en sa totalité dans la mesure où la tentation du naturalisme s'accentue : on ne thématise plus le seuil de l'humain comme l'avaient fait auparavant les chercheurs structuralistes. Serait-ce au fond pour cette raison là – une rupture d' épistémè au sens de

---

[25] « Le recyclage est difficile », la phrase est reprise à l'un des personnages incarnés par le comique flamand Chris Van den Durpel, connu pour jouer divers types caricaturaux.
[26] Foucault M., *Les mots et les choses*, p. 329.

Foucault – que l'œuvre de Freud paraît à ses détracteurs si fausse qu'elle ne disparaît même pas dans les replis de cette histoire-là, l'histoire des sciences humaines, mais finit dans la poubelle de l'erreur, voire de la supercherie intellectuelle, ou au mieux dans la décharge des hypothèses scientifiques falsifiées ? Certains aujourd'hui croient tout pouvoir expliquer du point de vue de la biologie évolutionnaire, par exemple.

Mais je lis Freud quand-même, et la plupart du temps avec plaisir et avec profit, tant au niveau théorique qu'au niveau pratique. Ce qui n'implique nullement qu'il ait toujours raison : il peut avoir tort aux yeux de l'amateur de psychopathologie, aux yeux du philosophe intéressé par la question de la scientificité des sciences humaines, et aux yeux du chercheur attentif à la spécificité de l'humain. Et il peut même se tromper aux yeux du psychanalyste ou de celui qui croit de façon plus large à la nécessité de préserver l'exercice des psychothérapies non directives. Les quelques pages qui suivent suffiront pour montrer que l'œuvre de Freud regorge d'apories et de présupposés à examiner. Nous ne lisons pas ici le récit des *Mille et une nuits* mais bien des *Mille et une question*s. Il n'est donc pas facile de lire Freud et d'en tirer profit en le recyclant.

What's in a name ?

Pourquoi lire Freud ?

Une réponse possible m'est venue alors que je ne m'y attendais pas, à la lecture d'un petit texte de 1917, où Freud, avec élégance et pertinence, nous parle des trois blessures narcissiques que l'homme a subi depuis l'aube des temps modernes, *Eine Schwierigkeit der Psychoanalyse* : la blessure cosmologique (la planète terre n'occupe pas le centre de l'univers), la blessure biologique (l'homme descend du singe) et la blessure psychologique (l'homme n'est pas maître de lui-même). Ce texte m'a plu, beaucoup. Alors, pourquoi lire Freud ? Par plaisir, « weil es mir Freude macht », parce que cela me procure de la joie (Freude).

Cette réponse éventuellement surprenante peut être donnée sans ridicule, car Freud est quelqu'un qui écrit bien, encore qu'il faille sans doute le lire dans sa langue pour s'en rendre compte et y prendre plaisir. Ce plaisir semble donc peu accessible à beaucoup de personnes. La réponse « weil es mir Freude macht » ne sera certainement pas invalidée à la lecture d'autres textes, les histoires cliniques en particulier, les « Krankheitsgeschichten » et « Behandlungsgeschichten », les récits de maladie et de traitement des patients singuliers que Freud nous a légués. Ces cas cliniques, qui tiennent parfois du roman policier, sont en outre riches d'enseignements, mais pas nécessairement de preuves irréfutables[27].

Mais qu'est-ce donc au juste le plaisir selon Freud ? Il parle de « Lust »[28], un mot qu'on peut traduire par « plaisir », mais également par

---

[27] Il faut remarquer dans ce contexte qu'au regard de quelqu'un comme Popper aucune théorie n'est en fait prouvée ! Elle est plutôt confirmée et elle résiste tout au plus aux falsifications, jusqu'à nouvel ordre. Les falsifications ne sont en outre jamais instantanées, et elles restent qu'on le veuille ou non, de l'ordre de la décision, compte tenu de l'incommensurabilité des paradigmes. Par ailleurs, on ne saurait prétendre juger les théories freudiennes, sans se donner l'occasion de faire surgir le matériel comme il le fait : le donné n'est jamais donné, ni psychanalytiquement, ni ailleurs.

[28] En allemand, le mot « Lust » ne signifie pas uniquement 1. « plaisir », et « jouissance » ou plaisir sensuel, voire plaisir sexuel, mais 2. également « désir », quand on dit « Lust auf », désir de, envie de.

Freud, je crois, utilise ce mot surtout au premier sens, par exemple lorsqu'il parle du « Lustprinzip », du principe du plaisir.

Comment alors parle-t-il du désir, au sens, encore une fois, courant du mot, l'envie de quelque chose, toutes sortes de choses, le désir de manger, le désir d'acheter un livre, le désir de rentrer à la maison, le désir pour quelqu'un, le désir d'être paresseux et cetera ? Il parle beaucoup et surtout du souhait (Wunsch), de la volonté (Wille), dans la *Traumdeutung* notamment. Il utilise rarement le mot « Verlangen », parfois

« plaisir sensuel », « plaisir sexuel », par « jouissance » donc, au sens courant du mot, quand on ne l'emploie pas en tant que juriste et ne pense pas à l'usufruit. Rentrons dans le tas, commençons in medias res, en prenant pour fil conducteur un texte de la *Traumdeutung*[29].

---

le mot « Begierde » : désir. Parfois encore utilise-t-il le mot « Neigung », penchant, tendance.

Prépondérant, mais pas omniprésent (on ne le retrouve pas tel quel dans la *Traumdeutung,* alors que Freud l'utilise déjà auparavant dans les *Studien über Hysterie*), est le mot «Trieb », pour indiquer une poussée énergique, une puissante activité agitée dont le but est l'apaisement, la satisfaction, le plaisir, la jouissance (Befriedigung).

[29] J'utilise dans ce premier essai 4 passages de l'œuvre de Freud, écrits respectivement en 1899, en 1899, en 1911 ct en 1895. J'emploie principalement les deux premiers mais occasionnellement aussi les deux autres :

1. Die Traumdeutung, VII. Zur Psychologie der Traumvorgänge, C. Zur Wunscherfüllung, in *Studienausgabe* (STA à partir d'ici), *Band II, Die Traumdeutung,* p. 538-540;

2. Die Traumdeutung, VII. Zur Psychologie der Traumvorgänge, E. Der Primär-und der Sekundärvorgang, *ibidem,* p. 569-572;

3. Formulierungen über die zwei Prinzipien des psychischen Geschehens, in *STA, Band III, Psychologie des Unbewussten*, p. 18-20;

4. la première partie d'un ouvrage jamais publié du temps du vivant de Freud : Entwurf einer Psychologie, in *Sigmund Freud. Gesammelte Werke. Nachtragsband. Texte aus den Jahren 1885 bis 1938*, p. 387-438.

Je me permets de ne pas chaque fois renvoyer à la page précise, ce serait fastidieux, d'autant plus qu'il ne s'agit au total que d'une dizaine de pages, hormis l'*Entwurf.* Quand je le fais quand même, c'est que cela me semble utile, ou qu'un autre bout de texte intervient.

La fuite face à l'excitation externe,

les réactions motrices face aux besoins continus

Selon Freud, les besoins de l'enfant – et il est manifeste que Freud pense ici au nouveau-né, au tout petit enfant encore infans –, ces besoins donc (die Bedürfnisse) sont irréductibles à une excitation de l'extérieur (der Reiz, der aussere Reiz). Ces besoins qu'il baptise parfois excitation de l'intérieur (der innere Reiz), exercent en continu leur puissance sur l'enfant (die vom inneren Bedürfnis ausgehende Erregung entspricht […] einer kontinuierlich wirkenden Kraft). Ils ne peuvent être évités par la fuite au sens littéral du mot (die Flucht), comme peuvent l'être des objets de dehors. Ils dérèglent son état de repos (der Ruhezustand). Ils sont ressentis comme un déplaisir (Unlust), voire une douleur (Schmerz). Ils s'opposent à l'effort qui tend au minimum d'excitation (das Bestreben sich möglichst reizlos zu erhalten). Leur apaisement est en un premier temps recherché à travers des réactions, mais elles ne suffisent pas : Il ne peut pas être obtenu par le seul cri ou l'activité de sucer, exutoires motiles (Abfluss in die Motilität, motorische Abfuhr) qui ne suspendent le besoin qu'un instant.

Qui a faim, veut apaiser sa faim, qui a soif, veut boire, ou encore : la faim pousse au manger, la soif au boire. Voilà des thèses difficiles à contredire, je crois, quand on parle du nourrisson en bonne santé, et non d'un adulte ascète ou anorexique, par exemple. Sauf qu'on peut se demander si l'intérieur et l'extérieur sont déjà donnés chez le nourrisson, s'il y a déjà du soi (Selbst) chez ce nourrisson, si Freud autrement dit, ne présuppose pas là quelque chose qui n'y est peut-être pas encore, et qui se constituera par la suite, tant mieux – ou non, et là ce serait problématique.

On devrait également ajouter que Freud parle de « l'état de repos » en des termes divers : d'un texte à l'autre il dit autre chose. C'est un problème récurrent chez Freud qui bouillonne d'idées mais dont les thèses deviennent alors fugaces. Se corrige-t-il d'un texte à l'autre ? Ou se contreditil ? À quelle version accorder foi ? Personnellement j'aurais tendance à suivre la première version, celle de l'*Entwurf*, de 1895, où Freud écrit clairement que c'est l'état de repos somatique, organique qui est dérangé. Dans la *Traumdeutung* écrit en 1899, la question est esquivée, puisqu'il parle de l'état de l'enfant. Dans les *Formulierungen*, il parle au contraire de l'état de repos psychique (der psychische Ruhezustand[30]) : cela me semble un raccourci inadéquat, dans le mesure où l'enjeu des divers textes commentés ici est justement de capter le passage d'un régime de fonctionnement à un autre, d'étudier la vie psychique (das Seelenleben) en retraçant le développement (die Entwicklung) de l'appareil psychique (der seelische Apparat, der psychische Apparat). Freud décortique, il analyse le fonctionnement psychique à travers sa vie, de la naissance à l'âge adulte, étape par étape, niveau par niveau (Stufe).

Remarque : supposons qu'il s'agisse en effet du dérangement de l'état de repos de l'organisme, que Freud a conçu comme machine neuronique, dans son *Entwurf*. Freud a-t-il alors raison d'affirmer que cet organisme obéit au principe d'inertie (das Trägheitsprinzip, das Prinzip der Neuronenträgheit)[31] ? Cet organisme cherche-t-il en effet une situation avec le moins d'excitation possible, son état limite idéal serait-il l'absence d'excitation ? C'est improbable ! Aucun organisme n'évacue toute tension entièrement, tout organisme emmagasine au moins une part d'énergie, sans cela il ne peut survivre : il maintient une différence stable de niveau énergétique par rapport à l'environnement. Par la suite, en 1920, Freud parlera donc du principe de constance (das Konstanzprinzip)[32] : la tendance à maintenir la

---

[30] Freud S., Formulierungen über die 2 Prinzipien des psychischen Geschehens, in *STA, Band III, Psychologie des Unbewussten*, p. 18.

[31] Idem, Entwurf einer Psychologie, in *Sigmund Freud. Gesammelte Werke. Nachtragsband. Texte aus den Jahren 1855 bis 1938*, p. 388.

[32] Idem, Triebe und Triebschicksale, in *STA, Band III, Psychologie des Unbewussten*, p. 83-4; et Jenseits des Lustprinzips, *ibidem*, p. 219.
Remarque : il est particulièrement difficile de se faire une idée précise, absolument univoque de la pensée de Freud au sujet des principes de constance et d'inertie. Je

quantité d'excitation aussi constante que possible. Et ce principe de constance caractérise alors selon lui non seulement une machine neuronique, un organisme, mais aussi l'appareil psychique d'un être soumis à l'urgence de la vie, aux nécessités de la vie (der Lebensnot).

La satisfaction des besoins

Un changement radical a lieu, poursuit Freud dans le passage de la *Traumdeutung* qui nous occupe, lorsque l'enfant (das Kind), confronté à la nécessité de la vie (die Not des Lebens), sous la forme des grands besoins du corps, la faim et la soif (in der Form der grossen Körperbedürfnisse) éprouve, par une aide étrangère (durch fremde Hilfeleistung), la satisfaction (das Befriedigungserlebnis), le plaisir.

Là encore, on peut se demander si la dissociation entre ce qui est « fremd » et ce qui ne l'est pas, ce qui serait « propre à soi » (eigen), est déjà donnée, ou au contraire un enjeu à part entière. On doit donc se demander si Freud, à la manière d'un peu tout le monde qui construit des phrases avec un sujet et un prédicat, a bien raison d'attribuer déjà le besoin et le plaisir à quelqu'un. Se pourrait-il que le sujet grammatical de la phrase ne soit pas d'office le sujet du besoin et du plaisir ?

----

me permettrai donc de renvoyer le lecteur soit à la note explicative de l'éditeur dans *Triebe und Triebschicksale*, p. 84[2], soit au *Vocabulaire de la Psychanalyse* de J. Laplanche et J.-L. Pontalis sous 'principe de constance' et 'principe d'inertie (neuronique).

Freud lui-même n'était pas étranger à ces questions : le sujet n'est pas donné, écrit-il[33]. Et comment donc se constitue-t-il ? Vaste problème ! Et problème auquel Freud donne plus d'une réponse. Toutes ces réponses cependant ont quelque chose en commun, la perspective typiquement psychanalytique, celle qui consiste à traquer le sujet du souhait, voire du souhait sexuel - et de maintenir, à mon sens, envers et contre toute objection que l'on pourrait faire, que le sujet ne peut surgir qu'au lieu du souhait.[34]

Tantôt Freud accentue le rôle régulateur, protecteur du « Ich » : il faut survivre et pas seulement s'amuser jusqu'à en mourir, pourrait-on paraphraser. Par égard pour la réalité du monde extérieur (die Aussenwelt), au nom du principe de réalité (das Realitätsprinzip), le « Ich » se différencie d'une masse impersonnelle de pulsions qui tirent à hue et à dia, le Ça (Es) – ce dernier étant soumis au seul principe du plaisir, la quête la plus immédiate

---

[33] On m'objectera que Freud n'a jamais fait un sort particulier au concept de sujet. C'est, je crois, faux : le sujet n'est pour lui rien d'autre que le « Ich », ainsi nous l'apprend un texte sous-estimé dans la suite des nouvelles conférences de 1932 (31. Vorlesung. Die Zerlegung der psychischen Persönlichkeit, in *STA, Band I, Neue Folge der Vorlesungen zur Einführung in die Psychoanalyse*, p. 497). Chaque fois que Freud utilise le concept « Ich », il peut à mon sens être remplacé par « Subjekt ». Et Freud utilise le concept « Ich » du départ jusqu'à la fin.

[34] Sans doute parlera-t-on après Freud, inspiré par Lacan, de sujet du désir et non du souhait. Mais il y a une différence notable : chez Lacan, qui est passé par l'enseignement d'Alexandre Kojève, le désir est désir du désir de l'Autre. Le désir est donc ancré au lieu de l'Autre, intrinsèquement, il ne peut en être dissocié, il n'y a pas de désir sans l'Autre. On objectera peut-être qu'il en va au fond de même chez Freud, puisque la première expérience de satisfaction, celle du nouveau-né, ne peut être établie qu'avec l'aide de quelqu'un d'autre (durch fremde Hilfeleistung). Mais je ne crois pas qu'on puisse déjà à ce moment-là parler de l'autre, et donc du désir de son désir, d'autant plus que ce quelqu'un d'autre est chez Lacan l'Autre, et représente au fond, en chair et en os, le trésor des signifiants. Chez Freud, le souhait peut être souhait de n'importe quoi, que cela parle ou non. Ce n'est qu'à partir du moment où il est souhait œdipien, et qu'il se heurte à la loi qui interdit l'inceste mais qui permet d'autres alliances, qu'il devient souhait en société.

possible de la satisfaction (das Lustprinzip)[35]. Un « Real-Ich » limite l'empire d'un » Lust-Ich »[36].

Tantôt Freud prend le « Ich » pour le résultat d'identifications, encore qu'il faille dire que celles-ci ne sont pas n'importe lesquelles. Il s'agit d'identifications à des objets d'amour, à des personnages d'abord investis par le Es, puis abandonnés, du moins en tant qu'objectifs réellement possibles. Ces objets ne donneront pas la satisfaction que cherche le sujet, donc il les récupère comme il peut, par identification. Ils sont érigés comme objet dans le « Ich » (Aufrichtung des Objekts im Ich). Ils donnent lieu à une modification du « Ich » (Ichveränderung), laquelle n'est au fond rien d'autre que la constitution d'une place à part dans le « Ich » (Sonderstellung), celle de l'idéal du moi (Ichideal), qui est un aspect du surmoi (Über-Ich)[37].

Toujours dans la même veine, Freud, enseigné par les travaux de Karl Abraham de 1908 sur la démence précoce, et préoccupé par la perspective dominante de la psychanalyse, celle des avatars des pulsions en quête de plaisir, tient que le moi lui-même est son propre objet d'amour (c'est le stade du narcissisme primaire, l'indifférenciation du « Es » et du « Ich »). Cet investissement premier serait par la suite abandonné et l'énergie libérée, investie dans le monde des objets, séparé du « Ich » (c'est le stade de l'amour d'objet : die Objektliebe). Et par après encore, ces objets pourront donner lieu à des identifications lesquelles permettront au « Ich » d'en retenir quelque chose faute de pouvoir en obtenir satisfaction dans le monde objectal (c'est le stade du narcissisme secondaire)[38].

------

[35] Idem, Das Ich und das Es, *ibidem*, p. 293; *Abriss der Psychoanalyse*, p. 93-95.

[36] Idem, Formulierungen über die 2 Prinzipien des psychischen Geschehens, *ibidem*, p. 21-22.

[37] Idem, Das Ich und das Es, *ibidem*, p. 296-301.

[38] Idem, Zur Einführung des Narzissmus, *ibidem*, p. 41-44; Eine Schwierigkeit der Psychoanalyse, in *Abriss der Psychoanalyse. Einführende Darstellungen*, p. 189; *Abriss der Psychoanalyse*, p. 47.

Tout cela contraint à poser une question, par-delà les diverses réponses que Freud a pu donner sur la constitution de ce qui est propre (eigen) et étranger (fremd) : l'identité du sujet se résume-t-elle à ce qu'il aime (ou n'aime pas), aux satisfactions qui lui sont propres (ou à celles qu'il n'éprouve pas) ? Ce sujet parle par exemple une langue ou plusieurs langues, cela l'inscrit quelque part, cela signe ses appartenances. Est-ce qu'elles sont siennes, ces langues, parce qu'il les aime, parce qu'il y trouve sa satisfaction ? Les langues parlées par certaines personnes sont-elles les mêmes pour ces personnes parce qu'elles les aiment ensemble, parce qu'elles y trouvent leur satisfaction ensemble ? Une langue est-elles étrangère à un sujet parce qu'il n'éprouve pas de plaisir à la parler ou parce qu'il souhaite pouvoir la parler sans en être capable ? Non, même s'il est vrai que parler ou non une langue peut donner lieu ou non à une satisfaction. D'autres exemples peuvent être donnés. Ainsi le sujet d'aujourd'hui, dans nos contrées, ne se déplace-t-il pas à dos d'âne ni en charrette tirée par des bœufs, mais sur des routes asphaltées dans une automobile avec un moteur diesel et pleine de gadgets électroniques, ou en TGV sur des rails, ou dans un Boeing 747 à des kilomètres d'altitude. L'outil utilisé, encore une fois, marque ses appartenances, son temps, son espace, sa strate sociale. Mais cet outillage est-il le sien, l'a-t-il en commun avec d'autres personnes, les situe-t-il tous ensemble dans une société singulière parce qu'il l'aime, parce qu'il lui plaît et parce que ces autres personnes l'aiment également et y trouvent satisfaction ? Cet outillage leur est-il étranger parce qu'il leur déplait, ou parce qu'ils souhaitent y trouver de la satisfaction sans y arriver ? Que non !

Le souhait de rétablissement du premier plaisir,

le souhait de restitution de la première réponse au déplaisir

Poursuivons. Pourquoi y a-t-il changement radical selon Freud lorsque le besoin rencontre la satisfaction, lorsque le déplaisir cède la place au plaisir ? Parce qu'apparaît une certaine perception (eine gewisse Wahrnehmung), celle de la nourriture en l'occurrence : l'enfant perçoit un quelque chose qui fait plaisir, non en soi, mais associé à cette autre perception, celle du déplaisir caractéristique du besoin. Il y a plus : le plaisir éprouvé s'inscrit, il laisse une trace mnésique (eine Gedächtnisspur).

Freud poursuit : le plaisir éprouvé ne dure pas, le besoin réapparaît, mais cette fois la perception du déplaisir est déjà associée à celle du plaisir inscrit en mémoire, dont l'enfant dispose comme souvenir (Erinnerung). Le déplaisir n'est plus déplaisir en soi, simple dérèglement en quête de rétablissement d'un état avec le moins d'excitation possible (möglichst reizlos), mais déplaisir en rapport à un quelque chose qui est perdu, qui manque, mais qui a plu, et qui est ressouvenu face au déplaisir renouvelé. Ce plaisir perçu mais perdu, sera cherché à nouveau, re-cherché. L'enfant veut retrouver ce qu'il a déjà perçu : il a un souhait (Wunsch), il accède au vouloir (wollen), il lui advient une tendance psychique (die psychische Regung), celle qui veut rétablir la situation du plaisir d'il était une fois, du premier plaisir (welche [...] die Situation der ersten Befriedigung wiederherstellen will). Et il faut ajouter, pour être fidèle à Freud : ce n'est pas uniquement l'enfant qui cherche à rétablir la situation de plaisir d'il était une fois, c'est l'adulte également, puisqu'en lui sommeille toujours l'enfant qu'il était, parfois jusqu'à éclipser cet adulte.

De nouvelles questions surgissent ici. La mémoire mémorise, admettons, mais que mémorise-t-elle ? Peut-elle mémoriser non seulement de la perception d'objet, mais de la douleur, du plaisir ? Il semble que oui, mais également qu'elle fabrique de faux souvenirs de douleur : certaines algohallucinoses ont été observées à l'occasion de troubles amnésiques[39], pour ne rien dire encore des psychotiques qui souffrent le martyr sous les attaques d'un autre qu'ils sont les seuls à percevoir et à se rappeler par après. Quelle rôle joue cette mémoire – ce concept n'est pas nécessairement univoque – dans la constitution de ce qui est « fremd » et « eigen », du dedans (inneres)

---

[39] Guyard H., *La plainte douloureuse*, p. 140-142.

et du dehors (ausseres) ? Et pourquoi donc la mémoire du plaisir et du déplaisir associés serait-elle primordiale dans la constitution d'un sujet ? N'est-ce pas plutôt la mémoire tout court qui joue un rôle dans la constitution d'un sujet capable d'une certaine stabilité, mais aussi, paradoxalement, une fois la puberté passée sans accroc majeur, de s'absenter de lui-même en relativisant son propre point de vue ? Qu'un sujet puisse ressentir des douleurs et des plaisirs comme les siens propres, ou comme ceux d'un autre, et cela au-delà de l'instant actuel et d'un endroit circonscrit, cela ne fait pas de doute, mais ne peut-on pas en dire autant à propos de cent mille autres choses qu'il prend pour siennes : des chaussures, une injure, le code routier, un drapeau, un slogan, une bicyclette, une idée, une blague, un GSM, une équipe de foot ? Que de questions !

Notons encore ceci, c'est capital : le plaisir recherché, dans une situation actuelle de déplaisir, est selon Freud un plaisir ressouvenu. Mais pas ressouvenu en soi : il est ressouvenu associé à la mémoire d'un déplaisir également passé. Chercher à restituer dans l'actualité la situation du premier plaisir, revient donc à chercher à restituer dans l'actualité la réponse première au déplaisir, à savoir : non pas la fuite au sens littéral du mot, impossible face à une force continue provenant de l'intérieur, mais une sorte d'évitement. Il ne doit pas surprendre que Freud nomme le principe du plaisir également « le principe du déplaisir » (das Unlustprinzip)[40]. Il s'agit autant de trouver le plaisir que d'éviter le déplaisir, aujourd'hui comme au passé[41].

---

[40] Freud S., Die Traumdeutung, in STA, *Band II, Die Traumdeutung*, p. 569-573, 584; Formulierungen über die zwei Prinzipien des psychischen Geschehens, in *STA, Band III, Psychologie des Unbewussten*, p. 18; Freud S., 31. Vorlesung. Angst und Triebleben, in *STA, Band I, Neue Folge der Vorlesungen zur Einführung in der Psychoanalyse*, p. 524.

[41] Freud utilise dans ce contexte des verbes comme « ausweichen », « vermeiden » qui signifient « éviter ». Il ne leur fait aucun sort particulier. Mais je crois qu'il désigne ainsi au fond ni plus ni moins la défense (die Abwehr), concept général, par rapport aux concepts plus partculiiers que sont le refoulement (die Verdrängung), le rejet

Hallucination et épreuve de réalité

Poursuivons. Cette quête visant le rétablissement de l'expérience de plaisir va-t-elle réussir ? Selon Freud l'enfant pourrait halluciner l'objet perdu, faire comme si cet objet était là (halluzinieren). Ce serait le chemin le plus direct pour rétablir le plaisir perdu.

Mais l'enfant n'a pas intérêt à le faire, car il mourrait : il serait content, mais sans que ses besoins soient satisfaits et ce serait assez vite fatal. Le changement de régime n'implique nullement que l'enfant puisse se permettre de vivre uniquement selon ses souhaits. Un certain réalisme s'impose, celui de la survie. L'enfant peut donc souhaiter une satisfaction mais il a intérêt à passer par l'épreuve de la réalité (die Realitätsprüfung) [42]. Freud dira alternativement que l'enfant est poussé par des pulsions diverses : qu'il est poussé notamment par les pulsions d'autoconservation, voire d'obtention de soi (die Ich– oder Selbsterhaltungstriebe)[43].

On remarquera, cela me semble crucial, sinon on n'y comprend rien du tout, que Freud ne parle pas d'hallucination au sens de perception de ce qui n'est pas là, mais seulement au sens de perception d'un quelque chose de plaisant qui n'est pas là. Question : percevoir quelque chose et percevoir quelque chose qui plaît ou déplaît, est-ce du pareil au même, ou y aurait-t-il là deux choses que l'on pourrait cliniquement différencier ? Peut-on percevoir quelque chose mais ne plus percevoir ce qui plaît et ce qui déplaît ? Est-il possible que je perçoive ma main sur le poêle, mais pas la douleur qui me

---

(die Verwerfung) et le déni (die Verleugnung). J'y reviendrai au sixième chapitre de *Lire Freud, pour quoi ?*

[42] Freud S., Formulierungen über die zwei Prinzipien des psychischen Geschehens, in *STA, Band III, Psychologie des Unbewussten*, p. 23.
[43] Idem, Triebe und Triebschicksale, *ibidem*, p. 87.

brûle entretemps ? Ou inversement ? Il semble que oui[44]. Freud ne nous en dit rien. Il ne pose même pas la question, car son approche, qui est et reste l'approche psychanalytique jusqu'à aujourd'hui, peu importe que l'on traite de névrose, de psychose ou de perversion, est bien celle-là : celle du souhait irréductible au besoin qu'on peut satisfaire, celle de la quête du plaisir qui manque et qui cause la nouvelle quête, celle du plaisir marqué par de la perte – et du même coup, comme nous le verrons, celle de la naissance psychique, celle d'un sujet.

Ajoutons : percevoir au sens de reconnaître quelque chose, au sens d'arriver à l'identifier, de pouvoir dire qu'un visage ou un objet par exemple sont familiers, « eigen » et non « fremd », est-ce là encore une activité distincte, cliniquement dissociable, du percevoir d'un objet gestalt ou d'un quelque chose de plaisant ou déplaisant ?

Si tel est le cas, on ne peut que conclure par une question : peut-on encore parler indifféremment d'hallucination lorsqu'on parle 1. de celui qui imagine ce qui n'est pas là, à voir, à toucher, à humer, à goûter, à ouïr ; ou 2. lorsqu'on parle de celui qui croit entendre quelqu'un lui adresser une commande ou une insulte, c'est-à-dire de celui qui croit son espace propre envahi par de l'étranger, même là où personne d'autre n'entend ni ne voit ce quelqu'un ; ou 3. lorsqu'on parle de celui qui fantasme, de celui qui rêve de délices ou souffrances qui sont hors de sa portée ? Freud ne pose pas ces questions, mais je les pose.

Freud autrement dit présuppose beaucoup sans preuves, sans même poser certaines questions. C'est inévitable, nous en sommes tous là. Le départage des savoirs se fait au lieu des axiomes, des évidences premières, qui ne sont pas évidentes en soi, mais qui attestent une institution arbitraire dans le savoir, une tentative de prise de pouvoir. Les questions posées ici ne tombent pas des nues, mais proviennent de quelqu'un qui ne pense pas comme Freud, tout en étant lui aussi un théoricien de la psychopathologie,

---

[44] Guyard H., *La plainte douloureuse*, p. 314-318.

en étroite collaboration avec des cliniciens, des cliniciens dont certains sont des expérimentateurs et d'autres des thérapeutes. Ce quelqu'un, ce n'est pas moi. C'est Jean Gagnepain[45]. Freud, j'en suis convaincu, n'aurait pas été opposé à ce genre de questions, qui sont de l'ordre de la psychopathologie mais pas seulement. Freud s'y serait intéressé, je crois, contrairement à certains psychanalystes d'aujourd'hui qui imaginent mal s'intéresser non seulement aux difficultés du travail psychique, pour ne pas dire à la psychopathologie, mais également aux troubles neurologiques qui peuvent atteindre l'humain.

Le travail de la pensée en train d'effectuer un essai[46], l'agir

Reprenons Freud. La route la plus directe au plaisir re-cherché, déjà tentée, à savoir l'hallucination qui n'est qu'une solution sans prise en compte du monde extérieur (die Aussenwelt), étant mortelle, l'enfant risque ne pas pouvoir reproduire son plaisir initial. C'est possible qu'il le réalise, si la même nourriture lui est donnée, la même boisson. Il retrouve alors ce quelque chose d'identique, il le réinvestit affectivement, il le valorise encore une fois.

---

[45] Auteur de Du vouloir dire. Traité d'épistémologie des sciences humaines.

[46] Freud, Die Traumdeutung, in *STA, Band II, Die Traumdeutung*, p. 569 : « die probende Denkarbeit ».

J'ai hésité quant à la traduction à donner du verbe « proben ». En principe, on traduirait par «répéter», en désignant ce que font les acteurs avant la première devant un public. Il y a donc là l'idée d'une préparation, d'un essai pour voir mais sans conséquences réelles encore, d'une exploration, d'une mise à l'épreuve pour essayer avant de passer à l'activité effective. Mon hésitation est due au fait que le mot répétition, bien évidemment, sert à traduire un autre mot important chez Freud : «Wiederholung », comme dans « la compulsion à la répétition » (der Wiederholungszwang) : cette répétition-là, loin de désigner l'essayer pour voir, l'explorer, le fait de tester sans conséquence réelles quelque chose, signifie au contraire l'arrêt de l'exploration, l'éternelle rengaine d'une conduite motivée inconsciemment, échappant au contrôle du « Ich », morbide.

Il réitère donc sans plus l'agréable perception première : il établit une identité de perception (eine Wahrnehmungsidentität)[47], pas en hallucinant, mais à partir du monde extérieur (von der Aussenwelt her)[48]. Cela implique l'aide de quelqu'un.

Et tôt ou tard cela s'avère impossible : ce quelqu'un n'aide plus, ou ne peut pas donner la même chose. Alors, nous dit Freud, le plaisir recherché ne peut que se retrouver indirectement, à travers un autre objet. L'enfant doit apprendre à trouver cette autre chose, avec ou sans aide. Et il doit admettre de se contenter de cette autre chose agréable, de cet autre objet : il peut l'investir affectivement et le valoriser, mais il y a de fortes chances que ce soit au prix d'une dose de désagrément, déjà du seul fait que ce n'est plus la chose première, parce qu'il a dû désinvestir celle-ci. Comment la trouver, cette chose autre ?

La pensée aide à la trouver, elle permet d'établir non plus l'identité perceptuelle, mais une identité de pensée (eine Denkidentität)[49], entre l'objet d'il était une fois et l'objet nouveau. Trouver ce dernier se fait par des détours (Umwege). Les détours commencent par l'exploration de la réalité, par l'appréciation des possibilités réelles, nécessairement limitées, par la mise à l'épreuve de la réalité (die Realitätsprüfung). Ce travail proprement psychique est effectué par la pensée en train d'effectuer un essai (die probende Denkarbeit). Cette pensée profite de l'établissement d'un jugement sans parti-pris (eine unparteiische Urteilsfällung) pour représenter non plus ce qui est agréable, mais ce qui est réel, même si c'est désagréable (es [wird] nicht mehr vorgestellt was angenehm, sondern was real [ist], auch wenn es unagenehm sein sollte). La pensée qui met à l'épreuve, dit encore Freud, est un agir pour essayer (ein Probehandeln). Elle s'appuie sur l'attention (die

---

[47] Idem, *ibidem*, p. 539.
[48] Idem, *ibidem*, p. 540.
[49] Idem, *Ibidem*, p. 571.

Aufmerksamkeit) : proactive, celle-ci va à la rencontre des impressions au lieu d'attendre que celles-ci se présentent. Après ce travail d'exploration en pensée, vient alors l'aboutissement des détours : l'agir pour essayer, se transforme en agir effectif (das Handeln), avec des conséquences réelles dans le monde extérieur. L'écoulement de l'énergie par voie motrice, au départ limité aux cris et aux gesticulations du nouveau-né, s'effectue maintenant à travers la transformation efficace de la réalité (zweckmässige Veränderung der Realität)[50].

Ou encore : le plaisir de ce qui n'est pas vraiment ça, mais autre chose, exige une quête dans la réalité, sans hallucination, dans le souci non seulement de la quantité de déplaisir à évacuer mais également de la qualité de l'objet qui doit garantir cette évacuation. Cette manière de formuler les choses, en termes de quantité (d'énergie à évacuer) et de qualité (des choses à prendre en compte), est ancienne chez Freud, on la retrouve déjà dans l'*Entwurf*. Exemple : la moutarde ou le ketchup peuvent éventuellement remplacer pour un sujet la mayonnaise qui lui a beaucoup plu dans sa salade, mais il est improbable qu'un ballon de football fasse l'affaire s'il cherche à retrouver le goût de sa première salade. Vous pourrez donner le biberon de lait ou la panade de fruits au petit enfant au lieu du sein, mais un litre de whisky est risqué et à déconseiller : cela met en danger la vie.

La réalité est à la fois une conjoncture de circonstances particulières et un tissu de lois. Ces lois, au lieu de déterminer ce qui doit être, déterminent plutôt ce qui ne peut pas être, ce qui est impossible. Le sujet peut souhaiter survivre sans manger, mais à la longue cela ne marchera pas. Il n'empêche qu'il y a plus d'une manière de manger, et tantôt, celle-ci sera possible, tantôt, celle-là. Le sujet peut par exemple souhaiter voler, et ouvrir la fenêtre du cinquantième pour prendre son envol, sans ailes ni planeur ni avion. Mais

---

[50] Idem, Formulierungen über die zwei Prinzipien des psychische Geschehens, in *STA, Band III, Psychologie des Unbewussten*, p. 17-20.

qu'il soit aristotélicien ou newtonien, de toute manière, il s'écrasera. Il n'empêche : il y a plus d'une manière de voler, et tantôt, celle-ci sera préférable, tantôt, celle-là.

La défaillance de l'objet dans le monde extérieur, le renoncement

En un mot : les possibilités réelles sont nécessairement limitées. Prenons un exemple délibérément bancal. Supposons : un sujet rêve de savourer du caviar à chaque repas. Cela n'implique pas qu'il en aura à chaque repas : qu'elles qu'en soient les raisons, il se heurtera d'une manière ou d'une autre à l'absence de cette denrée : elle est coûteuse parce qu'il n'y en a pas beaucoup, et s'il se trouve en plein cœur de la forêt amazonienne, il est peu probable qu'il s'en procure facilement. On peut également concevoir que cette nourriture soit prohibée dans sa culture, ou encore que le caviar qu'il a emporté dans la jungle, soit avarié. Ou alors il se peut qu'un beau jour, pas si beau que cela, son souhait se heurte à un impossible radical : l'esturgeon a dépéri comme espèce. Il a beau se rappeler le caviar qu'il aimé, il n'y en a plus, il n'y en aura plus jamais, nulle part. Ce qu'il souhaite fait alors défaut, l'objet qui doit le satisfaire n'est pas là, il y a du manque, de la défaillance (die Versagung)[51] dans le monde extérieur. Et une part du plaisir souhaité va

---

[51] Idem, über neurotische Erkrankungstypen, in *STA, Band VI, Hysterie und Angst*, p. 219. Remarquons que Freud n'utilise pas toujours le mot « Versagung » en ce sens : parfois il l'utilise aussi pour désigner un obstacle intérieur, des « difficultés intérieures insurmontables » (unüberwindliche innere Schwierigkeiten). Mais celles-ci ne sont appelées « Versagung » que dans la mesure où la réalité refuse quand-même la satisfaction : elle ne la refuse pas sans plus, elle la refuse à travers l'objet que quelqu'un, par fixation, n'arrive pas à ne plus souhaiter ; c'est cet objet-là, singulièrement attaché à certaines tendances du « Ich » (gewisse Strebungen des Ichs), qui est défaillant, qui manque (*ibidem*, p. 221-223).

devoir choir, il devra en faire son deuil, il devra bien se satisfaire d'un renoncement réellement exigible (der real erforderliche Verzicht)[52].

Le sujet pourrait croire que ce renoncement est nécessaire uniquement à cause des circonstances particulières du moment et du lieu. Il pourrait se dire que l'esturgeon par exemple aurait pu ne pas disparaître s'il n'y avait pas eu de pollution, ou de surpêche. Il pourrait aussi croire qu'avec le temps, ou ailleurs, il finira bien par en retrouver quand-même. Il peut donc toujours imaginer d'autres circonstances, qui auraient permis d'échapper aujourd'hui à la défaillance réelle de l'objet. Ou alors, alternativement, il pourrait se retenir encore un peu, admettre d'être sous tension, insatisfait, dans la conviction intime que ce n'est qu'affaire remise, et que tôt ou tard, à la faveur d'une nouvelle conjoncture fortuite, sa satisfaction souhaitée sera réalisée, sans défaillance définitive de l'objet.

Ce serait se leurrer, et se donner la recette parfaite pour maugréer à chaque repas, et, plus largement, pour être malheureux parce que frustré toute sa vie. Ce serait un alibi circonstanciel que le sujet se donne pour masquer un problème de fond qui se manifeste une première fois pendant la toute petite enfance, lorsque la mère s'absente du nouveau-né, et lui retire le sein, alors même qu'il est, vu son état de détresse, dans l'incapacité d'y suppléer par lui-même, sauf un peu, en suçant son pouce. L'enfant doit alors endurer de vivre avec un degré d'insatisfaction : s'il y arrive, il emmagasine un degré de tension, puis se contente d'autre chose, en trouvant un Ersatz qui offre une satisfaction de remplacement (die Ersatzbefriedigung)[53], puis finit par agir pour transformer activement la réalité et y trouver ce qu'il cherche. Il chemine, aurait dit Freud, dans le sens du progrès, de la civilisation, au lieu de régresser, et de rester fixé sur sa première idée. Il apprend à

---

[52] Idem, Formulierungen über die zwei Prinzipien des psychische Geschehens, in *STA, Band III, Psychologie des Unbewussten*, p. 23.

[53] Idem, par exemple : *Abriss der Psychoanalyse*, p. 97. Notons que Freud utilise le mot « Ersatz » surtout lorsqu'il est question de satisfaction sexuelle, et que le mot apparaît principalement pour parler des symptômes.

vivre avec un degré de frustration, en développant une certaine mobilité à l'égard de ce qui peut le satisfaire, et en admettant qu'il est toujours privé de quelque chose, de toute manière.

Freud n'aurait pas été Freud s'il n'avait dit que cela. Il pense à autre chose, qui vous donne le tournis. Compliquons donc l'affaire, par un détour dont la pleine signification n'apparaîtra que dans les pages qui suivent. Essayons de faire comprendre comment cette question du renoncement réellement exigible risque parfois de plonger l'humain dans un abîme sans commune mesure avec une défaillance de circonstance. Supposons en effet que l'objet de satisfaction du sujet ne soit autre que sa propre personne, son corps plus particulièrement, ou le corps de quelqu'un d'autre. Supposons aussi que cet objet soit grevé d'une défaillance, qu'il soit privé de quelque chose, par nature ou par accident. Ce corps peut être privé de certaines fonctions par une maladie ou suite à un accident. Il peut également être handicapé, par défaut congénital, depuis la naissance au fond, même si, parfois, on ne s'en rend compte que bien plus tard. Tout cela peut être traumatique, et douloureux jusqu'à devenir insupportable. Ce corps est d'ailleurs aussi privé de vie éternelle, par nature. Et nombreux sont ceux que cela angoisse.

Mais ce n'est pas tout, et ce n'est pas ce qui occupe Freud le plus. Que devient l'impossible si l'on parle, comme Freud à propos de ces patients, de l'impossible qui colle, si je puis dire, à la peau du sujet, et dont celui-ci ne peut pas se débarrasser lors de chaque rencontre de l'autre sexe ? Que devient l'impossible à l'endroit du sexe, par exemple dans le cas du garçon ? Il est né mâle : y a-t-il là un impossible ? Où est la douleur, l'insatisfaction qu'il ne peut éviter ? Le garçon constate une différence sexuelle entre garçons et filles. Que signifie pour lui l'absence du phallus chez la fille, chez sa mère ? Qu'il pourrait être dépossédé de son sexe, qu'elle l'aurait déjà été ? Peut-il échapper à la menace de castration qu'il imagine, menace qu'il a peut-être entendue, ou cru entendre ? Peut-il, pour parler comme Freud, renoncer à l'activité auto-érotique et consentir à ne pas être l'homme de la mère, à ne pas être celui qui complète la mère ? Pourra-t-il ainsi s'orienter plus tard vers d'autres femmes, comme son père l'a fait, sans croire qu'il n'a pas ce qu'il faut, sans dépendance soumise, sans s'abaisser dans la conviction, d'origine sexuelle, qu'il est inférieur ? Pourra-t-il admettre dans la rencontre sexuelle que l'objet du souhait sexuel finit au total par lui échapper comme à la femme qui est sa compagne ?

Il y a d'autres cas de figure, bien sûr, par exemple celui du petit, né mâle, qui ne supporte pas d'être mâle. Aujourd'hui, on opère pour changer de sexe. Mais cela évacue-t-il le problème de la castration au sens freudien du mot, soit pour le garçon : la perte possible de son sexe qui conduit à la perte nécessaire de la mère, ou la restriction de son activité sexuelle première, intenable compte tenu de la réorientation exigée vers un objet possible ? La castration, sous ses diverses formes, selon ses divers scénarios œdipiens, est ressentie par certains comme un trauma, psychiquement insupportable. Et de toute manière, elle met à rude épreuve l'enfant qui doit, pour le meilleur comme pour le pire, se libérer, dans sa quête du plaisir sexuel, de ses parents affectivement investis. J'y reviendrai plus tard, car l'enjeu est fondamental pour Freud. Il ne s'agit en effet plus uniquement de la naissance du souhait, en quête d'une satisfaction qui reproduirait une satisfaction première dans le monde réel, mais de la nécessité de souhaiter une satisfaction qui ne reproduit pas cette première satisfaction, de la nécessité donc de transformer la nature même du souhaiter réorienté dès lors vers autre chose que le passé de ses premières satisfactions – nécessité culturelle qui n'est pas étrangère à la maladie psychique. Le renoncement est comme le dit Freud « erforderlich », exigible : il le faut, pour sortir d'une impasse, celle qui consisterait à se répéter à l'infini dans la re-quête de ce qui n'est plus.

Généalogie et nature psychique du souhait

Poursuivons notre chemin en nous intéressant pour le moment uniquement au souhait. Du régime des besoins impérieux, l'enfant est passé au régime du souhait – sans doute bien avant d'agir dans le monde extérieur sur la base d'un jugement impartial. Du dérèglement énergétique, déstabilisant en continu et n'exigeant qu'un rétablissement sans excitation, le tout petit enfant est passé très tôt à la re-quête d'un quelque chose qui lui a plu auparavant, qui a mis fin au déplaisir dans le temps, qui a chu, mais qu'il n'a pas oublié – et qu'il peut essayer de retrouver, sans ignorer les contraintes de la vie, sa dépendance à l'égard des autres et les possibilités dans la réalité.

Aucun souhaiter (wünschen) n'est possible sans tension : souhaiter, c'est tendre à retrouver le plaisir premier, le plaisir qui n'est plus. Le souhait cherche la ré-jouissance – directement ou indirectement. Mais justement, il est re-cherche, il fait re-chercher, il n'est pas déjà aboutissement au plaisir. Il ne peut même pas être cet aboutissement, sous peine d'arrêt du souhaiter. Dès qu'il y a souhait, le plaisir qui sera trouvé, pourrait-on dire, ne peut pas être le plaisir d'une plénitude. Il ne peut qu'être un plaisir à l'occasion du rappel de quelque chose qui a agréablement apaisé un besoin, puis manqué (versagt), et qui sert d'étalon pour mesurer ce qui est actuellement là pour plaire. Le souhait se heurte au roc de l'impossible, au renoncement réellement exigible.

Soit : en passant du besoin au souhait, l'enfant accède à la vie psychique. Sans souhait il n'y a pas de vie psychique, car seul le souhait, écrit Freud, est à même de mettre notre appareil psychique au travail (da nichts anderes als ein Wunsch unseren seelischen Apparat anzutreiben vermag)[54]. Un saut a été accompli, un seuil franchi, sans retour possible : l'enfant, et l'adulte après lui, ne peuvent pas ne pas souhaiter, encore qu'ils puissent s'en défendre comme Freud n'arrêtera pas de l'expliquer, ou qu'ils puissent ne pas renoncer à ce qui est au total impossible : la reproduction exacte la même satisfaction, la première, encore et encore et encore ; l'évitement de tout déplaisir, encore et encore et encore.

Ce seuil a été franchi à travers l'inscription mnésique du plaisir. Freud écrit une généalogie du souhait. Et je dirais même qu'il ne peut pas faire autrement, qu'il n'imagine pas faire autrement lorsqu'il se met à interroger la

------

[54] Idem, Die Traumdeutung, *in STA, Band II, Die Traumdeutung*, p. 540.

nature psychique du souhaiter (die psychische Natur des Wünschens)[55]. Il formule l'hypothèse que la nature psychique du souhait présuppose et implique nécessairement une histoire, celle qui de l'adulte conduit au tout petit, et du petit au nouveau-né, qui du plaisir actuel conduit au plaisir d'il était une fois, le premier plaisir, le plaisir modèle, le cliché du plaisir à venir. Il en va de même pour le déplaisir : le déplaisir de l'adulte conduit Freud au déplaisir d'il était une fois. Freud, confronté au déplaisir d'un de ses patients, ne peut qu'envisager la généalogie de ce déplaisir. Au fond, le plaisir et le déplaisir sont psychiques pour Freud dans la mesure où ils ne sont jamais actuels seulement, mais comme divisés d'eux-mêmes – par leur passé.

On doit oser demander si c'est véritablement cette fonction-là, la mémoire, qui introduit l'enfant au régime psychique du souhait, entendons : qui fonde la spécificité du vouloir humain, ou si c'est là une hypothèse nécessaire à Freud pour une autre raison, la suivante. À bien des reprises, Freud a cliniquement pu constater comme tant de psychanalystes après lui, moi-même y compris, que des patients semblent accrochés, même malgré eux, à un objet ancien, infantile : ils sont restés fixés sur quelque chose qui fut plaisant in illo tempore, ou qu'il fallait en ces temps reculés éviter. Ces patients, entretemps adultes, recherchent dans l'actualité ce qui leur a plu enfant, et ils évitent comme ils ont évité enfant. Et c'est problématique : cela les rend fragiles parce qu'immobiles dans l'actualité[56] et résistants à tout changement

---

[55] Idem, *ibidem*, p. 538.

[56] Voir par exemple, Freud S., *Abriss der Psychoanalyse, Einführende Darstellungen*, p. 86; ou Triebe und Triebschicksale, in *STA, Band III, Psychologie des Unbewussten*, p. 86; ou Die Verdrängung, *ibidem*, p. 109. Le thème est par exemple aussi omniprésent dans les Drei Abhandlungen zur Sexualtheorie, in *STA, Band II, Sexualleben*, p. 37-145.

Remarque : Freud, comme toujours, adopte plusieurs facteurs explicatifs à la fois. Pour rendre intelligible la résistance des patients, il n'exclut pas le rôle de facteurs dispositionnels, ou encore, de pulsions destructrices (voir Die endliche und die unendliche Analyse, in *STA, Ergänzungsband, Schriften zur Behandlungstechnik*, p. 380.

au cours d'une psychanalyse[57]. Ils cherchent à retrouver ce qui n'est plus là, ce qui n'a peut-être même jamais été là, mais continue malgré tout à les faire carburer. Et ils veulent éviter ce qu'il a fallu éviter avant, mais peut-être plus aujourd'hui, si déjà au passé. C'est la politique du statu quo ante, ou plus exactement la pratique morale du statu quo ante. L'adulte souhaitant, au fond, est commandé par l'enfant souhaitant qu'il a été mais qu'il englobe en permanence comme dimension de sa personne : l'adulte répète le souhait de l'enfant.

Mais cela ne prouve pas que le saut du besoin à satisfaire au souhait, marqué par l'écart tendu entre plaisir cherché et plaisir trouvé, ou si l'on veut, que le saut du besoin au manque à désirer – formule non freudienne – soit dû à la mémoire, à une fixation de la mémoire à l'objet plaisant d'antan, à un objet chronologiquement antérieur. Il n'est pas prouvé que l'écart entre plaisir cherché et plaisir trouvé est ni plus ni moins la même chose que l'écart entre le plaisir passé, premier, ressouvenu et le plaisir actuel. Or c'est bien ça, la thèse freudienne. Je crois quant à moi que le souhait humain est divisé, oui, mais pas à cause d'une expérience première passée : il l'est, doit-on dire, structuralement. Et il se démarque en tant que tel moins des besoins de son être, que des projets qui donnent une valeur à ce qu'il entreprend.

----

[57] Freud S., Die endliche und die unendliche Analyse, in *STA, Ergänzungsband, Schriften zur Behandlungstechnik*, p. 380-386. Pour expliquer cette résistance, Freud invoque dans ce passage, comme à d'autres occasions, plusieurs facteurs explicatifs à la fois. Il n'exclut pas à côté 1. des investissements d'objets que les patients ne se décident pas à lâcher pour en trouver de nouveaux, sans qu'on sache trop pourquoi, 2. le rôle de facteurs dispositionnels, ou encore, 3. le rôle des pulsions destructrices, dont je reparlerai plus bas.

Aussitôt cela dit, que le souhait est structuralement divisé, beaucoup de psychanalystes traduiront comme suit : la perte, chez Freud historiquement située, mais structurale chez Lacan, est le sort du « parlêtre », d'un être qui a la spécificité de parler, l'humain. Qui parle, vit dans la perte, ou plus exactement dans le manque, et il ne peut que désirer – ce qui n'empêche pas que cette perte puisse s'incarner, comme objet partiel, comme ce bout de corps qui fait marcher quelqu'un, qui lui fait désirer quelqu'un d'autre, et qui l'inscrit donc dans une histoire concrète des sexes.

Cette reformulation aujourd'hui largement acceptée n'est pas sans problèmes. Cela mérite une discussion à part entière que je ne peux conduire ici. Disons pour faire bref que l'on m'a appris enfant de ne pas parler la bouche pleine, et étudiant de procéder à des déconstructions conceptuelles à partir de la clinique, autant neurologique que psychopathologique : prétendre qu'un être qui parle ne peut que désirer, c'est affirmer beaucoup trop à la fois, c'est baigner et parfois se complaire à outrance dans l'ambiguïté conceptuelle, celle-là même qui suscite la mauvaise réputation de la psychanalyse chez au moins une part des interlocuteurs avertis. Cela conduit par exemple à la construction du supergraphe du désir où l'on veut tout dire à la fois, ou à l'identification du grand Autre au seul trésor des signifiants.

Certes, l'accès au langage est accès à un fonctionnement structural. Mais Saussure tenait déjà que le langage n'est pas un objet de science[58]. Ou encore : l'effort du rhétoricien pour dire adéquatement les choses sans jamais y arriver complètement, ne pourrait être confondu ni avec les graphiques qu'il projette sur un écran pour résumer habilement son argument, ni avec sa tentative de ridiculiser et vaincre l'adversaire depuis la tribune politique pour saisir sa part du pouvoir, ni avec le mot d'esprit qui lui permet de s'amuser lui-même ou d'autres à dire quelque chose sans le dire explicitement. Si la première activité devient impossible à l'aphasique, et la seconde à celui qu'on appelle traditionnellement l'apraxique, la troisième ferait en

---

[58] Voir à ce sujet Schotte J.C, *La raison éclatée. Pour une dissection de la connaissance*, p. 23-40.

revanche problème pour le paranoïaque par exemple, alors que la quatrième est pour le névrosé une manière subtile de sublimer en acte. Je n'ai jamais rencontré d'aphasique qui soit d'office apraxique, paranoïaque ou névrosé, ni davantage l'inverse. Il est vrai qu'un humain peut faire tout cela à la fois – dire, outiller, vivre en société, éprouver sa liberté – mais on n'en conclura pas que tout cela s'explique à partir d'un foyer unique d'intelligibilité. La force gravitationnelle n'empêche pas qu'il y ait par ailleurs une force électromagnétique.

Généalogie du sujet comme sujet du souhait

En outre, je ne crois pas exagérer si je prétends qu'il n'y a pour Freud de sujet qu'à condition qu'il y ait du souhait. Freud essaie de capter la naissance du souhait, mais cette naissance est pour lui également celle du sujet : le sujet[59], chez Freud, est nécessairement, essentiellement sujet du souhait.

---

[59] J'entends par sujet ici celui qui a le sens d'être soi, n'étant ni morcelé ni absolument perméable, et qui peut donc en référer à soi-même par 'je' (Ich), sans aucunement présumer que cette référence à soi implique une quelconque unité substantielle. Bien au contraire. Je peux ainsi dire : « j'ai mal au dos » autant que « j'ai faim », « je décline toute responsabilité » et « je t'épouse ». Ou encore : « je vieillis », « je ne me reconnais plus », « je ne sais pas qui je suis » ou « je ne suis pas celui que tu penses ». Précisons : le fait que je dise « je », n'implique nullement que je n'aie aucun sens de moi-même sans le dire !
Freud utilise rarement le mot sujet, mais cela arrive, par exemple dans un texte de 1932 à mon sens crucial : 31. Vorlesung. Die Zerlegung der psychischen Persönlichkeit, in *STA, Band I, Neue Folge der Vorlesungen zur Einführung in der Psychoanalyse*, p. 497. Freud s'y demande comment faire pour connaître le « Ich », qu'il nomme le sujet au sens le plus propre du mot (das eigenlichste Subjekt). Et le texte entier consiste en fait à déployer la division du sujet ou « Ich » à partir des déconstructions qu'opère la pathologie. Et qu'est ce qui s'y dit en somme ? Rien d'autre que le fait que ce « Ich » ne se trouve pas aux commandes de la vie psychique, mais pris en étau

Et en tant que tel il ne peut qu'être psychiquement divisé : puisqu'il souhaite il doit se dépatouiller comme il le peut avec un plaisir manquant, qui est perdu, et qui rend nécessairement le plaisir d'aujourd'hui défaillant par rapport au modèle premier. Ce sujet doit se débrouiller avec une souffrance qui n'est pas qu'actuelle mais sous-tendue par une souffrance première.

Voilà une deuxième thèse discutable, à laquelle je ne souscris pas non plus, même si je pratique le métier de psychanalyste. Le sujet est divisé, mais pas uniquement parce qu'il souhaite, ou mutatis mutandis, pour m'adresser à qui ne parle plus freudien, mais lacanien : le sujet est divisé mais pas uniquement parce qu'il désire. Le sujet est à mon sens également socialement divisé, absent de lui-même, ou incomplet, quoi qu'il en soit du souhaiter par ailleurs. Il l'est notamment mais pas uniquement parce qu'il n'adhère pas nécessairement à son sexe biologique et ne s'approprie pas son corps sans soumettre son organisme naturellement situé dans un milieu à une restructuration qui l'acculture (il ne suffit pas d'être masculin biologiquement pour être un homme socialement, ni femelle biologiquement pour être une femme socialement ; et un attribut même partiel, un fétiche notamment, peut représenter à part entière le corps d'un être qui a le sens d'être soi). C'est du moins ce que je pense à titre d'hypothèse, à l'instar de feu Jean Gagnepain, ancêtre, non biologiquement mais sociologiquement, pour qui la construction de mon identité sexuelle, plaisante ou douloureuse, comptait moins que ma formation épistémologique. Je lui dois beaucoup : non la vie mais une dette, intellectuelle. Je l'ai fréquenté assidûment, j'en ai été impré-

---

entre plusieurs instances, soit divisé: le 'Es' (Ça) qui n'est autre que l'instance première poussant au plaisir sans détour, le « Überich » (surmoi) qui fonctionne par la suite comme juge des plaisirs, et l'« Idealich » (l'Idéal du moi), qui propose par la suite des modèles au « Ich » . Ce dernier étant lui-même soucieux de la réalité, cherche à maintenir l'équilibre entre toutes ces instances, à servir tous ces maîtres à la fois, sans complètement éclater ni disparaître, sans tomber malade.

gné et je n'ai pas fini de répondre à mes obligations, à son incessante invitation à pratiquer l'anthropophagie à l'égard des maîtres à penser, métaphorique bien sûr. Je suis donc institué à plus d'un endroit et pris dans des débats, confronté à mon incomplétude, à la distribution l'arbitraire du pouvoir dans le champ du savoir. À la guerre comme à la guerre !

Les détours du plaisir :

le bonheur de la découverte, le défi de l'échec

Je lis Freud par plaisir. Et ce plaisir n'est pas simple, vous l'aurez compris. Freud écrit des beaux textes dont la seule lecture, qui répond à une soif de belles lettres, bien sûr plus métaphorique qu'organique, est promesse de joie. Mais Freud n'est pas qu'un grand styliste. Il arrive d'ailleurs qu'il ne le soit pas du tout. L'allégresse première du lecteur transporté par sa belle plume, ne se retrouve pas forcément à la lecture des textes théoriques, ceux où Freud explicite ses méthodes de découverte et ses manières d'intervenir, ceux où il formule des hypothèses, dissèque des processus, formule des principes de fonctionnement, s'aventure à expliquer le déclenchement des maladies psychiques. D'un texte à l'autre, Freud ne dit d'ailleurs pas la même chose à propos de tout cela, même s'il me semble qu'une perspective proprement psychanalytique persiste à travers toute l'œuvre – que je me suis permis de critiquer. On peut donc lui poser beaucoup de questions et formuler des objections à n'en pas finir.

Le travail de l'exégète freudien est alors si compliqué qu'il risque de de se décourager et de décrocher. À moins qu'il ne soit convaincu que le chemin le plus court, celui de la moindre résistance, n'est pas nécessairement le plus gratifiant. Freud ne dit pas autre chose lorsqu'il parle des détours qui s'imposent dans la quête du plaisir. C'est si vrai que l'on peut intellectuellement par exemple refuser les réponses faciles et les raccourcis plus qu'approximatifs. Et qu'on peut même se réjouir d'essuyer un échec, s'il relance la recherche. Les chercheurs ne sont pas des trouveurs ! Ils aiment hypothéquer leurs chances de réussite. La recherche se transforme ainsi en un jeu soumis à des règles subtiles, gages d'éventuelles réjouissances infiniment plus raffinées que le divertimento initial.

Comparée à beaucoup d'autres œuvres à prétention scientifique, l'œuvre de Freud possède un intérêt tout particulier. C'est que Freud est un des rares exemples dans l'histoire de la pensée où l'on peut suivre, parfois jour après jour, le processus de la découverte, voire de l'invention. On peut le faire grâce aux lettres qu'il écrites à des collègues, à Wilhelm Fliess notamment, un ami médecin avec des idées qu'on estime aujourd'hui farfelues. Mais par exemple aussi à travers la réécriture continuée par Freud d'un texte qu'il a lui-même jugé capital, la *Traumdeutung.* Freud ne présente pas que des résultats, encore moins des résultats uniquement positifs, et il ne les présente certainement pas sous une forme axiomatisée. Et les cas qu'il relate attestent bien que ses efforts de guérir n'aboutissent pas toujours : souvent ça ne marche pas, il subit un échec, il n'arrive pas à guérir ses patients ou certains d'entre eux.

Mais que serait-donc cette guérison ? Et qu'est-ce qui ne marche pas ? Quel est cet échec ? Se pourrait-il que cet échec nous apprenne non pas l'inanité de l'entreprise psychanalytique, mais au contraire la frivolité des pratiques psychothérapeutiques directives et adaptatives ? Celles-ci marchent, oui, oui oui, à un certain niveau, sans doute plus symptomatique qu'autre chose. Mais si elles marchent, c'est uniquement parce qu'elles ratent complètement la spécificité du régime psychique, parce qu'elles s'immunisent d'avance contre l'incidence subjective de la rencontre clinique, et parce qu'elles rendent impossible toute exploration du transfert pour avoir unilatéralement statué, d'avance et une fois pour toutes, en dehors de tout dialogue avec le patient, le rôle concret que doit jouer la professionnel à qui s'adresse une demande de prise en charge.

Et donc …

Tout cela étant écrit, que puis-je dire à partir de là, moi-même, en reprenant le point de départ ?

Je lis Freud par plaisir, pas par besoin vital immédiat. Je ne peux pas manger ce que je lis. Mon plaisir n'est pas hallucinatoire. Il ne me met pas en danger de mort faute de nourriture ou de boisson, en tout cas pas immédiatement. La joie d'aujourd'hui, celle de lire, de décortiquer le texte, d'écrire, voire de s'en démarquer, en présuppose une autre, d'antan, perdue, mais ressouvenue et re-cherchée, non pas directement mais à travers de multiples détours, dans un univers où je dois également prendre en compte ce qui est réellement possible. Soyons réalistes, je n'ai pas que cela à faire, je dois gagner ma croûte et vivre, Gagnepain n'est pas mon gagne-pain. J'ai des interlocuteurs, prévisibles ou inconnus, que j'essaie de prendre en compte. Toutes ces réjouissances auraient pu être interdites, mais elles ne le sont pas. Freud, bien qu'anathème pour certains, n'est pas proscrit ni repoussé dans l'illégalité par le législateur ni son lecteur exposé au risque d'une incarcération ou d'une exécution sommaire. Last but not least, je peux investiguer l'œuvre de Freud dans tous les sens, mais il y a aura toujours quelque chose que je n'ai pas lu, qui m'échappe, que j'ai mal compris. Et si je veux écrire quelque chose et le publier moi-même, il vaut mieux que je n'attende pas la veille de ma mort pour ouvrir un document Word et transformer mes notes en un texte qui soit lisible par quelqu'un d'autre, même si c'est imparfait. Il faut faire avec sans. Ce que je trouve et communique, c'est quelque chose, mais ce n'est jamais la Chose, qui aurait été la première.

Ces plaisirs présupposent du souhait, donc quelque chose qui n'est pas là. Ce souhait fait de moi – selon Freud – un sujet, puisque pris entre perte passée et re-quête, poussé par la perte d'il était une fois à la re-quête de quelque chose qui ne sera pas cette chose première, sauf si de tout mon être je n'aspire jamais à autre chose qu'au seul lait maternel.

Par ailleurs, on doit se demander ce que pourrait être le plaisir d'il était une fois que reproduit, immédiatement ou indirectement, mon plaisir de fréquenter l'œuvre de Freud aujourd'hui. On essaiera de construire à la manière de Freud une généalogie des lectures freudiennes qui me réjouissent dans l'actualité. Le lecteur se dira qu'un nourrisson ne lit pas. Mais peut-être qu'il y avait quelqu'un qui a lu pour le bénéfice du nourrisson que j'ai été ? Cela a pu être agréable, pendant l'allaitement, ou après, ou peut-être avant, en attendant le lait maternel que la lecture annonçait par association ? Je ne saurais le confirmer ni contredire. Et les premiers témoins de l'époque ne sont plus là. Ou peut-être qu'il m'a plu de lire des livres moi-même, par après, pendant mon enfance ? J'ai lu, mais surtout des bandes dessinées. La plupart d'entre elles n'existe d'ailleurs plus qu'à titre de souvenir. Les histoires de Tintin et d'Alix, plus appréciées que d'autres, ont été perdues, prêtées à quelqu'un mais jamais rendues. Bien plus tard, j'ai été passionné par certains textes de notre héritage gréco-romain, Tacite par exemple. Mais au total, j'aurais plutôt évité de lire, détesté de lire ! Les livres m'étouffaient, encore qu'il ait bien fallu en lire certains, dans le cadre des études supérieures surtout, entre autre en allemand, un allemand coriace, kantien par exemple. L'impression de suffoquer a duré jusqu'à ce que certaines rencontres modifient mon destin. Une personne bien particulière a provoqué ma curiosité pour les romans, à travers les polars. Une autre m'a appris à penser, sans me perdre dans les méandres marécageux de la spéculation philosophique qui ne se donne aucun lieu de résistance. Une autre encore m'a réveillé d'un long sommeil intellectuel, plutôt défensif, nécessaire pendant tout un temps.

La personne qui veut interroger les méandres des plaisirs et des déplaisirs à la façon du psychanalyste, non seulement en théorise les tenants et aboutissants, mais découvre donc aussi, dans sa pratique concrète de tous les jours, avec les analysants, l'histoire singulière du souhaiter de chaque analysant. Qu'on se le dise bien : aucune théorie ne permet cliniquement de faire l'économie d'une pérégrination très intime dans l'histoire de chacun, sauf si l'on se contente de prendre des comportements positifs, c'est-à-dire présentement enregistrables, pour la somme de la réalité humaine.

Aussi, une histoire du plaisir et du déplaisir du sujet que je suis, est-elle possible. Mais est-ce l'offre et la demande d'autrui qui en fait un plaisir humain ? Des personnes bien singulières ont pu manifester leurs souhaits à mon endroit en me demandant de participer à leurs projets. Elles ont donc pu poursuivre l'histoire initiée par les premières personnes qui ont bien voulu de moi, et qui ont apporté au passé leur aide vitale au nourrisson que j'ai été. Mais est-ce l'interaction sociale, toujours et partout historiquement singulière, qui transforme un vouloir en vouloir humain ? Non. Les souhaits peuvent être attribués à quelqu'un. Il est même possible d'en être dépossédé. On peut constater qu'on essaie en fait de réaliser le souhait de quelqu'un d'autre. On peut constater qu'autrui nous refuse ou nous accorde ce qu'il faut pour réaliser nos souhaits. Mais enfin, on peut m'attribuer plein de choses, et m'en désapproprier tout autant. Toute personne reprend en effet à autrui quantité de choses qui sont très différentes des seules manières de prendre plaisir et d'éviter du déplaisir. Des interlocuteurs germanophones m'ont ainsi appris une langue historique particulière, l'allemand qui me met aujourd'hui en état de lire Freud dans l'original, ce que bon nombre de gens ne peut pas faire, faute d'avoir fréquenté des germanophones. Et il ne fait pas de doute que ma fréquentation de l'œuvre de Freud est rendue possible par des techniques, elles aussi historiquement situées : l'impression sur papier, ancienne, et l'outil informatique, relativement nouveau. L'humain vit dans l'histoire, mais son humanité ne s'y restreint pas.

Il est en revanche plus pertinent et plus prometteur, quand on interroge le rapport du déplaisir au plaisir, d'affirmer que les déplaisirs et les plaisirs peuvent s'enchaîner, sous la forme d'un projet. La lecture, en elle-même bienfaisante, mais parfois fastidieuse et épuisante, devient alors le prix à payer pour l'obtention d'un bien de plus, d'une plus-value, à savoir : le projet qui consiste à parler de l'œuvre de Freud, d'introduire d'autres gens à sa pensée, oralement et par écrit, et qui sait de réussir un jour à les faire penser autrement. Dans ce cas, la lecture de Freud ne se fait pas en n'importe quel sens : il y a une direction à suivre. La lecture de Freud est vectorisée par une autre activité, plus ou moins valorisée, par moi-même ou par des tiers.

Les vertus de la pause,

les bienfaits de l'indifférence, l'éloge de la fuite

Il est temps de reprendre son souffle. D'arrêter de fréquenter l'œuvre de Freud pendant quelques heures, quelques jours s'il le faut. De décanter. De faire ce qu'on fait lorsqu'on ouvre une bouteille oubliée dans la cave pendant une décennie ou plus, dans la tranquille certitude que c'est une bonne bouteille, assez intéressante pour en différer puis orchestrer la dégustation. Il faut donc oublier Freud et toutes ces complications.

Après tout, lire Freud n'est nullement un besoin vital pour le fonctionnement du métabolisme, même si cela peut être une obligation professionnelle pour certains et déterminer s'ils sont reconnus ou non par des pairs. Pour ceux-là, il n'y a pas de mal à emmagasiner, sans s'en occuper pendant quelque temps, les questions que suscite Freud et qui dérangent la paix intérieur des uns, le sommeil dogmatique des autres. Bon nombre de gens, qui ne sont pas psychanalystes, peuvent en revanche parfaitement bien l'ignorer. Ils pourraient même l'éviter sans en mourir, le fuir comme on fuit devant une excitation qui vient de l'extérieur et qui pourrait être déplaisante, irritante, déstabilisante, le fuir comme on fuit devant un prédateur, le fuir comme quand on cherche à échapper à des mauvais exemples, à des influences qu'on estime délétères.

Et après ce repos bien mérité, on peut poursuivre l'effort engagé. Car tout n'est pas dit à propos du plaisir (die Lust) et du déplaisir (die Unlust) selon Freud, loin s'en faut. Le lecteur un tant soit peu averti aurait vite fait de m'objecter que j'ai quand-même oublié deux, trois, quatre, cinq, dix trucs hyper importants. Je ne les ai pas oubliés, j'ai seulement décidé de progresser pas à pas. Dans la conviction que je finirai de toute manière par négliger quelque chose d'important, aux yeux d'un tel ou d'une telle, et peut-être même dans ma propre perspective. Il faut faire avec sans.

Chapitre 2

Les paradoxes du plaisir

La culture du déplaisir de l'ascète,

ou l'éloge de la méthode et du raffinement

Plaisir il y a à lire Freud. Mais un brin de réalisme me contraint à proclamer qu'il y a des textes très théoriques, difficiles à saisir, et pas forcément divertissants. Il arrive en particulier que certains de ceux-ci soient un peu chaotiques : ils sont tellement riches d'enseignement qu'ils n'enseignent plus rien du tout, sinon l'aporie devant la complexité présumée du problème. Et on ne sait plus trop bien ce qu'on lit, ce que Freud prétend ou ce que l'on doit conclure. Il y a, si l'on veut, trop d'hypothèses. Et ce d'autant plus, si pour s'en sortir, l'on poursuit l'examen de ces textes qui planent dans l'indécision, par l'étude d'autres textes freudiens, écrits après ou avant, à propos d'une même question. On ne s'en sort pas forcément mieux, on peut même avoir l'impression pénible de s'enfoncer davantage.

Ou peut-être pas, au contraire. Est-ce que je surprends le lecteur si je lui dis que l'humain peut aimer la difficulté ? À ses débuts, dans l'*Entwurf*, Freud est convaincu que l'appareil psychique qu'il envisage alors comme une machine neuronique, cherche autant que possible et aussi vite que possible le plaisir, entendons : la réduction des tensions, l'apaisement après le dérèglement de l'état de repos. Il se trompe[60].

L'appareil psychique ne cherche pas toujours la satisfaction : il peut au contraire aiguiser son appétit, il peut s'exciter, il peut cultiver l'abstinence, le manque à désirer, l'ascèse. C'est paradoxal, mais c'est comme ça. S'il s'agissait uniquement de revenir le plus vite possible au degré zéro de l'excitation, l'univers des gastronomes ne connaîtrait que des goinfres qui s'empiffrent, des gourmands, des mange-tout, ou plus simplement des estomacs affamés contents de n'importe quoi n'importe comment. Il se fait qu'il y a 1.

---

[60] Plus tard, Freud prêtera une attention au phénomène paradoxal de la tension plaisante, quand il interroge le phénomène du plaisir sexuel préliminaire (die Vorlust), Drei Abhandlungen zur Sexualtheorie, in *STA, Band V, Sexualleben*, p. 113-120.

des gourmets qui n'avalent pas n'importe quoi mais qui font la fine bouche jusqu'à préférer le jeûne à la médiocrité, et 2. des puristes qui ne mangent pas n'importe comment mais à la seule condition de ne pas reculer devant le sacrifice, les 100 km de vélo par exemple – sur les raides collines du Luxembourg, cela s'entend. Le sujet logé en chaque humain, peut donc se compliquer la recherche du plaisir autant que raffiner ce plaisir, au lieu de viser uniquement la réduction de la tension, par le remplissage indifférent d'un estomac vide, par exemple.

L'humain peut prendre plaisir à un relatif déplaisir, et même à un extrême tourment. La douleur n'est pas quelque chose qu'il évite toujours. L'humain peut en toute liberté décider de civiliser la peine, 1. en n'acquiesçant pas au plaisir quelconque mais seulement au plaisir préféré, déterminé, juste en deçà de l'outrance, et 2. en cultivant la méthode, à travers une maîtrise parfaitement psychique des itinéraires possibles sur la route qui conduit au plaisir préféré (le mot grec « hodos », que l'on retrouve dans « methodos », signifie le chemin). L'amateur du délice presqu'au-delà et le spécialiste de la méthode exigeante ressentiront l'apaisement sans discrimination et direct comme un état de mort, sans vie : 1. trop facile parce qu'en deçà de l'écueil possible, sans danger de rater son coup (no risk, no fun) et 2. sans valeur parce qu'exempt de toute transgression possible à la règle (no restrictions, no fun). On remarquera – ce sont des hypothèses non freudiennes – que l'amateur du délice presqu'au-delà, par un aussi frappant que prévisible passage à la limite, se transforme en pantin hystérique, toujours déçu. Et que le spécialiste de la méthode exigeante, par un curieux passage à la limite, peut devenir obsessionnel, ou phobique, toujours pris en défaut : il n'est pas en règle, il a lâché. *Ho popoi popoi*, auraient dit les Grecs de l'antiquité.

Les pulsions de mort

Le paradoxe suprême est toutefois celui-ci : si le plaisir consiste à évacuer le déplaisir qui ne serait rien d'autre qu'une tension à réduire ou annuler, la recherche du plaisir ultime doit consister à mettre fin à la vie. Il est vrai que le sujet peut s'activer dans des occupations qui sont ni plus ni moins destructrices, pour lui-même ou pour des autres, sans même que sa survie ait été menacée au préalable, sans qu'il ait eu à se défendre pour survivre – et y prendre plaisir. Mais est-ce un principe général ? Est-ce que chaque humain s'active nécessairement pour en fin de compte détruire ?

Si l'on se rappelle par ailleurs que tout souhait actuel vise le rétablissement d'une plaisir passé, il faut conclure que celui qui prend plaisir dans l'actualité en détruisant, a déjà pris plaisir au passé en détruisant. Qu'aurait donc été ce premier plaisir de la destruction ? Freud parle d'un individu qui se développe. Il commence par le nourrisson, un être dépendant qui se trouve dans un état de détresse absolue. Le nourrisson serait-il déjà habité par l'envie de mettre fin à la vie, la sienne ou celle de quelqu'un d'autre ? Et comment aurait-il cherché à le réaliser, ce plaisir ? En mordant, en s'agrippant ?

Revenons en arrière. Dans l'*Entwurf*, en 1895, tout en essayant de comprendre le fonctionnement psychique en des termes naturalistes, économiques, Freud postule en un premier temps que l'appareil neuronique obéit au principe d'inertie (das Trägheitsprinzip) : la tendance au degré zéro d'excitation. Déjà là, Freud se rend compte du fait qu'un tel appareil ne saurait survivre, car il risquerait d'évacuer la tension ou déplaisir par la voie la plus courte, l'hallucination. Le principe d'inertie est donc contraire à la vie. L'organisme a besoin de stocker l'énergie, de maintenir une certaine tension. L'on pensera par exemple au maintien d'une température distincte de celle du milieu ambiant. Freud parlera donc par la suite, en 1920, dans *Jenseits des Lustprinzips*, du principe de constance (das Konstanzprinzip) et non plus du principe d'inertie.

Mais il n'en restera pas là ! Il revient en effet à son idée de départ, et ce dans le même *Jenseits des Lustprinzips*, en 1920. Comment ? Et pourquoi ? Aussi bien pour des raisons théoriques que cliniques.

Attentif aux avatars du plaisir re-cherché par celui qui souhaite, par celui qui a accédé à la vie psychique, Freud n'oublie pas pour autant que celui qui veut, est aussi vivant et soumis aux nécessités de la vie. Et toute vie se termine par la mort. Freud a eu l'occasion de le constater pendant le Grande Guerre ! Et Freud de faire un bond audacieux, magistral ou fou : tout se passe comme si l'organisme qui passe à l'état organique au bout de la vie, en fait re-cherchait l'état anorganique, la mort. Freud écrit donc non pas que le terme de la vie est la mort, mais que le but de la vie est la mort (Das Ziel des Lebens ist der Tod)[61]. C'est une affirmation extraordinaire ! Vivre dans le but de mourir : paradoxe ! Est-ce là vraiment ce que veut tout humain, ou seulement ce que veulent certains humains ?

L'humain étant du vivant, un être organique, Freud conclut que cet être qui a accédé à la vie psychique, à l'ordre du souhait, n'est pas compréhensible sans qu'on postule l'existence de pulsions de mort (Todestriebe)[62]. Il affirme que l'humain peut céder à la pulsion de mort (der Todestrieb), et fonctionner selon le principe de Nirvana (das Nirwanaprinzip)[63].

Ce n'est pas les masochistes qui vont le contredire, ni les sadiques. Le clinicien peut difficilement ignorer que la poussée à la destruction, ça existe.

En même temps, cela n'est pas si évident qu'il n'y paraît. Où est donc le plaisir : dans l'état de mort (le degré d'excitation zéro) ou dans le fait de détruire lui-même, qu'il soit agi ou subi ? Ce détruire peut éventuellement déboucher sur la mort, mais il n'est pas en lui-même caractérisé par un degré zéro d'excitation, par l'absence de tension. Et il n'est pas dit que la tension qui l'anime soit désagréable.

---

[61] Freud S., Jenseits des Lustprinzips, in *STA, Band III, Psychologie des Unbewussten*, p. 248.

[62] Idem, *ibidem*, p. 247-269, p. 269[1]; et Das Ich und das Es, *ibidem*, p. 307 et suivantes.

[63] Idem, Jenseits des Lustprinzips, *ibidem*, p. 307 et suivantes.

Les morts étant morts, il est difficile de leur demander si cet état leur plaît. Mais on peut gager que les comportements mortifères, destructeurs apportent du plaisir à plus d'une personne, activement pendant qu'ils détruisent, ou passivement pendant qu'ils sont détruits. Et c'est sans doute à tous ceux-là surtout que pense Freud lorsqu'il formule l'hypothèse de la pulsion de mort. Je ne crois pas que Freud entend ici parler en premier lieu des personnes dont la vie est un enfer et qui souhaitent donc mourir pour ne plus souffrir. Mais là encore, la question peut être posée : le suicide vise-t-il un état au-delà de la vie, caractérisé par l'absence de douleur ? Ou alors, l'acte suicidaire serait-il plaisant en lui-même ? Je ne saurais le dire, certainement pas si je pense au suicide des kamikazes, et aux attentats-suicides.

Quoi qu'il en soit, Freud n'est pas l'apôtre de la pulsion de mort, loin s'en faut. On lira par exemple le petit texte *Warum Krieg ?*, écrit en 1932, et adressé à Albert Einstein, quelques années avant que Freud s'exile et quitte l'Autriche pour s'installer à Londres, déjà gravement malade. Il n'y a aucune trace d'un quelconque angélisme dans ce petit texte ! Ni aucune joie, face aux affres de la guerre qui détruit. Plus jamais Freud n'oubliera que toute vie a pour « fin » la mort, et que l'organisme re-vient alors au fond à un état anorganique : tout se passe comme si les humains, des fois, cédaient à l'envie destructrice.

Tout lecteur de Lacan pense encore à autre chose, je crois, lorsqu'il est question de la pulsion de mort. Il a été écrit, précédemment, que le sujet qui souhaite se heurte au roc de l'impossible : il doit prendre en compte les possibilités réelles, nécessairement limitées. Par principe, il aura à se contenter de telle ou telle chose qui n'est pas vraiment la Chose elle-même, d'un Ersatz, variable selon les occasions. Un Ersatz soumis à des déterminismes d'ordre divers : tout n'est pas possible. Mais supposons que le sujet n'admette pas cela, qu'il fonctionne uniquement selon le principe du plaisir, qu'il ne consente pas au « renoncement réellement exigible » (der real erforder-liche Verzicht)[64]. Qu'arrive-t-il ? Son activité prend des allures mortifères : ne pas céder une part de jouissance conduit à la mort. Les toxicomanes illustrent malheureusement bien la chose. Ils se heurtent à l'impossible réel. Mais frustrés d'imaginer une satisfaction qui serait possible malgré tout, ils ne renoncent pas. Ils consomment et reconsomment autant que faire se peut[65]. Or, la consommation sans restriction d'un objet ne comble pas le souhait, paradoxalement. Elle rend seulement mortelle la réalisation du souhait pour celui qui souhaite : il s'autodétruit, à petites doses ou d'un coup. Et le rôle dévolu à autrui dans ce scénario varie du pro-thésiste au pro-hibiteur : tantôt il représente l'appui qui manque, il aide par procuration ; tantôt il représente la restriction qui manque, il freine par procuration, et il incarne donc ce qu'il est tentant de transgresser, de défier, de contourner.

La compulsion de répétition :

le penchant à la régression ou le conservatisme des pulsions

On n'en a pas fini de questionner les paradoxes du plaisir selon Freud.

---

[64] Idem, Formulierungen über die zwei Prinzipien des psychische Geschehens, *ibidem*, p. 23.

[65] L'impossible réel n'arrête pas les toxicomanes et pour cause : ils ne sont pas freinés à la mesure d'un impossible implicite, en leur souhait lui-même. Lacan, comme on le sait, appelle cet impossible-là, qui est implicite, le manque symbolique. On pourrait aussi dire, en termes freudiens : le toxicomane ne renonce pas (verzichten), faute de bien refouler (verdrängen). Mais ce serait aller trop vite en besogne, puisqu'il n'a pas encore été question de refoulement. Au sujet de cet impossible implicite, propre au vouloir humain lui-même, voir ci-dessous, le *Chapitre 2* de la deuxième partie : *Un pari raté ?*

Bis repetita placent, avaient l'habitude de dire nos professeurs de Latin. Ils le disaient lorsqu'ils nous rabâchaient les oreilles avec je ne sais quelle règle de grammaire latine qu'ils espéraient nous inculquer. Mais on peut aussi l'entendre autrement. « Placet repetere » signifie littéralement : il plaît de chercher à nouveau. Cela n'a rien d'étonnant si l'on pense à l'hypothèse de base de Freud selon laquelle le souhaiter consiste à re-chercher un plaisir d'antan.

Mais encore : il plaît de répéter – au risque de se répéter à l'infini, de façon morbide. La question est alors de décider si cette répétition-là, à l'infini, « ad infinitum », plaît encore ou plutôt déplaît, voire si elle peut éventuellement plaire et déplaire à la fois, auquel cas elle serait pour le moins paradoxale.

Tout psychanalyste actif a eu plus d'une fois l'occasion de se voir adresser une demande en charge par un analysant potentiel qui a franchi la porte du psy justement parce qu'il commence à se fatiguer : cette personne s'étonne, s'attriste et s'inquiète de se retrouver chaque fois à nouveau dans quelque chose d'ancien, dans les mêmes embrouillaminis, malgré elle. Tout se passe comme si elle avait incorporé des habitudes sans pouvoir s'en débarrasser. Quelque chose qui se répète fait symptôme pour cette personne. Et ce symptôme a la spécificité de lui échapper. Ce même psychanalyste n'arrête pas non plus de s'étonner que l'un ou l'autre patient préfère ses maux familiers au renouveau dont l'issue est encore indécise : certaines personnes semblent aimer leur misère, et d'autres ne lâchent pas si vite un symptôme sans savoir si le bénéfice qu'il leur apporte et qu'ils ont peut-être enfin pu s'admettre, sera remplacé par un autre bien. Et ce psychanalyste s'étonne surtout que les analysants ont beau essayer d'arrêter de faire certaines choses mais qu'ils n'y arrivent que difficilement ou parfois pas du tout, même en se donnant toutes les raisons du monde, du moins celles qu'ils peuvent connaître. Cela me rappelle ce que me dit un jour un analysant : « C'est comme un 'Zwiebel' [un onion]. Depuis que je viens j'ai compris beaucoup de choses sur moi-même, je sais ce qu'il faut changer, j'essaie de le changer, ça va mieux, mais je n'y arrive pas. Et je m'en veux de ne pas y arriver, c'est comme si j'en restais aux couches supérieures et n'arrivais jamais au cœur du problème, comme si une force profonde m'en empêchait ».

Face à ces constats Freud postule l'existence d'une compulsion de répétition (der Wiederholungszwang)[66]. La chose surprenante, c'est qu'il n'envisage pas simplement cette compulsion comme une manifestation de la pulsion de mort. Il croit qu'elle garantit du plaisir autant que du déplaisir. Et il y voit plutôt l'expression du conservatisme de la pulsion en général : une tendance de toute pulsion à la restitution d'un état d'avant (ein Drang zur Wiederherstellung eines früheren Zustandes)[67]. Toute pulsion semble orientée vers la régression (auf Regression gerichtet)[68].

Il se peut que le lecteur soit ici pris d'un certain vertige. Il me dirait par exemple : « Mais dites, est-ce que vous n'avez pas subrepticement changé de vocabulaire ? D'abord, vous construisez votre propos autour de la notion de souhait. Puis maintenant, vous parlez de pulsions. Alors, dites-nous : c'est quoi au final ? Est-ce que c'est le Wunsch ou le Trieb, qui est décisif ? ».

Le lecteur n'a pas tort. Mais le vertige qu'il peut ressentir, n'est pas différent du mien : Freud lui-même change en effet de vocabulaire, chemin faisant. Le concept « souhait » est indispensable dans la *Traumdeutung*, il y occupe la place centrale. Celui de « pulsion » n'y apparaît pas en tant que tel, mais il devient crucial dès les *Trois Essais*. Question : est-ce des synonymes ? Réponse : je ne crois pas. La notion de souhait est psychologique, la notion

---

[66] Idem, Erinnern, Wiederholen und Durcharbeiten, in *STA, Ergänzungsband, Schriften zur Behandlungstechnik*, p. 209-214; et Jenseits des Lustprinzips, in *STA, Band III, Psychologie des Unbewussten*, p. 229.

[67] Idem, Jenseits des Lustprinzips, in *STA, Band III, Psychologie des Unbewussten*, p. 246.

[68] Idem, *ibidem*, p. 247.

de pulsion en revanche est chez Freud ambigüe : tantôt elle semble strictement biologique, tantôt plutôt psychologique, tantôt Freud la situe à la limite du psychique et du somatique[69].

Surgit alors une question. La tendance de la *pulsion* (biologique ? psychologique ?) à la régression, son conservatisme qui consiste en une poussée vers la restitution d'un situation d'avant, à entendre éventuellement comme état inorganique, est-elle identique à la tendance *psychique* (die psychische Regung) caractéristique du *souhait* (qui est une réalité psychique), à savoir sa tendance à réinvestir le souvenir de la perception du premier plaisir, à rétablir la situation du premier plaisir (welche […] die Situation der ersten Befriedigung wiederherstellen will)[70] qui a évacué le premier déplaisir ? Je n'ai pas de réponse à cette question.

Mais je peux dire ceci : l'idée de régression n'est pas absente de la *Traumdeutung*, loin s'en faut. Freud en décline les divers aspects : formel, topique et temporel. Je ne tiens pas à élaborer la chose ci. J'expliquerai toutefois le minimum nécessaire comme suit. L'enfant a pu faire une expérience du plaisir, au passé, il était une fois. Cette expérience s'est mnésiquement inscrite, associée à l'expérience également première du déplaisir. Chemin faisant, l'enfant puis l'adulte accumulent une expérience de la vie marquée par des contraintes réelles diverses. L'expérience de tant de nouveaux plaisirs et déplaisirs s'inscrit mnésiquement. Et l'association mnésique première se complique : les perceptions premières, devenues matériel mnésique, sont

---

[69] Le lecteur intéressé s'en reportera au *Vocabulaire de la psychanalyse* de J. Laplanche et J.-B. Pontalis, sous 'pulsion', sous 'représentant de la pulsion', sous 'représentant psychique' et sous 'représentant-représentation'.
[70] Freud S., Die Traumdeutung, in *STA, Band II, Die Traumdeutung*, p. 539.

recouvertes, couche après couche, et réinscrites autrement[71]. Régresser revient à pouvoir se rapprocher des perceptions premières, en deçà de toutes les complications, par exemple en rêvant.

Selon Freud le rêve réalise un souhait. Et pour réaliser ce souhait le rêveur peut, sans risquer gros, faire ce que ne peut pas faire l'humain quand il est éveillé : il peut régresser en toute paix. Il peut revenir à un état au total plus simple, moins complexe, de sa vie psychique. Il n'est pas contraint dans d'évoluer dans le sens du progrès, comme il le serait dans la vie éveillée où le principe de réalité commande de ne pas se satisfaire directement, et contraint à changer de satisfaction au lieu de se répéter dans la re-quête d'un plaisir passé. Le rêveur peut se dispenser du lent travail de la pensée en train d'essayer. Il ne doit pas, à condition toutefois de maintenir le sommeil, consentir aux détours qu'impose la réalité pour évacuer la tension par voie motrice. Il peut pour tout dire halluciner l'objet qui lui fait plaisir : il peut halluciner la satisfaction comme si l'objet de satisfaction était là[72].

Or, halluciner la satisfaction et ne faire rien d'autre que cela, est mortel pour un être vivant. La mort de son côté, est un état sans aucune tension. Le chemin de la régression est le chemin de la plus rapide évacuation de la tension. Mais jusqu'où peut-on régresser, jusqu'où veut-on régresser, jusqu'où va le conservatisme des pulsions ? Jusqu'à ce qu'il n'y ait plus de tension du tout ? Est-ce là la situation d'avant (der frühere Zustand) ? Ira-t-on donc jusqu'à prétendre que le rêveur souhaite être mort, de nuit comme de jour ? Que tous ceux qui souhaitent, même s'ils re-cherchent quelque chose dans la vie, veulent au fond la mort ?

---

[71] Idem, *ibidem*, p. 513-517.
[72] Idem, *ibidem*, p. 517-524.

L'élan et ses avatars cliniques

L'anorganique, cela ne bouge pas. Le caillou est un caillou, il repose en soi, même s'il peut sous l'effet des réactions chimiques se désintégrer, ou de la gravitation, être mû. La mort, c'est l'immobilité.

Les anciens, les médiévaux plus exactement, avaient déjà compris qu'une des caractéristiques du vivant, et donc également de l'humain, est le fait de se mobiliser soi-même, « seipsum movere »[73] : l'automatisme[74]. Celui-ci, au sens originaire du mot n'indique pas du tout l'action mécanique, irréfléchie, voire répétitive, et sans intervention humaine d'un automate, d'un artéfact construit par l'homme, mais autre chose : l'auto-activation, la capacité de s'ébranler, de se porter vers quelque chose, de se diriger dans un certain sens, d'orienter ses penchants en vue d'un bien. Cette auto-activation caractérise le vivant, l'animal, donc également l'humain, et non la machine.

On peut ici à nouveau interroger la pertinence du « seipsum » : y en a-t-il déjà ? Est-ce même de cela qu'il s'agit, du propre et de l'étranger ? Je ne le crois pas, le « seipsum » indique seulement le contraire de la passivité ou du fait d'être mû : le caillou ne se meut pas, il est mû.

Mais l'important n'est pas là, l'important est qu'il est dit qu'il y ait « désir » et « désir ». Unum nomen, plura denominata : il y a un seul mot, mais plusieurs choses dénommées, entre elles diverses. Le désir n'est pas

---

[73] Thomas d'Aquin, *Summa Theologiae*, I q 54 a 2. Remarque : le vivant, dans pareille perspective, n'apparaît pas réduit à la seule problématique de la reproduction sexuelle. Les fonctions qui le caractérisent sont ainsi multiples.

[74] « Automatos », déjà utilisé chez Homère, e. g. *Iliade* v. 408, pour dire « de son propre mouvement », « spontanément », « de soi », présuppose : « autos » ou soi, et « -matos ». La racine de -matos se retrouve également dans le verbe grec homérique « memona », se presser vers quelque chose ou quelqu'un, désirer, tendre ; et dans le substantif également homérique « menos », qu'on pourrait traduire par « puissance », « vigueur », « souffle de vie » ; la même racine se retrouve encore dans « mania » : « folie », « rage ».

uniquement un désir sur fond de manque, pour parler comme Lacan, un désir psychique, ou du souhait, pour parler comme Freud : le désir, avant même d'être cela, avant d'être transformé par l'accès à la négativité, avant même d'avoir un statut psychique, est élan, portée, « Regung » animale, désir au sens hégélien du mot, pourrait-on encore affirmer[75]. Il vaut donc mieux utiliser le mot « désir » avec prudence, et ne pas l'employer sans faire la distinction conceptuelle entre ses deux sens distincts.

On en prendra pour preuves cliniques les problématiques tant neurologiques[76] que psychopathologiques de l'élan. Ces dernières, bien distinctes notamment des problématiques du manque à désirer à proprement parler que sont les névroses, sont : 1. la dépression qui n'est autre chose que l'inertie, l'arrêt du mouvement vers quoi que ce soit, l'impossibilité du plaisir plénier qui signe normalement le vivant dans son élan, l'absence d'énergie qui est comme une mort, l'indifférence à toute occasion mais non à la contrainte éthique[77] et 2. inversement, la manie, qui n'est autre chose que l'activité à tout crin, l'impossibilité de s'arrêter, l'élan sans la moindre direction, une hyperactivité parfaitement destructrice, la rage de tout chambouler qui est en fait un tout casser, le plaisir décontenancé, l'exultation sans queue ni tête, pourchassée au gré des occasions et à la mesure de décisions sans suite

---

[75] J'entends parfois dire que l'idée lacanienne du désir est d'origine hégélienne. C'est faux. Le désir, dans la phénoménologie hégélienne, dans l'histoire raisonnée de l'apparaître de l'esprit, se situe avant qu'un saut ne soit effectué dans l'humain, avant qu'aucune parole ne soit énoncée, avant tout surgissement du social. Chez Hegel, la « Begierde » est animale. Voir la *Phänomenologie des Geistes, B. Selbstbewusstsein, IV. Die Wahrheit der Gewissheit seiner selbst*, p. 137-145.

[76] Voir à ce sujet Sabouraud O., À la recherche d'une pathologie neurologique de l'Éthique. Les syndromes frontaux revisités, in *Questions d'Éthique. Anthropologie clinique*, p. 190-192.

[77] La contrainte éthique est celle de l'amateur des délices d'au-delà et du spécialiste de la méthode exigeante. Le déprimé, sans élan, mais qui ressent toujours cette contrainte, peut très bien être déçu et se sentir coupable.

– autre figure de la mort[78]. L'une comme l'autre, alternant ou non, si spectaculaires lorsqu'elles alternent, et parfois même simultanées, si antinomiques dans leurs manifestations qu'on les (mé)prend pour une psychose, ce qu'elles ne sont pas, même si elles peuvent l'accompagner, n'ont rien de névrotique en soi. Le manque à désirer qui n'est autre chose qu'une contrainte éthique, celle du raffinement et de la méthode, n'est étranger ni au déprimé ni au maniaque : il est opérant. Mais il détermine quand-même le tableau clinique, dans la mesure où il opère tout en étant dépourvu de son enracinement naturel. Le déprimé et le maniaque ne peuvent plus s'appuyer sur ce qui pourrait donner une orientation plénière à leurs entreprises : leur manque est dépouillé de l'élan dirigé vers un bien qui plaît[79]. Le déprimé ne ressent aucun motif pour décider quoi que ce soit, alors que le maniaque ressent tous les motifs pour décider, et donc aucun.

Et donc ...

Reprenons encore une fois la question de départ : pourquoi lire Freud ? Première réponse : par plaisir.

Mais le plaisir n'est pas forcément réalisé par l'apaisement le plus immédiat possible. Le plaisir cherché peut éventuellement être différé, quand la lecture approfondie de l'œuvre de Freud, transformée en prix à payer pour un bien de plus, devient prélude à sa présentation, pour mon propre bénéfice ou pour celui de quelqu'un d'autre. Par ailleurs, le plaisir que je cherche n'est pas un plaisir facile, à la manière psychopathique. En

---

[78] Le maniaque peut lui aussi être déçu et se sentir coupable. L'élan débridé n'exclut pas le poids de la contrainte éthique.

[79] Voir De Guibert C., *La non-évidence de la souffrance. De la psychose maniaco-dépressive vers l'aboulie*, in *Tétralogiques 9. Questions d'Éthique. Anthropologie clinique*, p. 166-186 ; et idem, *De l'agnosie à l'aboulie. La folie maniaco-dépressive*, in *Tétralogiques 11. Souffrance et discours*, p. 31-72.

m'adressant à un public, je dis des choses habituelles, et j'en dis d'autres qui sont insolites, et qui dérangent peut-être. Mais je ne me permets pas de dire n'importe quoi n'importe comment. J'investis ma liberté en parlant : je mesure ce que je dis, je distingue ce qui vaut et ce qui ne vaut pas d'être dit, j'établis un seuil en dessous duquel cela ne vaut plus grand-chose, j'essaie de bien dire, à ma façon, et si possible à la façon des interlocuteurs éventuels. L'ambition de dire vrai, voire plus vrai, est hypothéquée par une méthode.

Je n'adhère pas à ce que dit Freud, mais je tente de justifier mon désaccord, surtout lorsque j'écris. Je cite ses textes pour prouver quelque chose, et je désire que ces renvois soient exacts, et non approximatifs ou vaguement évoqués. J'exploite d'autres auteurs, parmi lesquels il n'y a pas que des psychanalystes, je ne parle pas seul. Je donne des arguments, cliniques et autres. J'avance pas à pas, patiemment. Je ne me permets pas d'écrire une chose aujourd'hui, et une autre demain, qui serait parfaitement incompatible avec la première. Je cherche la bonne formule, parfois très théorique, parfois idiomatique, parfois suggestive. Je m'expose donc fréquemment au risque de transgresser les règles d'une méthode que j'estime nécessaire afin de m'habiliter à parler, d'autant plus que je compte parler en public. Et s'il m'arrivait de les transgresser, j'aurais la certitude de ne pas bien dire.

Rien ne garantit toutefois que l'observation de toutes ces procédures du dire puisse apaiser ma faim de bien dire. Il se pourrait que je sois déçu de toute manière. Je pourrais être quelqu'un qui déprécie sans cesse tout résultat en déplaçant le seuil d'excellence à l'aune duquel le mesurer. Et il se pourrait que je me trompe quant à mes ambitions. Mon ambition première pourrait ne pas être celle de bien dire, mais autre chose : celle d'être entendu. Voire, celle de rendre certaines idées communes sinon obsolètes une fois pour toutes, au moins discutables, jusqu'à nouvel ordre.

Quelle est la cause qui se manifeste à travers tous les sens interdits d'une démarche, tant et si bien que certaines personnes ne s'octroient plus aucun plaisir ? Quelle est la cause qui se manifeste lorsqu'une ambition en cache une autre, tant et si bien qu'aucune satisfaction, même réalisée, n'échappe à sa dévalorisation, du moins chez certaines personnes ? Voilà des questions pertinentes, celles-là mêmes auxquelles tout sujet qui souhaite, se heurte lorsqu'il réglemente implicitement ses activités, à la manière du névrosé, plus ou moins radicalement, et lorsqu'il décide de mettre sa liberté à l'épreuve en acte, dans une conjoncture particulière, où surgissent bien évidemment d'autres sujets, également capables de risquer leur liberté dans la quête d'un plaisir acculturé.

On ne risque pas d'être entendu si on ne sort pas de son trou. Mais il y a des manières d'en sortir. Écrire pour présenter une œuvre est une chose, en parler en direct autre chose. *Scripta manent, verba volant.* Plus lente, l'écriture met en état d'imaginer d'avance ce que le lecteur pourrait objecter ou demander. Le cens de la mesure du lecteur possible détermine ainsi la conjoncture de celui qui écrit à son intention. Mais l'écriture pourrait également anéantir ce lecteur, et créer une situation fictive, délirante en fait, d'une écriture sans adresse : l'écrivain pourrait feindre que le lecteur n'existe pas. C'est même quelques fois la seule manière qu'il a, d'exister lui-même.

Il en va sans doute autrement quand on se risque en public. L'adresse publique, par voie orale, est donc mal vécue par plus d'un sujet, comme si c'était une épreuve ordalique qui décidera des vertus et des vices d'un être animé par des pulsions mais capable de liberté. Il s'angoisse. Il s'affole et il est dans tous ses états. Il craint déraper. Et il se prépare méticuleusement pour éviter toute bourde. Mais les risques peuvent être compensés par des avantages spécifiques. Il peut improviser sur place, en évoquant des cas cliniques comme ils viennent, et en profitant du vent qui souffle au hasard de la rencontre. Après tout, l'intérêt suscité par la présentation est gratifiant, surtout quand l'interlocuteur présent en chair et en os relance le débat de vive voix, en y mettant du sien.

Par ailleurs, affecté de toutes parts, tout sujet risque de ne rien décider du tout ou d'annuler toute décision faute d'élan orienté. Souhaiter, c'est bien, mais on ne souhaite pas grand-chose et on n'arrive pas à s'ébranler, si on est déprimé. Et on souhaite sans aucune direction, si on est maniaque. Le déprimé n'éprouve pas de plaisir, tandis que le maniaque le détruit aussitôt après l'avoir trouvé. Il faut croire que je ne suis pas déprimé en ce moment. Et le questionnement fiévreux qui parcourt parfois mon texte, n'est pas destructeur ou chaotique, à mes yeux. Il est ciblé parce que soutenu par un projet qui va bien au-delà de la seule lecture de Freud, et même au-delà d'une présentation critique de son œuvre.

Les vertus de l'obstacle épistémologique, à dépasser

La lecture incessamment reprise de l'œuvre de Freud est-elle l'indice d'une répétition compulsive ? J'espère que non. Je ne vis pas cela comme un symptôme, enfin, pas la plupart du temps. Quelques fois cependant, je vis cette lecture de Freud, demandée par autrui et consentie par moi-même, comme une machine à produire des emmerdements : un obstacle à ce que je voudrais vraiment faire, quelque chose qui repousse aux calendes grecques la poursuite du bien authentique, et ce faute de temps, et pas parce que je serais bloqué intérieurement. J'ai été sollicité dans un cadre institutionnel pour accompagner des intéressés au cours de leur lecture obligée de textes freudiens. Je me suis dit : « Je n'ai aucune certitude d'atteindre mon objectif, situé au-delà de Freud. Et pourtant : que de détours, que de délais, quand-même ! » Mais je me suis également dit : « Autant en profiter et transformer l'obstacle en obstacle épistémologique, à la manière bachelardienne. Je reculerai pour mieux sauter, et j'essaierai de faire comprendre à d'autres pourquoi je saute, à la manière de Jean Gagnepain ».

Last but not least : suis-je poussé à lire Freud pour le détruire ? Je doute que ce soit possible, même plus de 150 ans après sa naissance et malgré les temps qui courent. Ce n'est en tout cas pas souhaitable. Je crois qu'il est nécessaire de le faire revivre, alors que beaucoup de lecteurs n'ont pas accès au texte original, en allemand, et que d'autres ne demandent que de l'envoyer aux oubliettes. Pour combattre ces derniers et sauvegarder les théories et les pratiques psychanalytiques, il est impératif de rentrer dans l'arène du combat politique. Et je dois m'y forcer, car on s'y bat sans quartier. Je ne suis pas dupe : la difficulté que j'éprouve à y rentrer à la manière de certaines gens qui disent n'importe quoi, tantôt ceci tantôt cela et surtout le contraire, qui parlent sans arguments probants si ce n'est leur pouvoir institutionnel, et qui cèdent à la malhonnêteté intellectuelle en trompant des interlocuteurs peu informés, relève de la répétition. Je n'ai jamais été préparé à cela, pendant mon enfance. Mais en même temps, je peux avoir envie de faire taire Freud, moi aussi, pour qu'il ne me dérange plus et pour qu'il repose en paix. C'est qu'il n'y a pas que Freud dans ma vie, ni le seul travail intellectuel, puisqu'il m'arrive de faire du vélo et de concocter des confitures, par plaisir. Je me désintéresse alors complètement de la clinique. Ce qui n'est pas plus mal, et même bénéfique quand on reprend son travail clinique.

L'œuvre de Freud est immense. Je ne peux pas en faire le tour complet. Ce n'est pas grave, car les retrouvailles peuvent être joyeuses. Il reste intéressant d'interroger tous les destins possibles des souhaits à sa manière.

Mais Freud est un étranger quand-même, parce qu'il ne peut pas s'empêcher d'écrire des généalogies, à la manière des savants du XIXème siècle. Il faut le dépasser. Ne pas pouvoir épuiser son œuvre ne devrait surtout pas empêcher d'exister soi-même. Passer par un père, si vous voulez, pour s'en passer, au moins partiellement. Il y a de la place à côté, ou après. Surtout s'il n'y a pas qu'un père. Et j'ai envie de dire : ne prenez surtout pas un psychanalyste pour aiguiser vos couteaux lorsque vous voulez comprendre et critiquer Freud. Dans les pages qui suivent, j'utiliserai pour ma part non seulement les travaux de Jean Gagnepain, mais également ceux de Michel Foucault.

Chapitre 3

Les destins des pulsions, sexuelles et autres

Plaisir ou plaisir sexuel ? Besoin ou pulsion sexuelle ?

Il y a une chose que je n'ai pas dite au sujet du plaisir selon Freud. Il faut la dire, maintenant : « Mais Freud, n'est-il pas ce type pour qui nulle activité humaine n'échappe au soupçon d'une motivation sexuelle ? ». Oui, et non. C'est plus compliqué que cela. Le souhait peut être un souhait de jouissance sexuelle, et le plaisir, sexuel, sensuel. L'objet recherché peut être un objet d'amour, chose érotisée. De même, l'objet évité peut être un rival en amour, objet de haine, ou un objet sexuel qui angoisse. Mais cela ne veut pas dire que l'humain soit pour Freud uniquement mû par l'évitement du déplaisir sexuel et par la quête du plaisir sexuel, à travers un objet d'amour, un objet de haine amoureuse, et leurs substituts. Les accusations de pansexualisme sont à relativiser, en fait sans véritable intérêt. Il est plus intéressant de saisir comment l'objet perdu change de nature lorsqu'il est objet sexuel. Et il faut bien cerner où Freud situe la sexualité, car ce n'est pas simplement partout. Il la situe au centre des maladies psychiques, celle que le médecin qu'il est, espère comprendre et si possible réduire. Non seulement Freud n'est pas le seul qui s'intéresse de son temps à la sexualité, mais la maladie psychique est à prendre pour le résultat de conflits psychiques dont l'issue, par définition, n'est pas déterminée par la sexualité uniquement. Sinon, il n'y aurait pas de conflits, ni aucune nécessité de les résoudre.

Dans l'*Entwurf*[80] de 1895, Freud range la sexualité parmi les grands besoins, au même titre que la faim et la respiration. Dans les *Studien über Hystérie*[81], écrites de 1893 à 1895, il utilise déjà le mot « Trieb » (pulsion). Mais il ne donne aucun statut particulier à ce mot qui est en effet courant en allemand. Il l'utilise comme synonyme de « Bedürfnis » (besoin). Il l'emploie dans la conclusion de son compte-rendu du cas de Frau Emmy von R. pour

---

[80] Freud S., Entwurf einer Psychologie, in *Sigmund Freud. Gesammelte Werke. Nachtragsband. Texte aus den Jahren 1855 bis 1938*, p. 389.
[81] Idem, *Studien über Hysterie*, p. 122.

expliquer son état d'épuisement psychique très grave. Cette dame, écrit-il, a dû beaucoup lutter pour vaincre ses besoins sexuels (ihre sexuellen Bedürfnisse). Et elle s'est épuisée en essayant de réprimer la pulsion sexuelle, la plus puissante de toute (dieser mächtigste aller Triebe).

Dans les mêmes *Studien* qu'ils ont publiées ensemble, dans un passage de l'essai théorique qu'il a rédigé, son collègue Joseph Breuer s'arrête toutefois sur le mot « Trieb »[82]. Son texte est résolument « économique », au sens freudien du mot : il y est question de la circulation de quantités d'énergie. Mais ce texte fait plus : il traduit la réalité économique en termes psychologiques – sans explorer véritablement ce que cet ordre psychique serait à proprement parler, du moins dans ce passage. Breuer n'interroge pas les principes auxquels les représentations obéissent, mais remplace un concept par un autre : le concept « énergie » par le concept « sentiment » ou « affect », les concepts « excès d'énergie », « surplus d'excitation » par les concepts « sentiment de déplaisir » ou « douleur psychique ». Par ailleurs, il rattache la représentation, une représentation bien définie, au sentiment ou affect. Il rattache l'affect sexuel à une représentation naturalisée : celle de l'autre sexe, nécessaire à l'accouplement reproductif. Quelques pages plus tard[83] pourtant, ce même Breuer prend acte des découvertes freudiennes, à savoir : le caractère symbolique de certains symptômes, leur surdétermination. Mais il ne modifie pas pour autant sa conviction première : l'affect sexuel se rattache à la représentation de l'autre sexe.

Un excès d'énergie, un surplus d'excitation (ein Überschuss von Aufregung), écrit Breuer, dérègle la constance du degré d'excitation intracérébrale. C'est ainsi qu'apparaît la pulsion d'utiliser ce surplus d'excitation, de consommer l'excès d'énergie (und es entsteht der Trieb ihn zu verbrauchen). Breuer dit également, ce qui revient au même, que la tension (die

---

[82] Breuer J., *ibidem*, p. 214-220.
[83] Idem, *ibidem*, p. 227 et 231.

Spannkraft), psychologiquement ressentie comme déplaisir (Unlustgefühl), comme douleur psychique (psychischer Schmerz), a besoin d'être transformée en énergie vive (lebendige Energie) : elle provoque le besoin et la pression, la poussée à l'activité (das Bedürfnis und der Drang nach Betätigung). Lorsqu'elle a lieu, cette activité est très variée, mais elle consiste toujours à évacuer l'énergie par des voies motrices (durch motorische Abfuhr), à abréagir (abreagieren) selon diverses modalités, par exemple à travers une activité physique coordonnée ou élémentaire, à travers la parole, à travers les réactions émotionnelles.

Il arrive toutefois, poursuit Breuer, que cette activité soit entravée : l'écoulement de l'excitation est alors frustré, il rate, il se trouve récusé (wird versagt). La voie est alors ouverte à la pathologie[84], tout spécialement si d'un côté la disposition individuelle du départ est fragile, s'il existe une excitabilité anomale du système nerveux (eine anomale Erregbarkeit des Nervensystems)[85] et si de l'autre un conflit a lieu entre des représentations irréconciliables, surtout sexuelles[86].

Lorsque Breuer précise quels sont les grands besoins physiologiques et pulsions de l'organisme (die grossen physiologischen Bedürfnisse und Triebe des Organismus), il en nomme plusieurs : la respiration, la soif, la faim et l'excitation sexuelle qui est endogène comme les autres, mais différente quand même. Elle est différente pour deux raisons : 1. parce que l'affect sexuel se rattache avec le temps à une représentation de l'autre sexe ; et 2. parce que la pulsion sexuelle (der Sexualtrieb) est la source la plus puissante de l'augmentation continue de l'excitation (die mächtigste Quelle von lange anhaltenden Erregungszuwächsen), et en tant que telle la source principale des névroses. À cette époque, Freud ne l'aurait pas contredit, pour deux raisons. Premièrement, parler de « Trieb » ou de « Bedürfnis », c'est tout un,

---

[84] Idem, *ibidem*, p. 220-229.
[85] Idem, *ibidem*, p. 209.
[86] Idem, *ibidem*, p. 228.

nonobstant quelques prémisses d'un vocabulaire psychologique. Et deuxiè-mement, la sexualité, qu'on peut donc nommer « Trieb » ou « Bedürfnis », indistinctement, mérite d'être isolée quand-même et distinguée des autres, car il lui revient un rôle prépondérant dans la pathogenèse de l'hystérie (eine Hauptrolle in der Pathogenese der Hysterie)[87].

Le rêve, réalisation de souhaits, mais pas nécessairement sexuels

Curieusement, le mot « Trieb » auquel Freud réservera par la suite un sort particulier, n'apparaît pas tel quel dans la *Traumdeutung*, œuvre maî-tresse écrite en 1899. Freud y parle de l'agitation psychique, de son affaire-ment (das Treiben der Seele)[88], de la vie pulsionnelle (Triebleben)[89], des forces pulsionnelles (Triebkräfte)[90], mais il ne parle pas des pulsions sans plus.

Freud ne manque pas d'y interpréter bon nombre de rêves comme réalisation (Wunscherfüllung) de souhaits sexuels (sexuelle Wünsche)[91]. Il s'intéresse à la symbolique sexuelle qu'il retrouve dans les rêves de tout un chacun, mais également dans les psychonévroses, dans les légendes, dans des coutumes populaires, dans les fantasmes névrotiques, dans le mot d'es-prit[92]. Et il déclare par exemple aussi que la plupart des rêves d'adultes (die Mehrzahl der Traüme Erwachsener) traite du matériel sexuel et exprime des

---

87 Freud S., Vorwort zur ersten Auflage, *ibidem*, p. 23.
88 Freud S., Die Traumdeutung, in *STA, Band II, Die Traumdeutung*, p. 29.
89 Idem, *ibidem*, p. 527.
90 Idem, *ibidem*, p. 148[2], 517 et 575.
91 Idem, *ibidem*, p. 262.
92 Idem, *ibidem*, p. 341-342 par exemple.

souhaits érotiques[93]. Il utilise même dans ce texte célèbre l'expression « sexuelle Begierde » (désir sexuel)[94], ce qui est rare.

Il n'en suit toutefois pas qu'on puisse simplement affirmer que Freud tiendrait en 1899 que tout rêve réalise un souhait sexuel. Freud, en fait, récuse explicitement cette thèse[95]. Et c'est cohérent, si l'on a en tête les diverses moutures de la théorie des pulsions : il n'y a pas que des pulsions sexuelles chez Freud. Pas mal d'interprétations de rêve relèvent ainsi du destin des pulsions d'autoconservation, et montrent comment les rêves réalisent des souhaits de nourriture et de boisson. En plus, Freud interprète plus d'un rêve à partir de souhaits qui concernent le père, en particulier des vœux de mort à son encontre.

Mais au total, le lecteur que je suis, reste quelque peu perplexe et dubitatif, malgré la récusation explicite de Freud. Le texte de la *Traumdeutung*, sans cesse retravaillé, complété et corrigé par Freud, donne souvent à penser que la sexualité joue pour lui le rôle prépondérant, dans le rêve comme ailleurs. Il est à mon sens surprenant et remarquable que Freud n'ait pas explicitement thématisé et théorisé la question de la mort du père dans ce texte, si ce n'est indirectement, à travers la question du complexe d'Œdipe, et donc à travers la question de l'interdit de l'inceste.

Une lecture attentive de ce que Freud écrit dans divers textes au sujet de l'Œdipe, en particulier dans la *Traumdeutung* et les *Lettres à Fliess*, montre que la question de la mort du père, de la dette à assumer qui n'est à mon sens autre que celle de l'institution sociale à effectuer dans un rapport

––––––––––––––––––––––––––––

[93] Idem, *ibidem*, p. 387.
[94] Idem, *ibidem*, p. 148.
[95] Idem, *ibidem*, par exemple p. 175[1] : Zusatz 1914 et Zusatz 1925, où Freud se démarque explicitement d'Otto Rank.

de pouvoir distribué, y est soumise à celle du rapport sexuel[96]. Tout se passe comme si le passage de l'état de nature à l'état social était entièrement et uniquement déterminé par l'acculturation de la sexualité. Et Freud n'est pas le seul psychanalyste qui pense ainsi. Il s'agit d'un axiome que la plupart des psychanalystes semblent partager. Peu importe qu'ils prennent l'interdit de l'inceste comme un fait premier à la manière de Freud, en renvoyant son institution au rôle dramatique joué par la figure très imaginaire d'un père concret, en chair et en os, qui interdit un certain rapport sexuel à l'enfant. Ou qu'ils le prennent à la manière lacanienne, comme lieu de manifestation par excellence de l'accès au langage qui fait qu'il n'y a pas de rapport sexuel que l'on puisse inscrire une fois pour toutes, qui contraint donc au manque à désirer, qui nécessite que l'humain assume un impossible et consente à être castré, symboliquement. Cette hypothèse de base unidimensionnelle est sociologiquement très discutable, pour ne pas dire intenable[97].

Et je ferais même l'hypothèse que cette préoccupation unidimensionnelle pour la question de la sexualité, et encore, par le biais d'une loi comprise comme un interdit, détourne le clinicien de l'enjeu véritable de certaines maladies psychiques, les psychoses. L'institution des rapports sociaux n'est pas en premier lieu une affaire de légitimité, mais bien une question sui generis, d'arbitraire historique. Un arbitraire qui se manifeste également dans le champ des perversions, c'est-à-dire dans le champ des difficultés d'acculturation sociale du rapport sexuel, toute question d'habilitation à une

---

[96] Idem, *ibidem*, p. 260-270 ; et *Briefe an Wilhelm Fliess. 1887-1904. Brief 142 (71)*. Voir à ce sujet Schotte J. C., *Still in Translation 3. D'un Œdipe à l'autre*. Première partie : L'Œdipe de Freud. Chapitre 2 : Réflexions critiques.

[97] Voir Le Bot J.-M. Le Bot, *Le lien social et la personne. Pour une sociologie Clinique*, p. 24-41 (l'auteur commence par une critique des travaux de Marcel Mauss et de Claude Lévi-Strauss, pour ensuite s'en référer aux travaux de Gabriel Testart et Philippe Descola) ; Schotte J.-C., *D'un Œdipe à l'autre, de Freud à Sophocle. Still lost in translation 3*. Première partie : L'Œdipe de Freud. Chapitre 2 : Réflexions critiques.

jouissance sexuelle transformée par une retenue mesurée n'étant qu'inci-
dente, même s'il ne fait pas de doute que cette retenue puisse être partagée
et prendre la forme d'un interdit[98].

La sexualité névrotique,

la sexualité perverse et la sexualité infantile,

ou la sexualité rebelle à la reproduction

Mais poursuivons. Poursuivons le cheminement de Freud, son questionnement de la vie sexuelle de l'humain, son interrogation sur la nature du
souhait, du plaisir recherché et du déplaisir évité. Après l'œuvre majeure
qu'est la *Traumdeutung*, une chose sans doute en gestation depuis tout un
temps se cristallise. On en lit le résultat dans les *Drei Abhandlungen zur
Sexualtheorie*, publiés en 1905. Freud, qui connaît déjà bien les figures typiques de son temps telles la femme hystérique ou celle épuisée, est confronté à la problématique adulte des perversions sexuelles, et à la perversité
polymorphe non de l'enfant mais de la sexualité infantile. Freud n'est certainement pas le seul de son époque qui est confronté à ces questions et qui s'y
intéresse. Foucault l'a bien démontré, et j'y reviendrai.

Quelle conclusion Freud formule-t-il à partir de sa confrontation à la
sexualité névrotique, la sexualité perverse, et la sexualité infantile ? Il conclut
à la nécessité d'élargir le concept de sexualité[99]. Il conclut qu'il n'est plus possible d'affirmer encore que l'excitation sexuelle serait rattachée simplement

---

[98] Voir à ce sujet : le Postcriptum : Le Corps en situation. L'Autre et l'Autrui, in Schotte
J.C, *Méditations cartésiennes et anticartésiennes. Still lost intranslation 2.*
[99] Freud S., Drei Abhandlungen zur Sexualtheorie, in *STA, Band II, Sexualleben*, p. 46.
Pour bien faire entendre que le sens du concept de sexualité (Sexualität) doit être
élargi, et ne plus être rapporté uniquement à la relation génitale, Freud le met en
rapport à l'Eros de Platon. Mais en général il préfère parler de sexualité, pour éviter

à la représentation de l'autre sexe : la vie sexuelle n'est pas simplement ordonnée au projet de la reproduction sexuée par deux humains, l'un mâle et l'autre femelle, à la transmission de la vie d'une génération à la suivante. La sexualité si l'on veut est rebelle à la reproduction. C'est, me semble-t-il, ce que signifie la redéfinition de la notion de « Trieb » par Freud.

Commençons par noter que Freud donne à partir des *Trois Essais sur la théorie sexuelle* de 1905 une place majeure au concept de « Trieb » [100] alors que ce mot n'apparaît même pas tel quel dans la *Traumdeutung*, à peine cinq ans auparavant. Freud reprend ce mot jusqu'alors tout à fait commun, mais également déjà utilisé par les biologistes. Et il en donne sa propre définition, aussi bien dans les *Trois essais* que dans *Triebe und Triebschicksale*[101] (Pulsions et destins des pulsions), un des textes métapsychologiques de 1915.

Il commence les *3 Essais* en se référant au fait des besoins sexuels (die Tatsache geschlechtlicher Bedürfnisse bei Mensch und Tier), que la biologie reprend à son compte en acceptant une pulsion sexuelle (Geschlechtstrieb). Mais il poursuit aussitôt en s'opposant à l'opinion populaire (die populäre Meinung), selon laquelle la pulsion sexuelle fait défaut à l'enfant, et selon laquelle cette même pulsion, une fois apparue à la puberté,

---

que le lecteur ne se mette à limiter la portée de la sexualité à ses seules manifestations sublimées.
Comparez au sujet de l'élargissement de ce concept la 20. Vorlesung. Das menschliche Sexualleben, in *STA, Band 1, Vorlesungen zur Einführung in die Psychoanalyse*, p. 315.
Plus tard, à partir de *Jenseits des Lustprinzips*, Freud reprendra le mot « Eros », mais cette fois en un sens plus large, pour parler à la fois des pulsions sexuelles et des pulsions d'autoconservation, qu'il oppose alors aux pulsions de mort.
[100] Idem, *ibidem*, p. 76 et suivantes.
[101] Idem, Triebe und Triebschicksale, in *STA, Band III, Psychologie des Unbewussten*, p. 82-87.

aurait comme but l'accouplement sexuel (die geschlechtliche Vereinigung). Et il n'y a aucun doute possible – à mon avis – quant à la conclusion de ses recherches : la pulsion sexuelle n'est pas un besoin comme la faim ou la soif. Ou plus exactement, les pulsions sexuelles, au pluriel (die Sexualtriebe), ne sont pas des besoins (Bedürfnisse) comme la faim ou la soif.

C'est-à-dire : si la sexualité est un besoin en ce sens qu'il ne peut y avoir de reproduction sans accouplement, si l'espèce a donc besoin de l'accouplement sexuel, il n'en résulte pas que le plaisir au sens d'un apaisement du besoin par un objet prédéterminé, réalisé à travers une activité unique, reproductrice, soit identique au plaisir au sens d'une satisfaction de la pulsion sexuelle. Au risque d'étonner certaines personnes, on pourrait aussi dire ceci : pour que les pulsions sexuelles qui animent l'humain soient orientées vers la reproduction, il faut que cet humain effectue tout un travail, psychique. Pour que ces pulsions soient mises au service de l'accouplement qui reproduit l'espèce dans le cadre d'un couple, l'humain doit parcourir un chemin semé d'embûches qui peuvent donner lieu à des blocages et empêcher que deux individus, pourtant mâle et femelle, fassent ensemble un enfant, en tant qu'homme pour une femme et femme pour un homme. Au départ, à la prime enfance, d'elles-mêmes, ces pulsions ne se préoccupent pas de la reproduction. Il se peut que deux individus humains, l'un mâle et l'autre femelle, s'accouplent, mais cela n'implique pas qu'un homme et une femme s'accouplent. Que ces derniers fassent couple alors qu'ils s'accouplent, est une affaire tout sauf évidente selon Freud. Et que cela arrive, prouve qu'un énorme travail psychique a été effectué avec succès – ce dont on ne se rend pas compte d'ordinaire[102].

Ce travail s'effectue en plusieurs temps. Il est selon Freud caractéristique que les pulsions sexuelles se manifestent en deux temps, à la petite enfance et à la puberté, et que le développement sexuel atteste pour cette

---

[102] Idem, Drei Abhandlungen zur Sexualtheorie, in *STA, Band II, Sexualleben*, p. 56[1] Zusatz 1915.

raison couramment un décalage[103]. Aujourd'hui, il n'est pas inutile de rappeler qu'il y a un premier temps, car trop de gens aimeraient faire comme si l'enfant était un bel innocent asexuel, incapable par exemple de fantasmer sexuellement. Ce déni aboutit par exemple à des procès où l'on n'a même pas la prudence de distinguer entre fantasme et événement réellement subi, alors que jamais la vérité psychique ne pourrait se confondre avec la vérité juridique. Cela dit, lorsque les pulsions sexuelles réapparaissent en force à la puberté, après un temps de latence (die Latenzzeit)[104], pendant laquelle elles semblent s'amenuiser jusqu'à l'oubli, lorsque la reproduction impossible pendant l'enfance, devient maintenant réellement possible, ces pulsions sexuelles sont déjà marquées par l'histoire de l'enfant qu'elles ont mobilisé avant cette période de latence, avant leur éclipse temporaire. La vie sexuelle de l'adulte, même lorsqu'il participe à la reproduction de l'espèce, est travaillée par la sexualité polymorphe de l'enfant qu'il a été. Cet enfant, garçon ou fille, sensible aux plaisirs divers de la bouche, de l'anus, de l'organe sexuel notamment, a été éprouvé à l'occasion de certains événements mal ou bien vécus, dans une certaine constellation familiale, baptisée par Freud œdipienne. Les plaisirs et déplaisirs sexuels de l'adulte, sont donc précédés par ceux de l'enfant, même déterminés par ceux-ci, dans la mesure où tout souhait, sexuel et autre, est re-cherche de ré-jouissances, et évitement actuel autant que réactualisation d'un évitement premier.

La définition freudienne de la pulsion

Les pulsions sexuelles, en quête de satisfaction, à travers des objets plus que variés, non ordonnées d'emblée à la reproduction, marquées chez l'adulte par le vécu de l'enfant, ne sont pas des besoins comme la faim et la soif. Il eut été plus facile si Freud avait alors opposé les pulsions sexuelles aux besoins vitaux, ceux qui doivent être satisfaits pour que l'individu vive et que

---

[103] Idem, *ibidem*, p. 137.
[104] Idem, *ibidem*, p. 84-86; *Abriss der Psychoanalyse*, p. 79-82.

l'espèce se perpétue. L'opposition des concepts « pulsion » et « besoin » aurait pu clarifier la situation. Mais Freud n'exploite pas cette opposition conceptuelle, au contraire : ainsi définit-il en 1915, dans *Triebe et Triebschicksale*, la pulsion (Trieb) comme besoin (Bedürfnis)[105]. Et j'ai envie de dire, c'est typiquement Freud, ou peut-être simplement inévitable : on ne se débarrasse pas si facilement des concepts qu'on a toujours utilisés jusqu'alors, surtout lorsqu'ils ont communément utilisés. Enfin, toujours est-il qu'à défaut de cette opposition tranchée, Freud en prône une autre.

Il distingue les « pulsions » sexuelles (die Sexualtriebe) et les « pulsions » d'autoconservation (die Selbsterhaltungstriebe). Laplanche et Pontalis écrivent à propos des dernières qu'elles se distinguent des premières par des voies d'accès préformées et par un objet satisfaisant d'emblée déterminé[106]. Sans doute : le sujet n'apaisera pas sa faim en croquant une barre en or, ou du charbon, mais cela lui laisse beaucoup de possibilités quand-même. Pourtant, les deux auteurs du très précieux *Vocabulaire de la psychanalyse* n'ont pas tort de tenir que l'élaboration freudienne de la notion de Trieb s'est faite principalement à partir de l'idée des pulsions sexuelles : les objets à travers lesquels le plaisir sexuel peut être trouvé, et par des voies diverses, sont bigarrés. Et j'ajouterais : ils sont à la fois très prévisibles et totalement imprévisibles. Que certains bouts de corps risquent d'exercer un attrait particulier ne fait pas de doute, mais cela n'empêche pas que d'autres bouts de corps soient éligibles également. Que certains objets fétiches se prêtent mieux à représenter le corps érotisé, irréductible à l'organisme, et qu'ils participent à instituer l'attrait pudique que cet organisme seul en lui-même ne présente pas, est encore sûr, mais il n'y a pas de limite à ce qui peut humainement être érotisé, ou voilé par la pudeur.

---

[105] Idem, Triebe und Triebschicksale, in *STA* , *Band III, Psychologie des Unbewussten*, p. 82.
[106] Laplanche J. et Pontalis J.-L., *Vocabulaire de la psychanalyse*, sub pulsions d'auto-conservation.

Qui dit « Trieb », dit alors d'après Freud : 1. une exigence d'activité, une poussée (Drang); 2. qui a une source (Quelle), qui s'enracine organiquement, plus exactement dans « du » corps (non pas le corps, mais « du » corps, des bouts de corps, des partiels) ; 3. dont le but (Ziel) est la satisfaction (die Befriedigung) soit la levée de l'état d'excitation (Aufhebung des Reizzustandes), but obtenu par des voies très diverses ; 4. à travers un objet (Objekt) qui n'est pas biologiquement déterminé d'avance et qui est donc extrêmement variable. Ni instinct, ni besoin à strictement parler puisqu'elle n'est pas ordonnée à un objet de satisfaction idoine, la pulsion est nomade, même si elle peut de fait s'accrocher à un objet, réel ou fantasmé, et rester fixée dessus, et manifester ainsi le conservatisme propre à toute pulsion, à tel point que la reproduction sexuelle n'a pas lieu ou s'avère hautement problématique. Elle est, pourrait-on dire, l'énergie qui habite les souhaits, ce qui presse le sujet. Et dans la mesure où cette énergie est sexuelle, Freud la baptise « Libido »[107] : « [la] *Libido* – [le] désir sexuel », écrit-il, c'est « la force avec laquelle la pulsion sexuelle se manifeste dans la vie psychique »[108].

Cette énergie pressante, tantôt sexuelle, tantôt orientée vers la survie, à géométrie variable selon les dispositions des uns et des autres et selon les accidents vécus au cours de la vie (mitgebrachte Dispositionen und akzidentelle Erlebnisse)[109], impose un plus ou moins gros travail au psychisme. L'énergie qui pousse, demande un effort, elle est exigence de travail (Arbeitsanforderung)[110], surtout lorsqu'il faut l'évacuer indirectement, par égard pour la réalité, lorsqu'on ne peut obéir au seul principe du plaisir. Au turbin ! Et ce travail n'arrête jamais : il se poursuit même pendant la nuit, en rêve (die Traumarbeit). Le sujet qui a un certain sens de soi-même et qui peut

---

[107] Freud S., Drei Abhandlungen zur Sexualtheorie, in *STA, Band V, Sexualleben*, p. 47; Die Verdrängung, in *STA , Band III, Psychologie des Unbewussten*, p. 113.
[108] Idem, Eine Schwierigkeit der Psychoanalyse, in *Abriss der Psychoanalyse. Einführende Darstellungen*, p. 187.
[109] Idem, *Abriss der Psychoanalyse*, p. 78.
[110] Idem, Triebe und Triebschicksale, in *STA, Band III, Psychologie des Unbewussten*, p. 85.

donc en référer à soi-même comme « Ich », est au travail, psychiquement, même quand il dort. Car la pulsion continue à chercher de la satisfaction. Et pour qu'elle l'obtienne pendant le sommeil, il faut que le dormeur trouve un compromis entre les deux principes. Le rêve réalise un souhait, mais il permet également au dormeur de continuer à dormir, ce qui est une exigence réaliste parce que vitale[111].

Les destins invraisemblables de la pulsion sexuelle

Qu'arrive-t-il en définitive aux pulsions ? Aboutissent-elles à leur fin, la satisfaction ? Quel est le sort réservé au travail exigé par les pulsions ?

Pour trouver le compromis entre ses deux maitres, principes du (dé)plaisir et principe de réalité, pour faire un sort aux pulsions dans la réalité sans succomber à une insupportable défaillance, le « Ich » se défend comme il peut, selon diverses stratégies. Celles-ci ne sont pas infinies en nombre. Freud en explore les divers processus qui sont toujours les mêmes, par-delà la singularité des cas. Ce sont pour tout dire les pathologies qui contraignent à départager ces divers modes de défense, qui sont autant de manières structuralement conditionnées de faire un sort aux pulsions. J'y reviendrai plus tard, en parlant des maladies psychiques. Ce qui m'intéresse pour l'instant, c'est le sens à donner au mot « Schicksal », d'habitude traduit par « destin ».

Contrairement à ce que pourrait faire croire le nombre limité des modes de défense psychique, le concept « destin » n'indique pas simplement quelque chose d'inévitable. Les destins des pulsions (die Triebschicksale), et ceux de l'énergie sexuelle en particulier (die Schicksale der Libido)[112], ne sont pas inéluctables, comme le seraient des activités instinctives, programmées

---

[111] Idem, Die Traumdeutung, in *STA, Band II, Die Traumdeutung*, p. 240-1 et p. 549-552.
[112] Idem, *Abriss der Psychoanalyse*, p. 46.

d'avance. Ils seraient plutôt paradoxaux, à la fois prévisibles et invraisemblables. On pourrait parler d'avatars, de vicissitudes. Sous l'objet accidentel et nouveau, adopté au gré des occasions qu'offre le monde réel, sous la conjoncture du moment peut en effet se cacher le retour à un objet parfaitement ancien. Les destins des pulsions, étrange compromis entre une incessante répétition et des péripéties inattendues, mettent à l'épreuve notre sens de l'histoire : il faut parfois se contenter d'objets rencontrés au hasard, mais le conservatisme des pulsions, même s'il s'exprime de façon oblique, est réel.

Les pulsions sexuelles, partielles et unifiées

On peut toutefois préciser ce que pourrait être cet objet de satisfaction, si c'est un corps. En tant que clinicien actif dans une certaine société, beaucoup plus complexe qu'on ne le croit en la déclarant simplement victorienne[113], Freud a souvent pu voir à quel la satisfaction des pulsions sexuelles est facilitée lorsqu'elles sont toutes orientées vers un objet extérieur. Au départ elles sont multiples et partielles[114]. Elles le sont tant que le nourrisson ne perçoit pas la personne de sa mère en entier, tant qu'il n'a pas fait l'impossible tour de son corps, tant que petit encore il n'imagine pas être l'habitant d'un corps unifié. Et elles le restent tant qu'il n'abandonne pas la quête des divers plaisirs auto-érotiques pour s'orienter une première fois, entre deux et cinq ans, vers un objet autre que (les diverses zones de) son propre corps : un de ses parents notamment, un de ces êtres qui devraient lui rester inaccessibles parce qu'interdits.

---

[113] Voir à ce sujet Foucault M., par exemple : Préface à la transgression, *in Dits et écrits I, 1954-1975*, p. 261 ; et L'occident et la vérité du sexe, in *Dits et écrits II, 1976-1988*, p. 101-104.

[114] Freud S., Drei Abhandlungen zur Sexualtheorie, in *STA, Band V, Sexualleben*, p.76-78.

Puis, pendant un temps, le temps de latence, ces pulsions sexuelles sont réprimées, peut-être transformées en tendresse pour les parents ou ceux qui s'occupent des enfants, ou réduites à la quête de satisfactions auto-érotiques. Puis, réactivées et réunifiées à l'âge de la puberté, les pulsions sexuelles peuvent éventuellement être satisfaites à travers un partenaire, lorsque l'individu pubère s'oriente une deuxième fois vers un objet autre que (les diverses zones de) son propre corps. Cet objet n'est plus un de ses parents, mais extérieur à la famille, encore qu'il puisse rappeler l'un ou l'autre des parents, et même les deux, par quelque trait. Cet objet permettra ou non de réaliser une double promesse, celle de la satisfaction sensuelle, suspendue pendant la phase de latence, et celle de l'amour tendre, développé pendant cette phase[115]. Au meilleur des cas, cet objet rappellerait les premiers plaisirs de l'enfant, nourri au sein maternel, lorsque le plaisir de la succion s'appuie sur l'exercice de la fonction vitale. « Trouver l'objet », écrit Freud, « c'est au fond retrouver l'objet », (Die Objektfindung ist eigentlich eine Wiederfindung)[116]. Le plaisir sexuel actuel rétablit donc un plaisir très ancien.

Sans cette unification, sans ce choix d'un objet d'amour autre que (les zones de) son propre corps, les pulsions sexuelles restent vagabondes et difficiles à orienter, comme elles l'étaient chez le petit enfant. Grâce à la rencontre d'un partenaire, souhaitée ou réalisée, elles sont, dit Freud, soumises au primat du génital (Genitalprimat), organisées autour de la zone érogène génitale (Genitalorganisation)[117]. Un amoureux, si vous voulez, permet de mettre en forme les affects : un individu extérieur, sexuellement investi, limite la dispersion propre aux divertissements recherchés dans le désordre par chacune des pulsions partielles. Le primat du génital dirige l'énergie pulsionnelle libidinale qui sans cela tire à hue et à dia, sans projet. Il rend possible une vie sexuelle sans les fixations infantiles prégénitales qui font parfois obstacle à la vie sexuelle avec quelqu'un d'autre.

---

[115] Idem, *ibidem*, p. 105, p. 112 et p. 125-133.
[116] Idem, *ibidem*, p. 126.
[117] Idem, *Abriss der Psychoanalyse*, p. 103-106.

L'unification des pulsions partielles est conçue par Freud comme l'aboutissement d'une évolution au cours de laquelle l'enfant parcourt divers stades prégénitaux[118]. Et cet aboutissement est normatif : il vaut mieux en arriver là. Pourquoi ? En tout cas pour se reproduire[119]. Y-a-t-il d'autres raisons ? Freud parle-t-il par pudibonderie ? Je ne le crois pas. Parle-t-il par égard pour les préjugés d'une société bourgeoise ? Peut-être, il faudrait notamment examiner ce qu'il dit au sujet de l'homosexualité pour en décider, puisque le rapport homosexuel ne permet pas à l'espèce de se reproduire, alors qu'il y a là quand-même un choix d'objet qu'on ne pourrait à mon sens réduire à la quête de satisfaction par des pulsions partielles qui cherchent chacune leur propre plaisir. L'organisation génitale est-elle selon Freud normative pour d'autres raisons encore ? Je crois que oui. Selon le médecin qu'il est, elle permet une vie sexuelle avec un autre que soi-même, sans que l'on soit empêché par les complications prégénitales de la toute petite enfance, sans que des fixations prégénitales causent des frustrations insupportables, au risque de la maladie. L'organisation génitale marque en outre, si l'on regarde vers l'avant, et non vers l'arrière, l'entrée du petit d'homme dans la problématique œdipienne, pendant l'enfance, et sa réactualisation, lors de la puberté. Sans elle il n'y a pas de problématique œdipienne. Or, il faut passer par l'Œdipe, et en sortir, selon Freud, donc renoncer à certaines satisfactions et se satisfaire d'un certain manque, pour qu'il y ait de l'humanité. Il faut y passer et en sortir, c'est-à-dire faire sa vie sainement en dehors de sa

---

[118] Idem, Drei Abhandlungen zur Sexualtheorie, in *STA, Band V, Sexualleben*, p. 103-105.
Par souci de précision et de complétude, il faut noter qu'en 1923, dans Die infantile Genitalorganisation (Eine Einschaltung in die Sexualtheorie), *in STA, Band V, Sexualleben*, Freud postule à la fin de la petite enfance une phase phallique (die phallische Stufe), caractérisée par une organisation de la sexualité très proche mais non identique à celle de l'adulte : 1. convergence des tendances sexuelles vers un objet autre que soi, mais 2. connaissance d'une seule sorte d'organe génital, l'organe mâle. Des auteurs postfreudiens, Mélanie Klein e. a., marqueront leur désaccord par rapport à ce deuxième point.
[119] Idem, Drei Abhandlungen zur Sexualtheorie, in *STA, Band V, Sexualleben*, p. 103.

famille d'origine, sans céder aux tentations incestueuses, dans les limites permises par une loi qui interdit et dont le respect est selon Freud crucial pour l'humanisation, pour civiliser le petit en chacun de nous[120].

Il n'est pas garanti que l'organisation génitale l'emporte, que tous les stades soient parcourus sans fixation en cours de route. Le rapport de la sexualité à la génitalité qui n'est pas donné d'emblée, n'est donc même pas certain par après. D'autres organisations sont possibles, orales et anales en particulier, construites autour d'un bout de corps particulier : la bouche et l'anus sont à la fois zone érogène et lieu de passage obligé pour l'exercice des fonctions vitales que sont respectivement la nutrition et la défécation, de même que l'organe génital, zone d'excitation sexuelle, est par ailleurs indispensable à la fonction vitale de la reproduction. La pulsion sexuelle, autrement dit, s'appuie sur la pulsion d'autoconservation : l'objet est alors choisi par étayage (Anlehnung)[121]. En un premier temps, le plaisir est ressenti à l'occasion de l'exercice de la fonction, en marge de celle-ci, comme une prime. Mais assez rapidement, le plaisir déjà ressenti auparavant est re-cherché pour lui-même, sans que la fonction soit encore exercée.

Prenons par exemple la bouche. La mastication qui prépare la digestion n'est pas le baiser, ni tendre ni fougueux. Mais le mangeur ne fait pas que mastiquer, il peut aimer manger. Et les plaisirs de la bouche lors du manger, peuvent être érotisés. Les baisers des bouches qui se rencontrent, n'ont pas pour objet de nourrir : on peut mordiller pour titiller et se satisfaire. La bouche mord, mais elle fait aussi beaucoup d'autres choses : elle se mord, elle déguste, elle savoure, elle sirote, elle engloutit, elle lèche, elle frotte, elle dévore, elle arrache, elle crache, elle suce, elle tranche, elle vitupère, elle chantonne, elle sourit, elle se crispe, elle se ferme, elle s'ouvre, elle parle,

---

[120] Idem, *Abriss der Psychoanalyse*, p. 80.

[121] Idem, Drei Abhandlungen zur Sexualtheorie, in *STA, Band V, Sexualleben*, p. 88-89, p. 92.

elle se tait, elle gueule, elle susurre, elle souffle. Tout cela se prête à l'érotisation. La clinique est bien là – si du moins on se donne le temps de laisser venir les choses, et de ne pas prendre d'office une chose, pour cela, cette chose-là, en son obvie positivité, sans la moindre densité, sans le moindre excédent –, pour montrer qu'un être humain peut être fasciné mais tout autant angoissé par la bouche, par exemple. Il peut l'être au point d'effectuer le choix du partenaire pour sa bouche, ou surtout pas, dans l'illusion de ne plus être attaché à cette bouche, une bouche qui rappelle alors celle d'une personne dans le passé lointain, aujourd'hui inaccessible. On voit ainsi des personnes se compliquer la vie à n'en pas finir, sans jamais trouver la paix : insatisfaits de la bouche qu'ils ont trouvée, terrifiés par la bouche qu'ils désirent mais devant laquelle ils reculent, fixés sur la bouche à laquelle il a fallu renoncer … Cela arrive, croyez-moi ! Et ce n'est pas drôle, la souffrance est grande, pour un plaisir re-cherché, ou qui sait, paradoxalement évité !

L'objet et ses Ersatz

Tout plaisir, ai-je écrit, est selon Freud au fond plaisir que l'on tente de restituer, de même tout déplaisir actuel encore une fois est rappel du déplaisir d'il était une fois, il y a bien longtemps. Tout souhait est psychique justement dans la mesure où une tension existe entre ce premier plaisir, le plaisir d'il était une fois, mémorisé et l'autre à venir qui doit en reproduire l'effet, ou entre les deux déplaisirs. Nous pourrons donc dire maintenant que selon Freud tout plaisir sexuel actuel peut être mesuré à l'étalon d'un premier plaisir sexuel, et le déplaisir actuel à celui d'un premier déplaisir sexuel.

Mais ce n'est pas tout. La jouissance sexuelle et la douleur sexuelle, première ou d'après, l'affect sexuel plaisant ou déplaisant sont rattachés à un objet. Ou plus exactement à de l'objet, puisque l'objet à travers lequel les pulsions sexuelles trouvent satisfaction est par excellence variable. Tout se passe comme si la pulsion sexuelle, plus que toute autre, se contente d'un

Ersatz pour les objets trop évidents, soi-disant adéquats, auxquels on la rattache spontanément, l'autre sexe notamment, indispensable à la reproduction[122].

Les ambassadeurs des pulsions : l'affect et la représentation

L'objet, sans doute, existe, de son côté. Et il peut en tant que tel faire défaillance : il peut ne pas offrir tout ce qui est souhaité, ou bien être simplement inaccessible. Il pose alors au psychisme une exigence : celle d'un renoncement de fond, et par ailleurs tout un travail psychique, l'exploration en pensée de réjouissances alternatives qui pourraient tant bien que mal reproduire en situation concrète la première satisfaction. Cela étant, l'existence psychique de l'objet n'est pas épuisée par la perception effective de l'agrément et du désagrément qu'induit un objet positivement là. Cet objet peut être perçu, puis ressouvenu, mais il peut aussi être imaginé, fantasmé sans jamais être perçu et consommé réellement, sans jamais être évité réellement, sans même exister dans un monde autre que psychique. Il y a du plaisir et du déplaisir dans la rêverie, par exemple. L'objet existe donc réellement ou non, et par ailleurs psychiquement, aussitôt qu'il est pris dans l'activité du souhaiter.

Son existence psychique est double. Premièrement, l'objet est ressenti, il est investi ou désinvesti (besetzt/unbesetz), il existe comme affect (der Affekt). Et en tant que tel, il est d'une part ressenti de manière plus ou moins intense, caractérisable par un degré d'investissement (der Affektbetrag), et d'autre part qualifiable (désopilant, pénible, répugnant, adorable, culpabilisant, effrayant, ennuyeux, décevant, affligeant, révoltant, consolant, encourageant, libérateur, cru …). Deuxièmement, il existe sur le mode de la

---

[122] Idem, Drei Abhandlungen zur Sexualtheorie, in *STA, Band V, Sexualleben*, p. 58.

représentation (Vorstellung), en tant que perception, en tant que mémoire, en tant que fantasme, en tant qu'hallucination, en tant que symptôme.

Voulez-vous, psychanalystes, écrivains et autres, connaître le destin des pulsions, savoir comment elles s'arrangent pour qu'un plaisir ancien se réactualise, pour qu'un évitement ancien de déplaisir se reproduise, voulez-vous savoir comment le sujet se débrouille pour réaliser dans un monde défaillant le but des pulsions, la satisfaction (die Befriedigung) ? Alors vous vous intéresserez au travail de la pensée en train d'essayer, et à l'agir préparé par cette pensée à l'essai.

Et puis, vous considérerez soit les affects soit les représentations qui sont comme les ambassadeurs de la pulsion[123]. Ne vous contentez surtout pas des objets réels, positifs de la satisfaction, ni même du constat qu'ils se refusent à tout un chacun. Mais encore : ne vous contentez pas non plus des représentations d'objets, questionnez également l'affect, et même deux fois. Questionnez son intensité et sa qualité.

Un analysant vous raconte un rêve, par exemple ? Demandez-lui si ce rêve évoque quelque chose qui s'est effectivement passé, des restes diurnes, récents ou d'autres événements, plus lointains. Ces événements ne sont pas forcément spectaculaires, il peut s'agir d'une pensée passagère, à peine esquissée et sans existence publique. Intéressez-vous à tout ce que l'analysant associe à la scène du rêve, à ce qui lui passe par la tête, foison de représentations. Moissonnez large. Intéressez-vous à cet autre travail de la pensée, qui n'est pas un travail pour préparer l'agir, mais un travail de déguisement, par le transfert de l'énergie ou de l'affect d'une représentation vers une autre (die Übertragung)[124]. Freud explore ce travail-là, comme on le sait,

------

[123] Idem, Die Verdrängung, in *STA, Band III, Psychologie des Unbewussten*, p. 136.
[124] On oublie parfois que c'est là le premier sens, parce que le sens général, du mot « transfert » chez Freud : le transfert d'un investissement d'énergie (Energiebesetzung), d'une quantité d'affect (Affektbetrag), d'une grandeur d'excitation (Erre

au chapitre six de la *Traumdeutung*, et il nous apprend en gros ceci : toute représentation peut en cacher une autre, différente, par un travail de condensation (Verdichtung) ; et toute représentation peut en cacher une autre, en plus, par le travail de déplacement (Verschiebung). Ne prenez donc jamais une représentation au premier degré, pour ce qu'elle est, comme si elle se suffisait à elle-même.

Puis, demandez encore à l'analysant ce qu'il a ressenti pendant le rêve, et suite au rêve, ou avant. Et si c'était un petit peu ou beaucoup ou énormément ou pas du tout. Rien ne doit vous échapper. Eh oui, tout ça, c'est du travail. Mais on ne peut en faire l'économie : le destin des pulsions a besoin d'être refait, comme à rebours, en sens inverse, par l'analysant et le psychanalyste qui en questionnent le poids, le fond. Au turbin !

Il faut dire que certains analysants le comprennent très bien : ils se mettent au travail, ils y vont, sans vouloir savoir d'avance où ils vont. D'autres au contraire vous procurent un minimum d'information, des réponses archi-brèves qui leur semblent évidentes et suffisantes malgré leur parcimonie extrême : ils espèrent en effet, et ils exigent, que le psychanalyste ou quelque psychothérapeute que ce soit, puisse à partir de là leur dire leur ce qu'ils doivent faire. Je me demande : ont-ils accédé à la vie psychique, la leur ? Ou alors ne veulent-ils pas (r)ouvrir leurs archives psychiques ? Résistent-ils à faire l'archéologie de l'âme, contrairement à Freud qui déblaie couche après couche, mais qui dispose aussi, à la différence de l'archéologue, de monuments vivants qui servent de décor actuel à la reprise d'un drame ancien, les rêves par exemple ?[125]

---

gungsgrösse) entre représentations, plus exactement, d'une représentation inconsciente vers une représentation consciente (*Die Traumdeutung*, p. 564 e. a.). Cette idée n'est pas nouvelle chez Freud, on la retrouve déjà dans l'*Entwurf*).
[125] Idem, Konstruktionen in der Analyse, in *Ergänzungsband, Schriften zur Behandlungstechnik*, p. 396-398.

Notons encore que la qualité des affects est un indice précieux pour déterminer à quelle manière de névrose on a à faire, hystérique par exemple, ou autre : n'est pas invariablement déçu et dégoûté qui veut. De même, n'est pas coupable ou fuyard en toute occasion qui veut. Mais attention : parfois aucun affect n'est ressenti, ni repérable. Cela ne prouve pas qu'il n'y en ait jamais eu, il se peut qu'il soit « simplement » maîtrisé. Et attention encore : un certain affect dans l'actualité n'empêche pas qu'un autre ne s'y recèle, l'ait précédé, avant de s'inverser. Un sujet qui souhaite peut être tendrement poli, et avoir surmonté son agressivité. Il peut haïr après avoir trop aimé. « Things are not what they seem » : le règne du psychique n'est accessible au clinicien qu'à la seule condition qu'il dépositive ce qui s'offre à lui, car ce qui s'offre à lui n'est jamais que le résultat d'un travail déjà fait, un donné en vérité constitué à partir d'un négatif, un endroit avec un envers.

Faisons encore une dernière réflexion au sujet des représentations, sexuelles cette fois. En tant que représentations, elles obéissent aux mêmes lois que les autres représentations : le déplacement (die Verschiebung), la condensation (die Verdichtung). Ce qu'il faut en retenir, c'est qu'Il n'y a pas de limite à la représentation du sexuel : il est possible qu'une représentation non sexuelle en cache une autre qui l'est ; toute représentation peut être sexuellement chargée. Tout objet à travers lequel une pulsion, apparemment non sexuelle, trouve satisfaction, peut, par le biais des métamorphoses de la représentation, être objet de la pulsion sexuelle.

La pulsion sexuelle et les autres intérêts

Cela ne veut toutefois pas dire que toute représentation est nécessairement sexuellement chargée, ni davantage que toute représentation ne serait que le travesti d'une représentation sexuelle, ni encore qu'une représentation très intense, lourdement investie, ne peut être qu'une représentation sexuellement investie ! Freud sait très bien que les activités humaines ne sont pas nécessairement sexuellement motivées, il le dit par exemple dans ce beau petit texte de 1917, *Eine Schwierigkeit der Psychoanalyse*[126] : on nous objecte, raconte-t-il, que notre appréciation des pulsions sexuelles est unilatérale (einseitig). On nous dit : « L'humain a encore d'autres intérêts que les sexuels » (der Mensch habe noch andere Interessen als die sexuellen). Et Freud répond : « Ça, nous ne l'avons pas oublié ni démenti un seul instant » (das haben wir keinen Augenblick vergesssen oder verleugnet). Notre unilatéralisme, poursuit-il, notre parti pris, est comme celui du chimiste, qui ramène toutes les constitutions à la force de l'attraction chimique. Il ne dément pas pour autant la gravitation, il laisse au physicien les soins de lui rendre honneur.

Le rôle de la sexualité dans les pathologies psychiques

Si Freud attache cependant tant d'intérêt à la sexualité, à la vie sexuelle animée par les pulsions sexuelles en quête de satisfaction, c'est qu'il est médecin de l'âme : il croit — à juste titre ou non — que celle-ci joue un rôle déterminant, immanquable et prépondérant dans la pathogenèse des maladies psychiques. C'est un point de vue qu'il tient dès le début et jusqu'à la fin : depuis les *Studien* en 1893-5[127] où il n'est question que d'hystérie, en passant par les *Drei Abhandlungen*[128] en 1905, où la névrose est présentée

---

[126] Idem, Eine Schwierigkeit der Psychoanalyse, in *Abriss der Psychoanalyse. Einführende Darstellungen*, p. 188.

[127] Idem, *Studien über Hysterie. Vorwort zur ersten Auflage*, p. 23. Comparez quelques années plus tard, Die Traumdeutung, in *STA, Band II, Die Traumdeutung*, p. 136, p. 301, et p. 554.

[128] Idem, Drei Abhandlungen zur Sexualtheorie, in *STA, Band V, Sexualleben*, p. 72. Comparez à la même époque un texte de 1905, Meine Ansichten über die Rolle der Sexualität in der Ätiologie der Neurosen, *ibidem*, p. 149-157. Ou quelques années plus tôt, en 1898: Die Sexualität in der Ätiologie der Neurosen, *ibidem*, p. 15-35.

comme le négatif de la perversion, et en passant par l'étude du cas paranoïaque Schreber de 1911[129], jusqu'à l'*Abriss,* écrit pendant l'exil à Londres
en 1938 et publié en 1940 après sa mort, où il parle des névroses, des psychoses et des perversions[130]. Si pansexualisme il y a, c'est là et là seulement.
Si l'on n'est pas d'accord sur le rôle de la sexualité, ce ne peut être qu'à cet
endroit précis.

Et chaque psychanalyste, ma foi, a certainement eu l'occasion de voir
comment la suppression de la vie sexuelle, au sens que Freud donne à cette
dernière, sans donc la restreindre au fait de l'accouplement reproductif
« normal », a effectivement donné lieu, dans la vie de telle ou telle personne
en analyse, non seulement à des symptômes très graves, mais également à
une perte beaucoup plus large de la capacité psychique de prester (die psychische Leistungsfähigkeit)[131]. La pensée qui devrait être en train d'essayer,
en explorant les possibilités réelles, n'essaie plus grand-chose, et les actes
qu'elle devrait préparer, ne suivent pas. La vie menée par le sujet plus ou
moins gravement malade est chétive, il vit sur la défensive, comme il peut.

Ce constat ne devrait toutefois pas empêcher le même psychanalyste
d'interroger le rôle de cette sexualité dans la pathogenèse : ce que Freud
prétend, cela tient-il pour tous les cas ? Est-ce le seul facteur à prendre en
compte au regard du développement de la personne ? Y a-t il des cas où elle
n'intervient pas dans l'histoire du patient, où elle ne joue pas de rôle dans
son devenir malade ?

---

[129] Idem, Psychoanalytische Bemerkungen über einen autobiographisch beschriebenen Fall von Paranoia (dementia paranoides), in *STA, Band VII, Zwang, Paranoia und
Perversion*, p. 157 et suivantes et p. 169 par exemple.

[130] Idem, *Abriss der Psychoanalyse*. 7. Kapittel. Eine Probe Psychoanalytischer Arbeit,
p. 78-90 et 8. Kapittel. Der psychische Apparat und die Aussenwelt, p. 91-100. Comparez Eine Schwierigkeit der Psychoanalyse, in *Abriss der Psychoanalyse. Einführende
Darstellungen*, p. 188.

[131] Idem, drei Abhandlungen zur Sexualtheorie, in *STA, Band V, Sexualleben*, p. 141.

Sublimation, idéalisation et identification

En outre, ce constat ne devrait pas non plus empêcher de reconnaître, comme Freud lui-même, que cette même suppression de la vie sexuelle conduit dans certains cas, par le biais de la sublimation, au contraire à une vie très créatrice. L'énergie sexuelle est alors désexualisée et investie ailleurs, et les capacités psychiques s'en retrouvent décuplées, par exemple chez les artistes[132]. Dans d'autres cas, l'objet réel, qui est aimé mais qui se refuse à la satisfaction, est lâché et repris sous forme d'idéal[133]. Il arrive aussi fréquemment que cet objet réel aimé est lâché par un sujet qui façonne son identité en reprenant en sa propre personne les traits de l'objet (die Züge des Objektes)[134].

Une question pour les psychanalystes d'après Freud

Il faut ici faire une remarque qui est, me semble-t-il, lourde de conséquence : aujourd'hui beaucoup de psychanalystes ne parlent plus en termes de maladie psychique, certains ne veulent même pas entendre parler de psychopathologie. La névrose, la psychose, la perversion sont des manières d'être, et chacun de nous en réalise une, au moins partiellement[135]. L'investigation essaie de distinguer non des maladies psychiques, mais des structures psychiques, qui sont autant de manières du sujet de faire face au désir.

---

[132] Idem, drei Abhandlungen zur Sexualtheorie, in *STA, Band V, Sexualleben*, p. 111 et p. 141; et Das Ich und das Es, in *STA, Band III, Psychologie des Unbewussten*, p.311-312; 23. Vorlesung. Die Wege der Symptombildung, in *STA, Band I, Vorlesungen zur Einführung in die Psychoanalyse*, p. 365-6.

[133] Idem, Zur Einführung des Narzissmus, in *STA, Band V, Sexualleben*, p. 61.

[134] Idem, Das Ich und das Es, *ibidem*, p. 297-298.

[135] J'écris «au moins partiellement» puisque Freud avait déjà pu argumenter, dans les Drei Abhandlungen zur Sexualtheorie, in *STA, Band III, Sexualleben*, p. 74-6, 1. que

Mais si tel est le cas, les psychanalystes ont-ils encore une raison, comme Freud croyait en avoir une (la distinction du normal et du pathologique), d'accorder un rôle aussi prépondérant à la problématique sexuelle ? Peut-être bien, mais ce ne saurait plus être la même raison : le rôle de la sexualité dans le déclenchement des maladies psychiques. Il faudra donc qu'ils donnent une autre raison. Ils devront justifient ce privilège accordé à la sexualité autrement, par exemple lorsqu'ils prônent la synonymie entre « le manque symbolique » et « la castration ». Ou encore quand ils attribuent un rôle crucial au « signifiant phallique », crucial puisqu'il désigne plus d'une chose : le manque qui fait désirer, notamment sexuellement, l'impossible rencontre des sexes, l'incomplétude de l'être humain, le fait que le corps ne soit pas l'organisme, et par ailleurs encore, plus globalement, l'effet du signifiant tout court sur l'humain qui parle.

Et donc ...

Je lis Freud par plaisir. La joie de lire peut se transformer en volupté, celle d'écrire, de communiquer, d'être entendu. Quoiqu'il en soit, je vois mal comment je pourrais me passer des écrits de Freud, et des livres d'autres auteurs. Je veux dire : voilà des objets réels, positifs, tangibles, qui peuvent soit suffire à la réalisation d'un plaisir soit incarner un déplaisir à éviter. Voilà

---

la manière d'être du névrotique par exemple, que sa manière de former des symptômes plus particulièrement, n'est pas exempte de comportements pervers, parce que le névrosé est inconsciemment travaillé par des souhaits pervers refoulés ; 2. que les symptômes psychonévrotiques en général, tant névrotiques que psychotiques, sont façonnés – pervertis – par des pulsions partielles entre elles opposées mais complémentaires (on y retrouve de l'exhibitionnisme et du voyeurisme, par exemple).
De même Freud a pu constater que *L'homme au loup,* sujet à une névrose infantile, hallucine (Aus der Geschichte einer infantilen Neurose [Der Wolfsmann], in *STA, Band VII, Zwei Kinderneurosen,* p, 199-200).

des objets où peuvent se déchiffrer les destins des pulsions, par exemple ceux de la pulsion de savoir, du chercheur (der Wiss- oder Forschertrieb)[136].

Les livres, n'en doutez-pas, m'affectent. Et quantité de représentations s'y rattachent. Je vois la *Studienausgabe* des œuvres de Freud, et je la sais incomplète. J'ai donc acheté d'autres textes : *les lettres de Freud à Fliess*, les *Studien über Hysterie*, l'*Abriss* … Je vois quelques piles de livres dans mon bureau, je pense avec regret et impatience à des lectures interrompues pour pouvoir faire des cours. Je pense à cette personne qui me dit, pour aussitôt s'interroger, que les livres sur mon divan signifient en fait que je ne veux pas qu'elle l'occupe, alors qu'ils ne sont là que temporairement, et qu'ils disparaissent lorsqu'un analysant engagé dans une cure type est attendu. Je pense à ces maisons où il n'y a presque pas de livres, et je me demande : « Mais comment font-ils pour cogiter ? N'ont-ils jamais jubilé en lisant un roman ? Sont-ils scotchés à un écran ? ». J'associe à l'idée de livre celle d'une maison, encombrée de quelques dizaines de milliers de livres, où l'on risque de crouler sous un poids symbolique exorbitant, ne sait pas par où commencer et finit par conclure que certaines gens prennent trop de place. Je me dis encore qu'aujourd'hui les scientifiques ne publient pas des livres mais des articles, autant que possible, « publish or die », mais je me rassure en prétextant, à juste titre ou non, que l'ecdosirrhée cache parfois une misère épistémologique préjudiciable dans le champ des sciences humaines – « rubbish or die ».

En laissant mes pensées vagabonder, je vois aussi des visages, je me rappelle des noms, ou pas, de collègues, et de personnes qui participent au cours de lectures freudiennes. Je repense aux files agaçantes sur les autoroutes, aux trains inconfortables qui s'arrêtent plus qu'ils ne roulent, aux difficultés de garer ma voiture aux alentours du local de l'AFB, et aux longs trajets en voiture, le soir tard en hiver, sur la neige, sous la pluie battante, au retour vers le Luxembourg, à la distraction apportée par des programmes

---

[136] Idem, Drei Abhandlungen zur Sexualtheorie, *ibidem*, p. 100; et Über infantile Sexualtheorien, *ibidem*, p. 173 et suivantes.

d'actualités à la radio ou par la musique. Et j'entrevois déjà la fatigue du lendemain. Et je me demande pourquoi je fais tout cela ? Par plaisir ? Par nécessité, non vitale mais sociale, celle de la reconnaissance, d'exister pour autrui, puisqu'exister seul, trop pour soi, en soi, comme s'il n'y avait pas de possibilité autre que le repli sur soi, au fond n'est pas exister pleinement ?

Les vertus du plurilinguisme intellectuel

Selon Freud, le « Wisstrieb » n'est pas sans rapport à la sexualité. Les enfants précoces s'intéressent aux choses sexuelles et veulent par exemple savoir d'où viennent les enfants. Sans doute, mais cela ne fait pas encore d'un enfant curieux un chercheur exigeant. Je laisse au lecteur le soin de spéculer sur les motifs sexuels qui nourriraient mon appétit de lire, d'écrire et cetera. Je lui laisse la charge de se demander ce que pourrait être le premier objet sexuel satisfaisant que j'aurais perdu, avant que je ne cherche à le restituer, par détour, à travers des Ersatz, qui n'ont pas l'air d'être sexuellement motivés, mais qui pourraient suppléer à un manque de jouissance sexuelle.

Je me permettrai quand-même une réflexion critique à cet égard, inspirée par l'œuvre de Jean Gagnepain, puisqu'après tout, passer par plus d'un père, intellectuel en l'occurrence, a été pour moi, et qui sait, pour chacun peut-être, une condition pour pouvoir s'en passer, pour accéder à l'absence fondatrice. Un intellectuel, c'est ce que je suis, entre autres choses, n'existe pas d'y prendre plaisir ou non, de manquer sexuellement, de s'intéresser à la vie sexuelle ou à autre chose qui serait là à titre de remplacement ou de déplacement. Un intellectuel n'existe même pas d'être une femme ou un homme, même s'il peut être macho ou féministe. Il n'existe pas non plus de faire des petits, même s'il peut en faire.

Alors que fait-il ? Il exerce un métier, il rend un service. Il assume des responsabilités professionnelles, quelque peu similaires à celles qu'on assume envers des enfants. Il transmet surtout des pensées, une manière de construire un savoir. Il devient ainsi créancier en s'acquittant d'une dette qu'il a fait sienne après avoir été imprégné de mille et une choses en tant qu'enfant. Son métier d'intellectuel est sans doute déprécié par ceux qui ne jurent que par la production de la plus-value économique, au sens le plus strict du mot. Et ses pensées sont controversées, sujettes à conflit. Cela prouve bien qu'il prend sa part du pouvoir, et qu'il a des responsabilités.

J'ai envie de dire : l'intellectuel exerce un métier dans la seule mesure où il peut tuer, littéralement ou non, et ainsi nier ce que l'accouplement de deux êtres sexuellement distincts rend possible, la reproduction de l'espèce humaine, la perpétuation de la vie humaine qui passe des géniteurs aux petits. Il peut par exemple participer à tuer Freud, ou au contraire à le transmettre. Et il peut encore le faire revivre pour ensuite s'en distancer, comme j'essaie de le faire. Il reprend alors l'œuvre de Freud dans son patrimoine, pour rompre ensuite avec cet héritage. Il fait exister Freud, pour se faire exister lui-même autrement. De toute manière, le freudien est à la fois collègue des uns et adversaire des autres, exposé à l'opposition parfaitement guerrière de celui qui n'adopte pas l'œuvre de Freud comme référence intellectuelle. Bref, il vit en société en assumant une paternité, sans que le sexe ne soit concerné, et même sans que la reproduction n'intervienne directement, sans petits. L'héritier, rebelle ou non, total ou partiel, n'est pas nécessairement un héritier naturel, de lignage, par reproduction animale, loin s'en faut, il peut être héritier « spirituel ». Et je lui souhaite bien sûr beaucoup de joie.

Chapitre 4

La trop évidente
vérité sexuelle du sujet

Un axiome psychanalytique

Freud accorde une place de choix à la problématique de la vie sexuelle parce qu'il lui attribue un rôle prépondérant dans le devenir malade. Je me demandais cependant pour quelle raison lui garder cette place lorsqu'on ne parle plus comme Freud en tant que médecin, et refuse sa manière de distinguer les maladies psychiques et la normalité.

Une fois abandonnée ou au moins relativisée cette distinction freudienne, il n'y aurait plus de raison, ni dans la pratique ni dans la théorie, d'accorder ce rôle prépondérant à la sexualité, si ce n'est qu'il faille prendre position, politiquement, pour préserver un savoir et une pratique. En accordant un rôle prépondérant à la sexualité, le praticien s'engage alors à rencontrer du sujet aux prises avec sa sexualité : il revendique sa part du pouvoir, un lieu et un temps pour rendre un service que d'autres ne rendent pas parce qu'ils négligent la question sexuelle. Il proclame : « J'existe ! Je ne permettrai pas que cette question s'évapore dans les cabinets de consultation ». De même, en accordant un rôle prépondérant à la sexualité en psychopathologie, le théoricien se bat pour le maintien d'un savoir en péril, son propre domaine dans le savoir sur l'humain. Il proclame : « Je me bats pour sauvegarder cette perspective, délaissée par d'autres penseurs. Vous n'allez pas me faire taire. Je suis là ! ».

Le poids accordé à la sexualité aurait l'allure d'un axiome de base, d'une hypothèse cruciale, mais d'une hypothèse sur laquelle on ne revient pas, parce qu'elle fait exister des métiers, de praticiens et de théoriciens. Cet axiome commanderait d'adopter sans relâche, dans toute approche générale des névroses, des psychoses et des perversions, et dans tout travail singulier avec un analysant, malade ou non, car là n'est plus la question, bref, dans toute approche de l'humain tout court, le point de vue de la quête de la jouissance, « pas toute » comme on dirait aujourd'hui, structuralement décalée. Cet axiome exigerait d'envisager la question du sujet comme celle du manque à désirer, sexuel par définition – ou à tout le moins exemplairement illustré par la vie sexuelle, puisque le corps propre, sexué, ne peut être qu'incomplet, puisque la satisfaction autre qu'auto-érotique implique le corps d'un(e) autre qui peut manquer pour toutes sortes de raisons, et puisque certains objets, les premiers qui soient en fait visés, doivent être désinvestis parce qu'ils sont interdits du fait d'être incestueux. Et la psychanalyse nous inviterait à ne jamais occulter ce manque, puisque nous effacerions du même coup notre existence en tant que sujet.

Selon la formule d'Imre Lakatos, philosophe des sciences, pareil axiome fait partie du « noyau dur » d'un programme de recherches[137] : il est indispensable et il est maintenu avec ténacité, parce qu'il institue un champ d'investigation, et même, dans le cas de la psychanalyse, un lieu d'intervention, par exemple dans l'interprétation du matériel qu'apporte l'analysant.

Lâcher cet axiome, reviendrait à changer le paradigme, sinon totalement, du moins drastiquement : on pourrait en effet retenir certains axiomes freudiens mais en lâcher d'autres. On pourrait par exemple retenir qu'il y a toujours matière à interpréter, à intervenir par l'interprétation. On pourrait donc continuer à faire ce que ne fait pas un psychothérapeute d'inspiration comportementale. On pourrait dé-positiver ce qu'un analysant raconte, en l'invitant à explorer comment il déplace et condense ses propres souhaits, consciemment et inconsciemment. Mais on pourrait également ne pas présupposer du même coup que le dernier mot en la matière soit nécessairement sexuel. On pourrait en l'occurrence compléter ce point de vue en postulant que les spécimens de l'espèce humaine n'acculturent pas uniquement le rapport sexuel, mais également le rapport entre générations. On pourrait donc arrêter de réduire, comme Freud l'a fait, la question de la dette à celle de la différence sexuelle, en affirmant qu'elle surgit non seulement lors de

---

[137] Voir, au sujet de la notion de « noyau dur » de Lakatos, Schotte J.-C., *La science des philosophes. Une histoire critique de la théorie de la connaissance*, p. 135.

la traversée du complexe d'Œdipe, mais de façon générale, à l'occasion de tout exercice d'un métier, de tout exercice d'un pouvoir.

Le discours bataille

Le moment est arrivé de reprendre la pensée de Foucault, comme je l'avais annoncé.

Foucault ne parle pas d'axiomes ni hypothèses de base qui forment le noyau dur d'un programme de recherches, à la fois pratiques et théoriques. Contrairement à tant de philosophes des sciences, il n'isole pas l'histoire du savoir de l'histoire tout court. Et l'histoire qu'il pratique est un peu spéciale. Elle est redevable à la généalogie, au sens nietzschéen du mot : il traque les pouvoirs à l'œuvre dans tout savoir, il explore comment ils asservissent, comment ils dominent, comment ils établissent par un partage et un rejet initial le terrain où l'on pourra ensuite parler de vérité et d'erreur[138]. Son histoire serait plutôt, comme il le dit lui-même, une archéologie : il emploie de vastes archives, et pas seulement celles de l'histoire des sciences et de la philosophie, mais des archives permettant de déceler l'isomorphisme entre une épistémè, un système de savoir, des simultanéités épistémologiques d'une part et des pratiques extra-discursives d'autre part[139]. Il refuse radicalement d'écrire une histoire interne de la vérité seulement[140]. Toute prise de position est pour lui un acte. C'est un acte peut-être argumenté, mais surtout une manière de s'imposer, parfois même un acte de guerre :

---

[138] Foucault M., Nietzsche, la généalogie et l'histoire, in *Dits et écrits I, 1954-1975*, p. 1011-1014.
[139] Idem, Entretien avec Michel Foucault, *ibidem*, p. 1025-1030, par exemple.
[140] Idem, La vérité et les formes juridiques, *ibidem*, p. 1408-1409.

- l'hypothèse axiomatique (du psychanalyste, par exemple) est alors un fait de discours homologue à d'autres faits d'un même discours (dont Freud ou les psychanalystes après lui ne sont pas les seuls représentants)[141] ;

- on ne pourrait isoler les faits de discours (du psychanalyste) des pratiques extra-discursives et des institutions (psychanalytiques et autres)[142] ;

- le fait de discours (du psychanalyste) n'est pas l'œuvre d'un sujet de connaissance, historique ou transcendantal [143]; il est situé dans l'histoire ; celle-ci n'a pas de sens, contrairement à ce que croient les dialecticiens et les sémioticiens, mais elle peut quand-même être rendue intelligible, comme une histoire belliqueuse, faite de luttes, de stratégies, de tactiques[144] ;

- et en tant que fait de discours – « discours bataille »[145] – cette hypothèse axiomatique (du psychanalyste) précède la distinction du vrai et du faux ; elle est un acte violent, elle est événement, elle est appropriation, elle est une invention, solidaire d'un type d'exercice du pouvoir[146].

---

[141] Pour des exemples voir : Idem, Travail, vie, langage, in *Les mots et les choses*, p. 262-313 ; ou : Nietzsche, Freud, Marx, in *Dits et écrits I, 1954-1975,* p. 592-602.

[142] Idem, Sur les façons d'écrire l'histoire, in *Dits et écrits I, 1954-1975*, p. 617 ; et Préface à l'édition anglaise [préface à *The Order of Things*], *ibidem*, p. 875-881.

[143] Idem, Préface à l'édition anglaise [préface à *The Order of Things*], *ibidem*, p. 879 ; Entretien avec Michel Foucault, *ibidem*, p. 1033 ; La volonté de savoir, *ibidem*, p. 1109 ; La vérité et les formes juridiques, *ibidem*, p. 1407-1408.

[144] Idem, Entretien avec Michel Foucault, in *Dits et écrits II. 1976-1988*, p. 145.

[145] Idem, Le discours ne doit pas être pris comme …, *ibidem*, p. 124.

[146] Idem, Nietzsche, la généalogie, l'histoire, In *Dits et écrits I, 1954-1975*, p.1004-1024 ; Entretien avec Michel Foucault, *ibidem*, p.1025-1034 ; La volonté de savoir, *ibidem*, p. 1108-1112 ; La vérité et les formes juridiques, *ibidem*, p. 1406-1421. *Leçons sur la volonté de savoir. Cours au Collège de France, 1970-1971*, p. 368 ; p.187-188 ; 190-192 ; et p. 195-221.

L'invitation à la parrhésie

Qu'est-ce que tout cela veut dire concrètement, lorsqu'on parle donc de la psychanalyse ? Qu'elle crée, à travers un acte discursif, un lieu qui devrait être exempt de l'emprise d'une certaine pratique psychiatrique, asilaire, panoptique, disciplinaire[147]. Ce lieu, et c'est bien paradoxal, pousse toutefois à tout dévoiler, à tout dire, sous la protection du secret professionnel du psychanalyste, il est vrai : le psychanalyste ne pratique pas le panoptisme, mais il pousse à la parrhésie[148]. L'importance du secret professionnel n'est pas négligeable. Ce secret est précieux du temps de Freud, dans sa perspective médicale à lui, puisqu'il est convaincu que la maladie concerne des événements ou des expériences gênantes dont nulle personne ne parle spontanément ni en public, et puisqu'il fait l'hypothèse que la vérité du sujet malade est à chercher dans la vie sexuelle. Et il reste précieux aujourd'hui, dans une société qui pousse à la transparence, que ce soit par défaut total de pudeur, pour les besoins discutables des administrations, ou dans l'intérêt économique des nouveaux commerçants, ceux qui gèrent les réseaux sociaux sans qu'on puisse les soupçonner de trop de retenue.

Ce tout dire n'est au fond jamais achevé. La consigne de tout dire ouvre un vaste chantier, ouvert par principe, même là où l'analyse prend fin. Freud invite inlassablement ses patients à tout dire, et à ne pas se contenter d'un « je ne sais pas ». Mais il y a lieu de se demander quel est l'objectif du tout dire. Tout compte fait, il serait en effet trop simple de prétendre que Freud, dans son cabinet, résiste à toute espèce de normalisation des patients qui le consultent. Essayons d'y voir plus clair grâce à Foucault.

---

[147] Idem, Folie, une question de pouvoir, in *Dits et écrits I, 1954-1975*, p., p.1529-1530.
[148] Du grec pan (tout) et rhèsia (l'activité de parler, ce que fait le rhètoor, l'orateur).

Le contexte : la vérité du sexe à l'ère du biopouvoir

La confrontation de Freud à une sexualité rebelle à la reproduction, écrivais-je, n'est pas unique. Michel Foucault a bien démontré que l'intérêt de Freud pour la question sexuelle, même chez les enfants, n'est pas sa spécialité, ce serait même tout le contraire.

Selon Foucault, le sexe est depuis longtemps l'objet de « la technologie traditionnelle de la chair »[149] : il a été exploré pendant le christianisme médiéval dans le cadre des pratiques pénitentielles, maîtrisé par l'ascèse et l'exercice spirituel, transformé par le mysticisme ; puis, après la réforme, il devient l'objet de l'examen de conscience comme de la direction pastorale. À la fin du XVIIIème siècle apparait toutefois une nouvelle technologie du sexe : « Par l'intermédiaire de la pédagogie, de la médecine et de l'économie, elle [cette technologie] faisait du sexe non seulement une affaire laïque, mais une affaire d'État : mieux, une affaire où le corps social tout entier, et presque chacun de ses individus, était appelé à se mettre en surveillance »[150].

Selon Foucault on aurait toutefois tort d'en conclure que le sexe serait simplement passé d'un régime de répression à un autre, des menaces du châtiment éternel aux politiques de santé correctrices, avec les avatars que l'on connaît : le racisme, l'eugénisme — contre lesquels Freud notamment s'est insurgé[151]. « L'important [...] », écrit Foucault, « c'est d'abord qu'on ait construit autour du sexe et à propos de lui un immense appareil à produire, quitte à la masquer au dernier moment, la vérité. L'important c'est que le sexe n'ait pas été seulement affaire de sensation et de plaisir, de loi ou d'interdiction, mais aussi de vrai et de faux, que la vérité du sexe soit devenue

---

[149] Foucault M., *Histoire de la sexualité 1. La volonté de savoir*, p. 153.

[150] Idem, *ibidem*, p. 154.

[151] Dans les *Studien über Hysterie* par exemple, Freud se démène pour bien insister sur le fait que Frau Emmy von N. n'est pas une dégénérée, quand bien même elle peut être disposée à la névrose hystérique (p. 123).

essentielle »[152]. L'Occident a bâti une science du sexe, développé les procédures de l'aveu pour constituer « peu à peu une grande archive des plaisirs du sexe » [153], où l'on retrouve les travaux des économistes et des démographes, des biologistes, de la médecine, de la psychiatrie, de la pédagogie – et de la psychanalyse.

Foucault précise que la production du savoir autour du sexe s'est construite autour de quatre figures depuis le XVIIIème siècle : la femme hystérique, l'enfant masturbateur, l'adulte pervers, le couple malthusien[154]. « La cellule familiale », écrit-il, « telle qu'elle a été valorisée au cours du XVIIIème siècle, a permis que sur ses deux dimensions principales – l'axe mari-femme et l'axe parents-enfants – se développent les éléments principaux du dispositif de sexualité (le corps féminin, la précocité infantile, la régulation des naissances et, dans une moindre mesure sans doute, la spécification des pervers) ». La famille, loin de se réduire à un dispositif d'alliance qui exclurait la sexualité ou du moins la briderait pour n'en retenir que les fonctions utiles, est au contraire devenue un lieu obligatoire d'affects, le point privilégié de l'éclosion de la sexualité : celle-ci naît incestueuse[155]. « Apparaissent alors ces personnages nouveaux », poursuit-il, « la femme nerveuse, l'épouse frigide, la mère indifférente ou assiégée d'obsessions meurtrières, le mari impuissant, sadique, pervers, la fille hystérique ou neurasthénique, l'enfant précoce et déjà épuisé, le jeune homosexuel qui refuse le mariage ou néglige sa femme » [156]. Et la famille, désemparée face à ces difficultés, demande de l'aide, chez les pédagogues, les médecins, les prêtres, les psychiatres. Elle se met à traquer les moindres traces de sexualité chez elle-même. C'est là, selon

---

[152] Foucault M., *Histoire de la sexualité 1. La volonté de savoir*, p 75-6.

[153] Idem, *ibidem*, p. 85.

[154] Idem, *ibidem*, p. 136-139.

[155] Idem, *ibidem*, p. 143. Freud ne dit pas autre chose (voir par exemple 13. Vorlesung. Archaische Züge und Infantilismus des Traumes, in *STA, Band I, Vorlesungen zur Einführung in die Psychoanalyse*, p. 214).

[156] Idem, *ibidem*, p. 146.

Foucault, que surgit Charcot. C'est là qu'intervient Freud, qui écoute ses patients, en l'absence de la famille, mais pour mieux examiner celle-ci ...

Cette science du sexe, polymorphe, multiple, n'est pas académique : elle est en effet une affaire d'État. Elle manifeste l'exercice du pouvoir, celui d'une certaine époque. Est-ce le pouvoir d'une classe bourgeoise dirigeante, exercée à l'encontre d'une autre classe qu'il faut contrôler et discipliner pour faire fonctionner la machine industrielle ? Certainement pas au départ[157]. Est-ce un pouvoir répressif, dont la psychanalyse nous aurait libérés ? Les choses sont plus compliquées que cela.

Ce pouvoir est surtout productif, il produit des savoirs : « Censure sur le sexe ? On a plutôt mis en place un appareillage à produire sur le sexe des discours », écrit Foucault[158]. Et : « Autour du sexe, toute une trame de mises en discours variées, spécifiques et coercitives : une censure massive, depuis les décences verbales imposées depuis l'âge classique ? Il s'agit plutôt d'une incitation réglée et polymorphe aux discours »[159]. Mais pourquoi en est-il ainsi ? Pourquoi donc tous ces discours sur le sexe prolifèrent-ils ? Comment comprendre que le pouvoir incite aux discours sur le sexe ?

Le pouvoir, explique Foucault, n'est plus exercé au nom du souverain qu'il s'agit de protéger mais au nom de la société qui se surveille et organise au mieux ses forces. Ce pouvoir est exercé sur les corps des individus par le bais des disciplines du corps, et il investit la vie de l'espèce par le biais de la régulation des populations[160]. « La vieille puissance de la mort où se symbolise le pouvoir du souverain est maintenant recouverte soigneusement par l'administration des corps et la gestion calculatrice de la vie », écrit Foucault[161]. L'enjeu des luttes politiques est moins l'institution d'un sujet de

---

[157] Idem, *ibidem*, p. 158-170.
[158] Idem, *ibidem*, p. 33.
[159] Idem, *ibidem*, p. 47.
[160] Idem, *ibidem*, p. 177-191.
[161] Idem, *ibidem*, p. 183-184.

droit que la vie elle-même. Et Foucault d'examiner toute une série de phénomènes qui vont dans ce sens : l'attitude modifiée à l'égard de la peine de mort, par exemple, ou les guerres génocidaires. Pour comprendre ce qu'il dit, il suffit par exemple de penser aujourd'hui à l'existence de la médecine du travail, au menu quotidien de la classe politique toute affairée par l'impératif de la croissance économique, aux statistiques démographiques auxquelles nous sommes si habitués qu'on n'en interroge même plus la raison d'être : les flux migratoires, la natalité, la mortalité, la répartition en classes d'âge, le pourcentage de couples monoparentaux, recomposés et cetera. Nous vivons à l'ère du bio-pouvoir : une époque où le pouvoir s'exerce sur la vie, à travers la vie, pour en maximiser l'efficacité, pour en stimuler et contrôler le développement[162].

De quoi faut-il se libérer ?

L'apparition d'une scientia sexualis, laquelle dépasse largement l'œuvre de Freud, n'est donc selon Foucault compréhensible que dans le contexte de l'exercice d'un pouvoir bio-politique. La rencontre de Freud avec la sexualité infantile, avec les femmes hystériques, avec les pervers sexuels est à situer dans ce contexte-là.

Mais quel est au juste son rôle, quelle est la place spécifique du psychanalyste Freud, selon Foucault ? Freud a-t-il suspecté les dangers de ce pouvoir biopolitique ? Oui, il a pris position contre toute politique raciste ou eugéniste qui s'autorise de théories de race ou de dégénérescence. Freud s'est-il pour autant opposé à toute normalisation ? Prône-t-il la satisfaction sans entraves de la pulsion sexuelle ? S'est-il fait l'apôtre de la libération sexuelle ?

---

[162] Idem, *ibidem*, p. 183.

Certainement pas. On commencera par noter que ce dont la satisfaction immédiate est réprimée (von direkter Befriedigung abgedrängt), peut se transformer selon Freud en acquis culturel (Kulturbesitz) : il est convaincu que nombre de nos accomplissements culturels représentent en vérité des satisfactions substitutives désexualisées (desexualisierte Ersatzbefriedigungen), réalisées aux frais de la sexualité, par limitation des forces pulsionnelles sexuelles (auf Kosten der Sexualität, durch Einschränkung sexueller Triebkräfte)[163]. Tout se passe donc comme si Freud prenait les pulsions sexuelles, qui déchaînent quantité d'énergie, et provoquent les désagréments d'une tension à liquider, comme une nécessité dont il faut se débarrasser utilement, au profit de la culture si possible, plutôt que d'en tomber malade. Cela ne l'empêche toutefois pas de tenir en même temps que bon nombre de maladies psychiques sont justement dues aux exigences civilisatrices que la société oppose aux besoins pulsionnels des individus, sexuels en particulier (die Kulturforderung der Gesellschaft)[164].

Mais il y a autre chose à relever : que veut dire « la libération sexuelle » ?

----

[163] Freud S., *Abriss der Psychoanalyse*, p. 97.
Le lecteur intéressé par le thème de l'antagonisme entre la culture et les besoins pulsionnels, sexuels en particulier, mais également de mort, aura vite fait de découvrir qu'il n'apparaît pas que dans l'*Abriss*, écrit en 1938. Il est omniprésent.
On le retrouve dans le *Manuscrit N* du 31 mai 1897 des *Briefe an Wilhelm Fliess. 1887-1904* ; en 1905, dans les Drei Abhandlungen zur Sexualtheorie, in *STA, Band V, Sexualleben,* p. 85, p. 128, p. 144 ; en 1908, dans Die « kulturelle » Sexualmoral und die moderne Nervosität, in *STA, Band IX, STA, Band IX, Fragen der Gesellschaft. Ursprünge der Religion*, p. 13-32; en 1915, dans Zeitgemässes über Krieg und Tod, *ibidem*, p. 42-46; en 1927, dans les premières pages de Die Zukunft einer Illusion, *ibidem*; en 1929, dans Das Unbehagen in der Kultur, *ibidem*.
[164] Par exemple dans Die « kulturelle » Sexualmoral und die moderne Nervosität, in *STA, Band IX, Fragen der Gesellschaft. Ursprünge der Religion ;* et dans Über die allgemeinste Erniedrigung des Liebeslebens, in *STA, Band V, Sexualleben.*

Selon Foucault, l'important au regard du pouvoir, n'est pas que l'on essaie de libérer ce qui est réprimé, mais bien cette croyance, déjà très ancienne en Occident, et pas du tout spécifiquement freudienne, que la vérité du sujet est à chercher en ce lieu spécifique de la sexualité. La question à poser au psychanalyste Freud est donc celle-ci : s'agit-il de libérer la sexualité de ce qui la réprime, un pouvoir répressif ? Ou de se libérer de la sexualité, de retrouver d'autres lieux de vérité, et de développer une autre économie des plaisirs, qui ne serait pas normée sexuellement ? Ou encore, plus largement : comment faire pour sortir de la biopolitique ?[165]

Freud a-t-il questionné la place prépondérante du discours sur le sexe ? Non, au contraire. Freud prétend nous apprendre comment fonctionne l'appareil psychique tout court, et il prétend le faire à travers l'étude des maladies psychiques : la vérité du sujet est à trouver à travers la vérité du sujet malade[166]. Or, que nous dit-il du devenir malade ? Il n'ignore pas que l'humain est mû par d'autres intérêts que le sexe, mais il affirme plus d'une fois que le sexe joue un rôle prépondérant dans le déclenchement de la maladie. La vérité du sujet malade est donc à chercher dans le sexe. En toute logique, la vérité du sujet qui n'est pas malade, ou qui guérit, est également à chercher dans le sexe, fût-ce a contrario : celui qui n'est pas malade a su se débrouiller avec sa sexualité, celui qui guérit a su prendre acte des enjeux sexuels de ses symptômes, enjeux cachés mais décryptés par le travail analytique. Essayons d'y voir plus clair, essayons de cerner en quoi le sexe joue un rôle crucial dans la vie du sujet. Reprenons Foucault, encore une fois.

---

[165] Foucault M., *Histoire de la sexualité 1. La volonté de savoir*, p. 208-211.
[166] Freud S., 31. Vorlesung. Die Zerlegung des psychische Persönlichkeit, in *STA, Band I, Neue Folge der Vorlesungen zur Einführung in der Psychoanalyse*, p. 497-8.

La sexualité, née incestueuse, interdite et détournée

Le psychanalyste Freud pousse ses patients à tout dire, dans son cabinet, à l'abri de la famille. Et voilà qu'apparaissent des secrets de famille, quelque peu honteux, selon d'autres dégoûtants, parfois criminels. Des secrets qui font demander si la famille est bien ce que l'on croit : « un dispositif d'alliance » « ordonné sans doute à une homéostasie du corps social qu'il a pour fonction de maintenir »[167]. La sexualité que l'on découvre dans la famille sape vraisemblablement cette famille comme fondement de la société. Il y a les abus sexuels qui sont des événements vécus comme un traumatisme, éventuellement. Il y a les événements que l'enfant observe sans les comprendre, qu'il ne réalise qu'après coup. Il y a les activités auto-érotiques des enfants, et les menaces que les enfants imaginent ou rencontrent réellement. Il y a leurs fantasmes sexuels, des mises en scène de ce qui pourrait se passer, de ce qu'ils souhaitent, sans l'avoir décidé consciemment. Il y a des haines entre enfants et parents. Et il y a des amours entre enfants et parents, mais ce ne sont pas des amours gentilles, benoîtes, non, ce sont des amours sexuellement chargées, incestueuses pour tout dire. Et les haines sont meurtrières : les enfants prennent leurs parents ou leurs frères et sœurs pour objets sexuels, ils n'hésitent pas à les séduire, ils voudraient bien par exemple avoir un enfant avec leur papa ou épouser leur maman, ils peuvent souhaiter que l'autre parent disparaisse, ils peuvent jouer des jeux interdits avec leur frères et sœurs. La sexualité naît incestueuse parce qu'elle naît dans la famille[168]. Freud ne laisse aucun doute à ce sujet. Il affirme fermement, sur la base de ses recherches psychanalytiques, du rêve notamment, que le choix d'amour incestueux est premier et régulier (dass die inzestuöse Liebeswahl

---

[167] Foucault M., *Histoire de la sexualité 1. La volonté de savoir*, p. 143.
[168] Idem, *ibidem*, p. 143.

die erste und die regelmässige ist)[169]. Il n'y a pas de quoi rassurer les familles – à première vue.

À première vue seulement, car les souhaits incestueux n'empêchent pas que naisse l'amour sans sexe, des enfants pour les parents. Cet amour est possible lorsque les pulsions sexuelles s'appuient sur les besoins d'auto-conservation de l'enfant, chez le nouveau-né. Et lorsque la tendresse (die Zärtlichkeit) pour ceux qui soignent l'enfant, trouve à éclipser la quête des purs plaisirs sensuels[170]. Par ailleurs, les souhaits incestueux n'empêchent pas que certains traits, propres aux objets sexuels inaccessibles que sont les parents, se transforment en idéal : l'enfant reprendra ces traits idéaux à son propre compte, et il cherchera éventuellement à les retrouver chez quelqu'un d'autre, en dehors de sa famille.

Mais ce n'est pas tout. Les pulsions sexuelles de l'enfant, qui sont en quête de satisfaction d'abord prégénitales, avant que l'enfant ne se tourne vers quelqu'un d'autre, puis en quête de satisfactions objectales à travers les parents, ces pulsions sexuelles dont l'analyse dévoile toutes les péripéties œdipiennes, à la fois affectives et représentationnelles, rencontrent dans la famille elle-même une forte opposition. Elles se heurtent à des répressions, à des menaces, à un interdit : l'interdit fondamental de l'inceste.

Les souhaits incestueux (die inzestuöse Wünsche), ne disparaissent pas d'eux-mêmes, explique Freud. La peur de l'inceste, le recul devant l'inceste (die Inzestscheu) n'est pas établi naturellement : ce n'est pas la nature qui se charge d'interdire, par souci d'élevage (Züchtungsrücksichten), pour préserver les caractéristiques de la race. Et il ne suffit pas non plus que les enfants vivent depuis leur petite enfance avec leurs parents, et avec leurs

---

[169] Freud S., 13. Vorlesung. Archaische Züge und Infantilismus des Traumes, in *STA , Band I, Vorlesungen zur Einführung in die Psychoanalyse*, p. 214. Comparez Vorlesung 21. Libidoentwicklung und Sexualorganisation, *ibidem*, p. 329.
[170] Idem, Drei Abhandlungen zur Sexualtheorie, in *STA, Band V, Sexualleben*, p. 112 et 126; et Über die allgemeinste Erniedrigung des Liebenslebens, *ibidem*, p. 200-201.

frères et sœurs (das Zusammenleben von früher Kindheit an), pour détourner (ablenken) le désir sexuel (die sexuelle Begierde) des proches familiaux, au contraire. Pour que la barrière de l'inceste (die Inzestschranke) s'établisse, pour que le penchant incestueux infantile toujours à l'œuvre soit tenu à l'écart de la réalité (um diese fortwirkende infantile Neigung von der Wirklichkeit ab zu halten), il faut des interdits, et les plus tranchants qui soient (die schärfsten Verbote)[171]. Et ce sont les parents qui interdisent, ou qui sont en tout cas censés de le faire : ils éduquent le petit primitif (der kleine Primitive) par des interdits et des punitions (durch Verbote und Strafe), pour que celui-ci devienne en peu d'années un enfant d'humains civilisé (ein zivilisiertes Menschenkind)[172].

La civilisation du petit primitif,

ou la naissance d'un sujet de loi, d'un sujet de société

Freud fait parler, il découvre ce que bon nombre de gens ne veulent pas entendre : la première sexualité est incestueuse. C'est inquiétant. Mais au total, explique donc Foucault, ce même Freud rassure la famille. La psychanalyse à la manière de Freud permet de « maintenir l'épinglage du dispositif de sexualité sur le système de l'alliance »[173].

La sexualité n'apparait pas « par nature, étrangère à la loi », au contraire : la loi non écrite, en interdisant l'inceste et en réorientant l'enfant vers l'au-delà de la famille, protège la famille. Freud situe la naissance du souhait

---

[171] Idem, 13. Vorlesung. Archaische Züge und Infantilismus des Traumes, in *STA*, *Band I, Vorlesungen zur Einführung in die Psychoanalyse*, p. 212-214; et 21. Vorlesung, Libidoentwicklung und Sexualorganisation, *ibidem*, p. 329. Comparez Totem und Tabu. Einige Übereinstimmungen im Seelenleben der Wilden und der Neurotiker, in *STA Band IX, Fragen der Gesellschaft. Ursprünge der Religion*, p. 407-430.

[172] Idem, *Abriss der Psychoanalyse*, p. 80.

[173] Foucault M., *Histoire de la sexualité 1. La volonté de savoir*, p. 149.

sexuel au cœur même de la famille. Mais cette famille est pour lui également le lieu d'inscription du renoncement réellement exigible au nom de la civilisation, au nom du développement. En règle générale, l'enfant trouve dans la famille son premier objet de plaisir sexuel, mais il abandonne également à travers cette même famille ce même objet. Et c'est la famille encore qui le confronte à la nécessité de se satisfaire d'autres objets sexuels. Elle l'oblige à trouver l'objet sexuel qu'il souhaite, ailleurs qu'en son sein. Elle lui permet de re-chercher sa satisfaction, à défaut du premier objet sexuel qui a été perdu parce qu'interdit, à travers d'autres objets, qui sont nouveaux, non interdits, et qui peuvent être sexuels mais qui ne le sont pas nécessairement.

Le surgissement du souhait – sexuel – est donc intrinsèquement et non fortuitement façonné par une loi, entendue comme loi répressive : cette loi interdit, elle départage ce qui est permis et ce qui ne l'est pas, et elle est signifiée à l'enfant, au nom de la société, par quelqu'un qui l'incarne, un parent, le père en particulier. La vérité du sujet malade est selon Freud d'ordre sexuel, la vérité du sujet tout court, pour autant qu'elle s'éclaire à partir du malade, doit l'être également. Mais cette sexualité n'est pas sauvage. Rebelle à la reproduction, détachée de la génitalité ? Sans aucun doute, mais marquée quand-même par une loi qui interdit, et qui contraint à se trouver des alternatives.

Le sujet qui naît chez Freud comme sujet du souhait, est en même temps, à travers la confrontation à la problématique sexuelle, et la résolution du complexe d'Œdipe, un sujet qui naît à la loi, à une loi interdictrice, à la distinction normative du licite et de l'illicite. Et comme cette loi normative organise selon Freud la société, le sujet qui naît à la loi, naît par la même occasion à cette société. Je ne crois pas que Freud, qui utilise peu le mot « sujet », et peu encore le mot « Gesetz » (loi), sauf dans quelques textes consacrés à la culture, à la religion, et à la société, le dise en ces termes-là. Mais je pense qu'on ne peut que le comprendre comme ça.

Régulation fictive sans reste,

régulation réelle impossible,

réglementation socialement partagée

On peut aussi formuler les choses encore autrement. L'enfant est passé très vite du régime du besoin à celui du souhait. Mais avant cela, il n'y a que des besoins. Et le besoin n'a besoin que d'être satisfait. Que se passe-t-il lorsque le besoin n'est pas encore satisfait, et lorsqu'il est satisfait par la suite ? En un premier temps, dans l'*Entwurf*, Freud ne parle pas encore comme psychologue, ou plus exactement : il prétend développer une psychologie scientifique. Et celle-ci, à ses yeux comme à ceux de bon nombre de ses contemporains, ne peut qu'être naturaliste. Il prétend envisager l'activité psychique en termes physiques : il ne postule que des entités physiques, des neurones capables d'être excités, d'être chargés d'énergie ; et il se contente d'expliquer ce qui leur arrive à partir du principe d'inertie neuronique. La satisfaction est ainsi conçue comme une régulation réciproque entre plaisir et déplaisir. S'il y a déplaisir, le système neuronique essaie nécessairement d'équilibrer une quantité de déplaisir par une même quantité de plaisir : il évacue toute tension, il écoule tout surplus d'énergie pour retrouver son état initial, par la voie la plus simple. Idéalement, l'apaisement du besoin se fait sans détour, cash si l'on veut, de manière très économique, sans paiement différé, sans travail psychique. Idéalement, il se fait sans reste. Le système passe d'un état stable (sans charge) à un état instable (chargé), puis de celui-ci à l'état stable à nouveau et ainsi de suite.

Mais le système que Freud imagine de la sorte, est une fiction, et il le sait. Car le besoin est une nécessité vitale : si la faim n'est pas apaisée, l'organisme meurt. Mais voilà : cette faim que l'on peut prendre comme une tension intérieure à évacuer, peut également être envisagée comme un déficit d'énergie à suppléer : la faim ne s'apaise que par un apport d'énergie de l'extérieur. Cela peut sembler paradoxal, mais cela signifie en fait que la machine neuronique n'est pas autosuffisante et qu'elle ne fonctionne que par un échange avec ce qu'elle n'est pas. Il eut donc été plus exact d'examiner comment l'organisme vivant maintient un degré de tension plus ou moins invariable malgré les échanges avec son milieu ambiant. Et c'est en somme ce que Freud fera par la suite, en examinant toutefois un organisme vivant un peu particulier : l'humain. Et puis, il est vrai encore que la faim ou la soif ne peuvent pas être satisfaites n'importe comment : on ne peut boire ni manger n'importe quoi en provenance de ce milieu ambiant, sous peine de mourir ou de tomber malade. Par ailleurs, les autres qui se trouvent également dans ce milieu ambiant, par la même fiction freudienne initiale, ne jouent aucun rôle si ce n'est celui d'aider ou d'empêcher la machine à retrouver son équilibre : ils n'ont pas créé le besoin ; et ils peuvent soit aider à le satisfaire soit contrecarrer sa satisfaction, par exemple en s'absentant lorsque l'enfant en détresse a faim.

Le souhait en revanche semble irréductible à un modèle naturaliste. Il présuppose un plaisir qui n'est plus, et que l'enfant cherche à rétablir face à un nouveau déplaisir présupposant lui aussi un déplaisir passé. L'enfant souhaite rétablir le plaisir d'il était une fois, sans y arriver puisque le plaisir à rétablir manque, par définition : il est mnésiquement inscrit ; et s'il offre un cliché pour toute satisfaction souhaitée, il n'en reste pas moins qu'il est en même temps passé, manquant, perdu, désespérément perdu, puisque mnésiquement inscrit. L'épreuve de la réalité, encore épargnée au nouveau-né tant qu'une autre personne s'occupe bien de lui, ne peut plus être escamotée : nul ne peut en faire l'économie. Elle réclame un travail psychique. Elle contraint celui qui souhaite, à s'inventer des détours dans la re-quête de la satisfaction : il ne doit pas uniquement évacuer une quantité d'énergie, il doit également prendre en compte la qualité des objets à travers lesquels réaliser sa satisfaction. Or il s'avère que les objets réels recèlent un impossible radical. La perte de l'objet à travers lequel la première expérience de satisfaction avait été réalisée, n'a fait que préluder à ce que l'enfant rencontrera de toute manière par après : la défaillance des objets réels. L'épreuve de réalité exige donc que le sujet qui souhaite renonce radicalement à quelque chose, eu égard à cette défaillance tout sauf circonstancielle. Le bienheureux passé mythique de la première satisfaction, qui le fait soi-disant carburer aujourd'hui, ne fait jamais qu'illustrer, en tant que passé définitivement révolu, les impossibilités de la réalité. Bref, souhaiter n'est pas se satisfaire. Et pour tenir le coup quand-même dans l'échange avec la réalité du monde extérieur malgré l'insatisfaction, beaucoup de travail psychique s'avère nécessaire. Ce travail consistera toujours à réduire le déplaisir, sans y arriver tout à fait, et à trouver du plaisir quand-même, comme on peut. Là où il y a souhait, il y a foncièrement de l'instabilité : une impossible régulation complète entre plaisir et déplaisir, des frustrations, des tensions emmagasinées par quelqu'un qui est exposé à la défaillance, par exemple à l'incomplétude de son être en tant qu'animal sexué.

Le souhait qui passe par la loi qui interdit certains objets sexuels, c'est une autre affaire encore. La régulation entre plaisir et déplaisir, de toute façon foncièrement impossible, devient alors codifiée : le plaisir peut être illicite – et non admis, transgressif au regard d'une société qui a fait sienne cet interdit. Chaque plaisir est susceptible d'être questionné quant à sa légitimité. Même le déplaisir peut être interrogé : est-il justifié ? Est-il permis ? Ou serait-il illicite ? Le défi n'est plus d'équilibrer le plaisir et le déplaisir comme on peut, eu égard au principe du (dé)plaisir et au principe de réalité, mais comme il faut, eu égard à une loi, entendons à un interdit qui prohibe certains objets : le défi est de chercher satisfaction et d'éviter l'insatisfaction comme cela est permis – par une société. Le travail psychique consiste maintenant non seulement à renoncer à la régulation complète, et à s'ingénier à trouver du plaisir quand-même, mais également à supporter l'ambivalence inhérente à des plaisirs et à des déplaisirs réglementés – conformément au code d'une société. Entrent alors en scène les névrosés, selon Freud tombés malades de n'avoir pas pu faire un sort satisfaisant à leurs pulsions sexuelles dans leur rapport aux autres.

Je dirais quant à moi, sans être obnubilé par la question de l'origine des névroses comme Freud, toujours généalogiste au sens commun du mot, que cette ambivalence, seulement exacerbée dans les diverses névroses, se manifeste à travers toute une série de phénomènes d'ordre éthico-moral. Ces phénomènes sont nouveaux, ils sont irréductibles aux seuls plaisir et déplaisir. On ne les retrouve pas au niveau de la régulation du plaisir et du déplaisir. Ils témoignent du franchissement d'un seuil culturel. Ils attestent la pression d'une capacité de la Norme implicite, qu'on ne retrouve pas chez les autres animaux. Citons, par exemple, la tentation de céder et la lutte contre toute concession, c'est-à-dire, puisqu'elles vont ensemble, la passion des extrêmes, où l'ambivalence devient contradiction. Cette passion est vécue par les uns comme épreuve morale de la faute, et en tant que telle elle est polarisée entre la méticulosité et la désinvolture (chez les compulsifs), entre la dérobade et la témérité (chez les phobiques). Cette passion est vécue par les autres comme épreuve morale de la perte, et en tant que telle elle est polarisée entre le démérite et la félicitation (chez certains hystériques), entre l'effondrement et l'acharnement (chez d'autres hystériques)[174]. Et j'ajouterai : cette passion des extrêmes peut se manifester au lieu du sexe, mais également ailleurs, notamment dans l'ordre de la dette. Revenons à Freud et poursuivons.

Le soupçon sexuel

Nous voilà donc face à un plaisir actuel qui n'est plus seulement un plaisir sommé de reproduire la situation de la première satisfaction. L'actuel

---

[174] J'espère pouvoir développer cette question en un volume ultérieur, en cours de route mais loin d'être terminé. Le lecteur intéressé pourra entretemps s'en reporter à Guyard J. et Guyard H., Approche clinique de la Norme. Un exemple de probation sans correction. L'hystérie en cause, in *Tétralogiques 9. Questions d'éthique. Anthropologie clinique*, p. 115-163 ; Guyard J. et Guyard H., Les troubles autolytiques. Quelques propositions pour comprendre l'obnubilation névrotique, in *Tétralogiques 11. Souffrance et Discours*, p. 73-114 ; Guyard H. et Leborgne R., Perdition et effondrement. Quelques éléments pour distinguer deux hystéries, in *Tétralogiques 11. Souffrance et Discours*, p. 173-154.

est également, potentiellement, toujours ressouvenir d'un plaisir sexuel souhaité, peut-être vécu, mais interdit, et donc ressouvenir du déplaisir de l'interdiction.

Il s'ensuit que tout plaisir, surtout lorsqu'il semble restreint par un je ne sais quoi qui l'empêche depuis l'intérieur du sujet, et que tout souhait détourné, prohibé depuis cet intimité encore, peuvent relever d'une interprétation sexuelle. Toute l'économie du plaisir, surtout celle du plaisir entravé, non pas par la défaillance de l'objet extérieur, mais par une censure intérieure qui fait écho à un interdit préalable, subit comme un assujettissement à la prétendue vérité du sexe – du moins en Occident[175], selon Foucault. Et il regrette qu'il en soit ainsi, il espère bien que cela change, que nous puissions non pas libérer une sexualité réprimée mais nous libérer du privilège de la sexualité comme lieu de vérité du sujet[176], et plus largement du pouvoir qui a depuis longtemps investi nos corps. Il espère que le plaisir puisse être vécu sans devoir être décrypté sexuellement.

Nul n'en était-là du temps de Freud. Et l'on peut se demander si nous en sommes déjà là aujourd'hui, même si plus d'un collègue, confronté à de nouveaux phénomènes cliniques, interroge la nécessité de concevoir une nouvelle économie psychique. Pour Freud, un soupçon sexuel pèse sur tout souhaiter, sur tout ce que les humains investissent affectivement, sur tout ce à quoi ils attachent une valeur psychique (ein psychischer Wert)[177]. Un humain réagit-il de manière inattendue et très émotionnelle à quelque chose

---

[175] Il est des sociétés selon Foucault où la vérité du sexe est produite de manière radicalement divergente, par le biais de l'initiation d'un maître, mais pas dans l'optique du pouvoir sur la vie, au contraire : ces sociétés se sont dotées d'une « ars erotica » dans la seule optique de l'intensification et du raffinement des plaisirs. Voir Foucault M., *Histoire de la sexualité*, p. 76-77 ; L'Occident et la vérité du sexe, in *Dits et écrits II. 1976-1988*, p. 104 ; et Les rapports du pouvoir passent à l'intérieur du corps, *ibidem*, p. 234.
[176] Foucault M., Non au sexe roi, *ibidem*, p. 256-262.
[177] Freud S., Die Traumdeutung, in *STA, Band II, Die Traumdeutung*, p. 187, p. 327.

qui laisse indifférents les autres gens ? Il est possible et même probable que sa réaction au fond trop intensive soit sexuellement motivée. Il se peut qu'il ait à faire au résultat actuel des destinées de ses pulsions sexuelles : un travail d'interprétation, basé sur un tout dire, sans censure, sans jugement, sans gêne, pourrait bien refaire en chemin inverse le parcours des premières représentations qui ont été les siennes, lourdement investies, et d'origine sexuelle. Un humain investit-il quelque chose de manière insistante, sans en démordre ? Y consacre-t-il toute son énergie ? L'aime-t-il beaucoup, cela lui plaît-il énormément ? Eh bien, sachez que de toute manière cela risque de ne pas être ce qu'il cherche vraiment : cela risque de n'être qu'un objet constitué par des détours, auxquels il a consenti faute de mieux, faute d'un plaisir sexuel interdit au nom de la société. Il est même possible que les choses qu'il n'aime pas du tout, en apprennent plus à son sujet que les choses qu'il n'évite pas : elles peuvent indiquer le chemin du souhait interdit, de celui qui l'a interdit, ou de celui qui n'a pas réussi à l'interdire.

L'autre scène, le conflit des volontés

Freud a plus d'une manière de dire que l'apparent, psychiquement parlant, n'est pas originaire, vrai, au-delà de tout soupçon. Il utilise parfois une métaphore théâtrale, qui est très éloquente. Je l'évoquerai ici. On la retrouve dans son œuvre maîtresse, la *Traumdeutung*. Ce sera aussi l'occasion d'introduire un autre concept psychologique, également utilisé par Freud, « die Wille », la volonté. Cette métaphore n'est pas sans rappeler le rôle des affects et des représentations en tant qu'ambassadeurs ou représentants psychiques des pulsions (psychische Repräsentanz, Triebrepräsentant)[178].

---

[178] Idem, Triebe und Triebschicksale, in *STA, Band III, Psychologie des Unbewussten*, p. 85; et Die Verdrängung, *ibidem*, p. 109-111.

Aussi obvie que notre vouloir puisse paraître, nous dit Freud, il n'est pas garanti que sa représentation manifeste en épuise le sens : le décor patent permettant de mettre en scène ce vouloir, même théâtralement, comme en cas d'hystérie, pourrait bien être le décor qui cache les coulisses où se joue un autre drame, le véritable drame, ou à tout le moins un drame aussi véritable. Il se pourrait bien que ce vouloir soit déterminé sur une autre scène, dont le sujet n'a aucune idée. Il se peut que le véritable motif de se aversions et de ses penchants se situe en un « autre lieu de spectacle » : (ein anderer Schauplatz), selon l'expression de Theodor Fechner, reprise par Freud[179].

Toute volonté (die Wille) cache peut être une contrevolonté (ein Widerwillen, ein Gegenwille), écrit encore Freud. La satisfaction concrète que le sujet se permet, est peut-être, à l'instar de la satisfaction réalisée par le rêve, le résultat d'un compromis, le résultat d'un conflit entre volontés (ein Willenskonflikt) [180] : chacune de ces volontés opère sur une scène distincte, l'une manifeste, l'autre latente, la seconde étant peut-être bien sexuelle, œdipienne plus exactement.

La guerre sans sexe

Freud a-t-il raison ? Ou serait-il plutôt l'enfant de son temps ? L'époque qui l'a vu naître est-elle en passe de disparaître ? Je me contenterai d'un constat clinique, le mien. Il est des analysants dont les heurs et malheurs sont vraisemblablement déterminés par une problématique sexuelle : renoncements, fixations, régressions, occasions ratées, angoisses, expériences traumatiques, blocages tout court, fantasmes, détournements, répétitions, tout cela renvoie quelque part au sexe interdit, refoulé. Il en est d'autres où l'enjeu n'est pas celui-là, selon moi : il ne servirait à rien de chercher à tout

---

[179] Idem, Die Traumdeutung, in *STA, Band II, Die Traumdeutung*, p. 72 et 512.
[180] Idem, *ibidem*, p. 174-5 ; p. 251 ; et p. 333.

prix d'orienter l'interprétation dans cette direction-là. Ce serait un forçage, sans bénéfice.

Exemple : un homme d'une quarantaine d'années vient me voir, moi plutôt qu'un autre, parce que nous sommes à l'étranger, et qu'il peut me parler en sa propre langue qui est aussi la mienne. Son médecin de famille a diagnostiqué qu'il souffre d'un « burn out ». Le médecin a certainement raison et son diagnostic est socialement utile, dans le contexte professionnel de cet homme. Ce dernier est à l'arrêt pour au moins deux à trois mois : congé de maladie, pas question de travailler. À bien y regarder, le tableau clinique n'est pas sans rappeler les névroses actuelles que Freud décrit à sa manière – et qu'il explique à partir d'une problématique sexuelle. Il y a l'épuisement, les attaques de panique, l'irritation, le stress que ce monsieur n'arrive plus à gérer, les symptômes physiques d'ordre divers et assez diffus (tremblements parfois, problèmes intestinaux, infections virales anodines mais répétées depuis deux, trois ans …). Il y a aussi l'impuissance déprimée d'éprouver encore du plaisir ou d'entreprendre quoi que ce soit, le repli sur soi, l'arrêt des activités en plein air, du sport. Il y a aussi beaucoup d'incertitude quant à ses capacités d'assumer encore ses responsabilités, envers les enfants, encore jeunes, envers l'épouse qui s'est récemment installée comme indépendante, envers les clients et les collègues de l'entreprise où il travaille. Il se demande s'il est un perdant. Petit à petit un processus de deuil démarre, notamment par la confrontation au déni, celui d'avoir cru malgré toutes les évidences contraires qu'il est responsable de ce qui se passe dans la boîte où il travaille, et d'avoir pensé qu'il lui revient d'y faire quelque chose, comme s'il était capable d'y faire quelque chose. Puis, vient la possibilité d'imaginer qu'il puisse lâcher quelque chose, naît donc l'exploration par la pensée à l'essai d'éventuels actes à poser pour répondre autrement à la situation catastrophique qu'il vit.

Il est certainement possible d'interroger son attitude du moment au regard de son histoire, d'entrevoir dans sa manière actuelle de s'engager au travail, comme s'il voulait à tout prix se prouver quelque chose à lui-même et à d'autres, l'écho d'une problématique beaucoup plus ancienne. Et je pourrais explorer les péripéties œdipiennes de son enfance et de sa jeunesse comme un archéologue de l'âme. Sans doute la névrose actuelle en cache-t-elle une autre, psychonévrotique, de défense, qui s'enracine dans l'enfance.

Mais lui rendrai-je un service, surtout en un premier temps, de l'interroger en ce sens, comme si le poids écrasant de la situation ne relevait que de sa manière de s'installer dans son métier ? Est-ce réaliste de commencer par questionner, au nom de l'éthique de la psychanalyse, son positionnement subjectif, en ignorant les facteurs extérieurs de la situation actuelle dans laquelle il s'est retrouvé ? La réalité qu'il vit est on ne peut plus défaillante. Et la « Versagung » qu'il souffre au travail n'est nullement sexuelle : il sort d'une zone de combat. En principe, il aime le travail qu'il fait, et il est qualifié pour le faire. Mais pendant des années, sans trop s'en rendre compte, jusqu'à ce qu'il était déjà trop tard et que son corps ne l'arrête de force et ne l'interpelle, il a travaillé dans un secteur hyper-compétitif, meurtrier, où les diverses compagnies se livrent une guerre économique impitoyable. La réalité, ça existe, non en soi, mais selon diverses modalités. Et une des modalités de la réalité pour cet homme est en effet son environnement économique néolibéral, auquel le psychanalyste ne changera rien dans son cabinet.

Il est utile à mon sens de faire comprendre à cet homme que le « burn out » qu'il subit, n'est pas étranger à sa situation de travail. Ne pas lui dire très explicitement qu'une guerre économique sévit, qu'elle le dépasse de tout côté, qu'il y a tant d'impondérables sur lesquels il n'a aucune prise, ce serait l'écraser pour rien, confirmer son sens de la responsabilité déjà pesant, entériner son impression d'être un perdant. Pourquoi reproduire en transfert ce qui est déjà là, au lieu d'ouvrir d'autres portes, par exemple celle de changer sinon de métier du moins d'employeur, quitte à interroger plus tard, lorsqu'il en sera capable, sa propre part dans l'affaire ? Parler dans ce contexte de castration, c'est parler bien métaphoriquement, et se tromper de registre. Postuler sans plus que le sujet doit inscrire le manque symboliquement, c'est faire comme si la réalité n'avait d'autre existence que psychique. Franchement !

Il faut oser prendre position dans le débat de société, même dans son cabinet. Je suis psychanalyste, mais je ne suis pas que cela. Et je sais bien que je ne changerai pas cette belligérance globalisée. Seulement, je sais aussi que des études comparatives ont été effectuées après des vagues de licenciement : certains chômeurs avaient pu consulter un psy, d'autres non. Ce sont les premiers qui ne s'en sortaient pas bien du tout après quelque temps, convaincus comme ils l'étaient, que leur situation au fond n'était due qu'à eux-mêmes … Les autres en revanche étaient beaucoup plus combatifs, et en meilleure santé psychique.

Et donc …

Je lis Freud par plaisir, je l'examine, je l'enseigne, je l'écris avec plaisir, parfois avec déplaisir. Y a-t-il une autre scène à découvrir, où se situerait mon vrai motif ? Celui-ci serait-il, tout compte fait, sexuel quand-même ? J'ai mes doutes. J'en aurais déjà moins si l'on parlait de motifs œdipiens, à condition de ne pas réduire l'imbroglio œdipien à une affaire de sexe, et le père ou la mère à des rivaux en amour, c'est-à-dire à ceux qui font obstacle à la possession sexuelle de l'autre parent. Ce père et cette mère peuvent être des concurrents sexuels, mais ce qui en fait un père et une mère, n'est pas cela : ils le sont au nom d'une responsabilité dont ils s'acquittent dans un rapport de tutelle. Et cette tutelle se retrouve également dans beaucoup d'autres rapports sociaux qui ne relèvent en tant que telles nullement de la vie sexuelle, par exemple dans le rapport entre un directeur de prison et un condamné, entre un professeur et un étudiant, entre un médecin et un patient.

Prendra-t-on ce que j'écris, ce que je communique à autrui, auditeur ou lecteur, comme œuvre de culture réalisée aux frais des pulsions sexuelles ? Le travail presté pour produire tous ces écrits n'est pas mince, il y passe beaucoup d'énergie, que je n'investis pas ailleurs. Mais ira-t-on jusqu'à dire que ce n'est jamais qu'un évitement de déplaisir rapportable à la vie sexuelle, une manière utile de me débarrasser des tensions sexuelles à réprimer, la conséquence civilisée, détournée, de l'interdit de l'inceste ?

Les vertus des distinguos conceptuels

Par ailleurs, s'il avait encore été là, j'aurais pu demander à Freud ceci : mais dites-moi, cher Docteur, qu'entendez-vous au juste par « la loi », qu'est-ce que c'est pour vous, « le pouvoir » ? Le pouvoir passe chez Freud par la loi, mais une loi qui interdit et qui agrée : elle réprime mais pas sans prime, elle signifie « non, ce n'est pas permis, mais allez donc voir ailleurs, cela vaut la peine ». Elle départage la sexualité permise et la sexualité interdite. Pour Freud toute société semble caractérisée et même fondée sur le partage de cet interdit de l'inceste, qui rend possible parce que licite la vie sexuelle en dehors de la famille d'origine. Freud, spécialiste des plaisirs, surtout de ceux d'il était une fois, auxquels il a fallu renoncer, notamment suite à un interdit déplaisant, a du pouvoir au fond une idée très juridique[181] : le pouvoir est pour lui ce qui interdit et permet. En outre, Freud attribue ce pouvoir surtout à un patriarche, le père qui est comme un suzerain, du moins dans sa famille. C'est le père de la horde primitive, dans *Totem und Tabu*, rival et monopoliste à la fois, qui interdit à ses fils la jouissance sexuelle des femmes. Ceux-ci se rebellent et tuent le père. Ils se libèrent du despote, mais ils s'en retrouvent coupables : ils font la paix entre eux, et, chose paradoxale, ils s'interdisent de céder à la tentation coupable de prendre toutes les femmes, ils n'en prennent que certaines. Les fils pratiquent donc l'obéissance après-coup à l'interdit du père (nachträglicher Gehorsam)[182], comme le dit Freud. Et cette obéissance, fondatrice d'une vie en société pacifique selon Freud, est possible parce que le père est travesti et totémisé. Les fils

---

[181] Foucault M., Les rapports du pouvoir passent à l'intérieur du corps, in *Dits et écrits II. 1976-1988*, p. 228 (le pouvoir qui interdit), p. 234 (le pouvoir qui réprime le sexe) ; Entretien avec Michel Foucault, *ibidem*, p. 148-153 (modifications du pouvoir, et des théories du pouvoir) ; *Histoire de la sexualité I. La Volonté de savoir*, p. 109-113.

[182] Freud S., Totem und Tabu. Einige Übereinstimmungen im Seelenleben der Wilden und der Neurotiker, in *STA, Band IX, Fragen der Gesellschaft. Ursprünge der Religion*, p. 427.

s'interdisent d'ailleurs plus que le seul rapport sexuel incestueux : ils s'abs-
tiennent également du meurtre de l'animal totémique.

Que la culpabilité soit associée à l'interdit, comme la tentation de
céder à ses souhaits est associée à toute abstinence, est une chose. Mais que
le pouvoir soit pouvoir d'interdire et de permettre, qu'il se partage par culpabilité, que la loi se fonde sur le droit qui discrimine prohibition et habilitation, cela me semble intenable, car on partage socialement beaucoup de
choses possibles, et pas uniquement des interdits et des permis. Je vois mal
comment le seul interdit de l'inceste pourrait expliquer nombre de phénomènes sociaux, par exemple la ligue des champions, la création d'une association sans but lucratif ou le rapport entre un patron et son ouvrier. Je vois
mal comment un cours de lectures freudiennes, ou un contrat de publication
entre l'auteur que je suis et un éventuel éditeur-distributeur pourraient être
expliqués comme le résultat d'un interdit, et qui plus est sexuel. La loi institue, elle fait exister ce qui est soi et ce qui ne l'est pas, ce qui est pour soi et
ce qui ne l'est pas, plus qu'elle n'interdit. Elle institue notamment un pouvoir
qui est, par définition, implicitement distribué : elle donne lieu à des conflits,
et elle contraint à la résolution des conflits, jusque dans les moindres actes
de la vie quotidienne. Qu'un plaisir soit licite ou non, c'est une autre affaire,
ce qui n'empêche pas 1. que le plaisir puisse être objet de conflit, partagé ou
pris à autrui ; et 2. que le pouvoir puisse chercher à se légitimer ou non.

Chapitre 5

Le narcissisme :

Amour-propre et autosuffisance

Qui est Freud, qu'est-ce qu'un freudien ?

Prendre plaisir en investissant l'œuvre de Freud, c'est prendre plaisir en investissant un objet, mais pas n'importe lequel, car Freud lui-même est un sujet, un « Ich ». Il peut pour cette raison servir de repère identificatoire : le sujet qui prend plaisir à lire Freud, peut prendre plaisir à s'identifier à Freud – mais à quel Freud ?

Qu'est-ce qu'un freudien, en quoi modèle-t-il son identité sur Freud ? La réponse spontanée, qui serait donnée par à peu près tout le monde qui s'y connaît quelque peu, est sans doute celle-ci : un freudien est un psychanalyste formé par Freud, ou depuis la mort de celui-ci par la fréquentation de l'œuvre de Freud, c'est quelqu'un qui pense et travaille à l'instar de Freud. Il est dit freudien pour le distinguer des autres psychanalystes, jungiens par exemple ou lacaniens, kleiniens et cetera. Et tous ensembles, ils n'ont sans doute pas grand-chose en commun avec les psychothérapeutes comportementalistes. On devrait d'ailleurs préciser que Freud, qui sert de maître à penser et d'exemple à suivre dans la pratique du psychanalyste freudien, a également été un médecin, pour des patients. Et un collègue, même par rapport à des psychanalystes laïques, donc un psychanalyste sans parti-pris à l'encontre de ceux qui n'étaient pas médecin comme lui.

La réponse ainsi donnée, spontanée, est juste. Freud lui-même aurait pu la donner. Et pourtant, en un sens elle n'est pas très freudienne, je crois. Elle est en tout cas incomplète : elle ne parle que d'un résultat, pas de ce qui le rend possible. Elle fait abstraction du développement que Freud aurait présupposé comme condition nécessaire à l'avènement de son activité psychanalytique – activité qu'il aurait très certainement située à l'époque de la vision du monde scientifique, au-delà d'une époque animiste, au-delà d'une phase religieuse de l'humanité[183]. Ce développement est essentiel pour

---

[183] Pour une esquisse freudienne de l'évolution de l'humanité, voir Freud S., Totem und Tabu, in *STA, Band IX, Fragen der Gesellschaft und der Religion*, p. 376-377.

Freud, mais il est à peine indiqué dans la réponse, par la référence à la « formation » du psychanalyste.

Freud aurait pris la recherche théorique, le travail d'écriture, et la pratique du psychanalyste pour des œuvres de culture. Il y aurait vu le bénéfice du renoncement exigé par la société de la part du « Ich », sommé de se développer. Freud, autrement dit, n'est pas qu'un médecin psychanalyste. Conformément à ses propres dires, il est un être animé par des pulsions sexuelles. Et il il a dû faire un sort favorable à ces pulsions-là, les pulsions sexuelles, afin de pouvoir commencer à se former à la vie, dès la phase de latence et par-delà la résurgence de la problématique sexuelle à la puberté. S'il n'avait pas réussi à résoudre la question sexuelle de quelque manière que ce soit, il n'aurait pas pu exercer le métier du psychanalyste, ni écrire des textes psychanalytiques, ni gagner sa vie en prestant pour autrui un service qui lui permettait du même coup de se sauvegarder lui-même, c'est-à-dire de satisfaire ses pulsions d'autoconservation.

Nul psychanalyste, bien évidemment, ne serait choqué par le constat que Freud a été un être qui a eu la charge de faire un sort à ses pulsions sexuelles. Et nul psychanalyste ne démentirait qu'il est lui-même confronté à une problématique sexuelle. Mais il reste surprenant que la réponse à la question : « Qu'est-ce qu'un freudien ? », renverrait plus que probablement uniquement à ce que Freud aurait appelé le travail de culture, un travail qui présuppose en fait selon lui l'évacuation de la problématique sexuelle. Tout freudien est un psychanalyste. Mais il est tout autant autre chose, à savoir : un être humain à la manière de l'individu Freud lui-même, un être principalement masculin, féminin peut-être par quelque côté ; un homme qui construit sa masculinité à la manière décrite par Freud en général. Ou alors une femme qui construit sa féminité à la manière décrite par Freud en général. Essayons d'y voir plus clair, essayons de penser comme Freud.

La vie sexuelle en société par renoncement à la sexualité infantile

Selon Freud, le nourrisson vit dans une dépendance radicale (Abhängigkeit) à l'égard d'une autre personne. Il se retrouve dans un état de détresse (Hilflosigkeit)[184]. Il est longtemps « hilflos », incapable de s'aider lui-même, sans ressources motrices ni psychiques. Et il a besoin d'une aide (Hilfe) autant pour évacuer les tensions qu'il sent que pour survivre. Cette aide est apportée par une personne qui n'est pas radicalement dépendante elle-même, et qui serait même plutôt omnipuissante par rapport au nourrisson, la mère en particulier, ou une autre figure protectrice et soignante.

La mère ne fait cependant pas qu'apaiser le besoin d'un être dépendant. Elle satisfait également les pulsions sexuelles, dit Freud. Ses caresses sont agréables, et la chaleur de son corps, intime. Elle est le premier objet sexuel[185] d'un enfant qui découvre au sein maternel le plaisir de sucer. Mais ce plaisir érotique ne dure pas. Cette mère n'est pas présente inconditionnellement, elle peut s'absenter et réapparaître. La satisfaction charnelle qu'elle offre, peut être accompagnée par des paroles, plus chantées qu'intelligibles par exemple. Mais il peut arriver tout autant qu'elle se taise, se fâche et se désintéresse du nourrisson, qu'elle lui refuse le plaisir de son corps.

Pourquoi s'absente-telle ? Pourquoi met-elle fin à l'appétit sexuel du petit enfant ? Parce qu'elle résiste au rapport incestueux. Parce qu'elle investit un autre objet sexuel. Selon Freud, le monde de la réalité extérieure fait irruption pour le nourrisson en la personne du père œdipien : tiers, ce dernier motive l'absence intermittente de la mère, l'objet d'investissement premier des pulsions sexuelles du nourrisson dès qu'elles sont orientées vers quelqu'un d'autre que ce nourrisson lui-même. Ce père, si la mère l'appuie en ce sens, rendrait impossible la fusion incestueusement satisfaisante du

---

[184] Voir par exemple Freud S., Triebe und Triebschicksale, in *STA, Band III, Psychologie des Unbewussten*, p. 82, p. 97[1]; et Das Ich und das Es, *ibidem*, p. 302, p. 315.
[185] Idem, Drei Abhandlungen, in *STA, Band V, Sexualleben*, p. 126-128 ; Zur Einführung des Narzissmus, *STA, Band III, Psychologie des Unbewussten*, p. 54.

petit enfant et de cette mère. Il pousserait l'enfant à se développer sexuellement par renoncement à une sexualité infantile (incestueuse, narcissique et auto-érotique).

Ce père, rival de l'enfant qu'il menace réellement ou imaginairement de castration, réorienterait les aspirations sexuelles de l'enfant ailleurs, en dehors de la famille, vers la société, là où l'enfant ne court plus le risque d'être castré par ce père, là où le rapport à l'autre arrête d'être incestueux.

Encore faut-il que ce rapport à l'autre ait été institué ! Il est donc nécessaire que l'enfant s'oriente sexuellement vers un autre être sans se confiner dans un rapport narcissique à lui-même. Et plus radicalement encore, il est nécessaire que son corps propre ait été composé en son entièreté, qu'il puisse être narcissiquement investi, sans que l'enfant ne se perde dans une activité auto-érotique qui serait exclusivement attachée à des bouts de corps éclatés. Je n'essaierai pas d'expliquer les tenants et aboutissants de ces opérations diverses, selon Freud plus élémentaires, plus originaires que la problématique œdipienne, et qu'il explore non plus à travers l'étude des névroses, mais à travers celle des psychoses[186]. Ce qui m'intéresse dans les pages qui suivent est la question du dépassement du narcissisme, du renoncement au plaisir exclusivement narcissique. Investir de l'objet sexuellement, présuppose en effet pour Freud d'avoir quelque part désinvesti sa personne propre (die eigene Person), qui selon lui monopolise, au départ du développement individuel (zu Beginn der individuellen Entwicklung), dans la phase du narcissisme, toute aspiration érotique, toute capacité d'amour (alles erotische Streben, alle Liebesfähigkeit)[187].

---

[186] Freud s'y est essayé, notamment dans un dialogue avec Karl Abraham, qui avait en 1908 caractérisé la démence précoce par le retour du patient à l'auto-érotisme. Lacan s'y essaiera, avec l'hypothèse du stade du miroir.
[187] Freud S., Eine Schwierigkeit der Psychoanalyse, in *Abriss der Psychoanalyse. Einführende Darstellungen*, p. 189. Comparez, Zur Einführung des Narzismuss, in *STA, Band III, Psychologie des Unbewussten*, p. 43.

Le travail de culture aux frais de la sexualité sans plus

Par ailleurs, le développement de l'enfant n'est pas que sexuel, ni le rôle du père limité à pousser l'enfant à chercher à se satisfaire sexuellement en dehors de la famille. Le père, dans la mesure où le travail de culture est l'affaire des hommes, inviterait ou contraindrait en outre l'enfant au travail de culture (die Kulturarbeit) [188]. Et ce travail s'effectuerait aux frais de la sexualité (auf Kosten der Sexualität)[189] : non seulement aux frais d'une sexualité incestueuse, voire centrée sur sa propre personne, purement narcissique, ou même encore auto-érotique, animée par des pulsions partielles, mais aussi aux frais d'une sexualité centrée sur quelqu'un d'autre, allocentrique, objectale, en société. Le père, au meilleur des cas, incarnerait l'appel à l'œuvre de culture, réalisable par désexualisation des pulsions sexuelles : la libido serait alors investie dans des objets pour obtenir un plaisir qui n'est plus sexuel, mais un Ersatz, sublime peut-être.

----

[188] Idem, Die Zukunft einer Illusion, in *STA, Band IX, Fragen der Gesellschaft, Ursprünge der Religion*, p. 169 ; Das Unbehagen in der Kultur, *ibidem*, p. 233.
Freud ne dit pas littéralement que le père invite l'enfant au travail de culture, mais cela est implicitement sous-entendu, puisqu'il affirme dans *Das Unbehagen der Kultur* que le travail de culture est devenu l'affaire des hommes surtout, de plus en plus (die Kultuarbeit ist immer mehr Sache der Männer geworden). Il sera d'ailleurs critiqué sur ce point, justement il me semble. Pour faire face à cette critique, il faut au moins faire la part entre un principe de paternité et l'individu qui l'exerce, qui n'est pas nécessairement un homme. Et peut-être faut-il en définitive nommer ce principe de paternité autrement, et préférer par exemple la formule « principe de responsabilité ». L'enjeu est de rendre intelligible une rupture, qui fait d'un animal géniteur, un humain, c'est-à-dire d'un être de nature, un être qui se dénature mais sans arrêter de vivre dans l'ordre naturel : le père, traditionnellement, est père symboliquement, alors que la mère, parfaitement capable de responsabilité, est mère biologique par accouchement : mater semper certa.
[189] Idem, *Abriss der Psychoanalyse*, p. 97.

Amour propre (Eigenliebe) et amour objectal (Objektliebe)

L'évolution individuelle ainsi décrite n'est cependant pas aussi simple : les choses ne se passent pas comme si l'individu humain passait d'une étape à la suivante, définitivement, irréversiblement et sans reste. L'enfant survit dans l'adulte. Aussi, l'investissement des objets sexuels autres n'exclut nullement que perdure le narcissisme, ni la création d'une œuvre de culture que survive la sexualité, auto-érotique, narcissique et allocentrique.

D'un point de vue économique, la libido n'est jamais qu'une énergie qui circule : divisible mais limitée en quantité, cette énergie, lorsqu'elle est investie ici, ne peut pas l'être en même temps là. Et puisque Freud estime que le développement implique la précédence du narcissisme au rapport objectal, il s'ensuit que le « Ich »[190] est selon lui le grand réservoir de la libido, à partir duquel la libido peut être envoyée vers les objets à investir. Mais cette énergie, objectalement investie, peut également être retirée des objets par le « Ich » et réinvestie en sa propre personne[191]. Aussi Freud tiendra-t-il,

---

[190] Le sens donné au vocable « Ich » dans ce contexte n'est pas habituel : il ne s'agit pas d'une instance psychique parmi d'autres, mais d'un « Ich » hypothétique, d'avant la différenciation de l'appareil psychiques en diverses instances.
Remarque : après Freud, d'autres psychanalystes, Mélanie Klein notamment, contrediront cette hypothèse freudienne. Ils conjecturent que des relations objectales existent d'emblée chez le nourrisson. Ils ne parleront donc plus de stade narcissique, mais d'états narcissiques, définis par l'investissement de la libido sur des objets intériorisés.
[191] Freud S., Drei Abhandlungen, in *STA, Band V, Sexualleben*, p. 122; *Abriss der Psychoanalyse*, p. 47.

en parlant de libido du « Ich » et de libido d'objet, que « plus l'une consomme, plus l'autre appauvrit » (je mehr die eine verbraucht, desto mehr verarmt die andere)[192].

L'énergie libidinale investit donc l'objet autant que le sujet : elle est à la fois objectale et narcissique (Objektlibido ; narzistische Libido, Ichlibido)[193]. Et les quantités d'énergie investies tantôt objectalement tantôt narcissiquement, varient : l'énergie circule d'un pôle à l'autre, dans un va-et-vient. Mais surtout : le narcissisme n'est pas à prendre pour une phase du développement personnel, il est « une stase permanente de la libido qu'aucun investissement d'objet ne permet de dépasser complètement »[194]. Pour dire cela plus banalement : le sujet peut s'aimer tout en aimant quelqu'un d'autre, il a même besoin de s'aimer pour oser s'exposer à un autre qui l'attire, sans risquer de s'effondrer si cet autre ne répond pas à son amour. Et l'amour qu'il donne en investissant un autre que lui-même, peut lui être rendu et raffermir son amour-propre, alors qu'il a pourtant dû, en un premier temps, désinvestir sa propre personne pour s'orienter vers l'autre sexuellement ... Il se peut aussi qu'il investisse surtout l'autre pour combler un vide chez soi, et trouver l'amour qu'il ne peut se donner à lui-même.

---

[192] Idem, Zur Einführung des Narzissmus, in *STA, Band III, Psychologie des Unbewussten*, p. 43.
[193] Idem*, Abriss der Psychoanalyse*, p. 47.
[194] Laplanche J. et Pontalis J.-B., Narcissisme, in *Vocabulaire de la Psychanalyse*, p. 262. Une manière alternative de dire la même chose consiste à tenir que les investissements d'objets ne suivent pas l'investissement du « Ich », mais existent d'emblée, chez le nourrisson.

La culture érotique

Tout cela étant, il me semble que le même raisonnement peut être tenu à l'égard de l'objet de culture, cet objet que le sujet investit en se désinvestissant, « aux frais de la sexualité ». Il va de soi que l'être de culture puisse par moments être sexuellement actif, sans s'occuper par exemple d'œuvres artistiques ou intellectuelles qui représentent l'aboutissement du travail de culture. Inversement, il semble également acquis que certaines personnes puissent effectuer le travail de culture sans qu'aucune énergie ne soit encore investie par eux dans la quête d'amour. Mais l'art d'aimer ne peut-il pas être un art, justement ? Et la poésie, érotique ? Et l'intellect, séduisant ? L'activité culturelle elle-même, s'il s'agit de l'investissement de l'œuvre de l'autre ou de la création d'une œuvre propre destinée à l'autre, peut satisfaire le sujet en tant qu'être sexuellement différencié. Elle peut elle-même avoir le statut d'un attribut sexuel, masculin ou féminin. Et elle peut en tant que tel exercer un attrait érotique, et plaire sexuellement à soi-même comme à l'autre sexuel. Elle peut conforter l'amour propre en renforçant une identité sexuelle plaisante à soi-même et solliciter l'amour d'un autre à qui cette identité plairait au point qu'il veuille bien aimer à son tour. Bref, le travail de culture n'est pas simplement au-delà de la sexualité : le fait qu'il s'effectue selon Freud aux frais de la sexualité, n'implique pas qu'il ne puisse pas l'inclure. Il peut la rendre plus sophistiquée, il peut l'intensifier, il peut valoriser les sexes.

Et il suffit que le « Ich » qui fait œuvre de culture, s'expose à l'autre pour qu'il s'en rende compte, par défaillance notamment.

Son amour-propre peut en effet être ébréché par l'amour que l'autre retient et ne lui accorde pas : si cet autre ne s'intéresse nullement à l'œuvre de culture, si l'œuvre de culture n'a rien d'érotique pour cet autre, le risque est grand que le sujet ne puisse pas, comme il l'avait espéré, consciemment ou non, jouir du renvoi spéculaire de son image pourtant aimable à lui-même. Il est alors amoureux de lui-même, en se cultivant, mais l'autre ne n'est pas amoureux de lui. Cet autre casse l'image projetée par le sujet lui-même, tant et si bien que celui-ci arrête peut-être de s'aimer. Cet autre altère le « Ich ». Et il le contraint peut-être à forger son identité sexuelle sur d'autres bases, sans quoi il risque de ne pas plaire.

Quoiqu'il en soit du (dé)plaisir que l'autre manifeste à l'égard de la construction de l'identité sexuelle du sujet, et quoi qu'il en soit du (dé)plaisir que ce sujet éprouve à l'égard du (dé)plaisir de cet autre, le travail de culture peut en toute logique freudienne (dis)satisfaire à la fois la quête amoureuse de l'objet (die Objektliebe) et l'amour propre (die Eigenliebe)[195], sans s'y réduire.

La vie en société par renoncement à la dépendance

Mais est-ce tout dire ? Le sujet est-il nécessairement un amoureux passionné ou tendre des objets qui sont des sujets, chaque fois qu'il désinvestit sa propre personne pour se réorienter vers le monde des humains ? Ces autres ne l'intéressent-ils que pour autant qu'ils satisfassent sa libido, directement ou par désexualisation ? Et le sujet lui-même est-il nécessairement un amoureux de sa propre personne, lorsqu'il ne réoriente pas son énergie vers le monde des objets ? Oh que nenni ! Certes, dans la légende antique Narcisse est amoureux de sa propre image, bien fugace d'ailleurs puisqu'elle ne survit même pas au frôlement d'un souffle. Mais il me semble que l'usage du mot « narcissisme », tant courant que clinique, n'est pas épuisé par la seule question de l'amour-propre.

Rebroussons chemin. Freud explique à sa façon ce que l'advenue de l'humanité en chacun de nous exige : il n'y a pas de vie sexuelle en société sans dépassement d'une sexualité infantile (incestueuse, narcissique et auto-

---

[195] Freud S., Eine Schwierigkeit der Psychoanalyse, in *Abriss der Psychoanalyse. Einführende Darstellungen*, p. 189.

érotique), ni d'œuvre de culture sans désexualisation. Mais Freud dit également autre chose, à savoir que le nourrisson vit au départ dans une radicale dépendance. Or, celle-ci ne dure pas.

La mère n'est pas complètement au service du nourrisson, elle ne reste pas à son service comme si elle voulait demeurer omnipuissante – c'est en tout cas ce que l'on doit espérer, et ce qui d'habitude se constate. Elle peut en principe pousser l'enfant à l'indépendance. L'enfant quant à lui, poussé par des pulsions d'autoconservation, peut en principe apprendre à satisfaire ses grands besoins vitaux et s'affranchir d'elle pour se sauvegarder lui-même sans l'aide d'une figure protectrice omnipuissante, en se trouvant sa place dans la société, au-delà de la famille. Et le père, idéalement, réorienterait cet enfant vers l'extérieur de la famille, en société, là où l'enfant doit vivre sa vie avec des nouveaux venus.

On pourrait donc également dire, dans un esprit parfaitement freudien, qu'il n'y a pas de vie en société sans renoncement à la dépendance absolue à une figure protectrice.

Autosuffisance et com-plaisance

Il faut toutefois aussitôt rajouter qu'il n'y a pas davantage de vie en société si chacun se contente de sa propre indépendance absolue. Freud, je crois, n'aurait pas contredit que l'humain doit renoncer au plaisir du pouvoir total, égocentrique, qui ne peut être que meurtrier s'il s'exerce sans être partagé.

Parler d'amour-propre seulement, lorsqu'il est question de narcissisme, c'est encore et toujours présupposer le rôle prépondérant sinon exclusif de la sexualité dans les avatars des pulsions en général, dans l'avènement des sociétés, dans le travail de culture – et surtout dans l'éruption des maladies mentales.

L'investissement de l'objet qui est un sujet, par un « Ich » en quête de satisfaction, ne s'arrête pas aux avatars des pulsions sexuelles. Le sujet peut en toute logique freudienne également détruire les objets, il peut les prendre en main, il peut exercer à leur égard son emprise, il peut les incorporer et les digérer, métaphoriquement. Le travail de culture, nécessaire par exemple à la formation de celui qui prétend exercer un métier pour autrui, implique ainsi une deuxième sorte de va-et-vient entre le pôle de l'objet et le pôle du sujet : il implique que le sujet passe par l'œuvre d'autrui. Et ce passage a le mérite de permettre de se passer d'autrui, plus ou moins. Nul individu capable de rendre des services n'apprend son métier seul : les compétences d'autrui sont indispensables à son éducation, que cela lui plaise ou non. Il doit s'en imprégner. Et il peut ensuite s'en approprier à sa propre manière et ainsi instituer ses propres compétences envers autrui. Tout cela n'est pas désagréable. « Traduire » l'œuvre de Freud par exemple, par soi-même, en construire sa propre version, c'est acquérir une maîtrise[196] qui n'est pas sans satisfaire : c'est se donner à soi-même de quoi prendre sa part du pouvoir, celui de l'enseignant dans le champ du savoir notamment, ou celui du praticien par rapport aux autres praticiens, ou celui d'un modèle en concurrence avec d'autres modèles. Investir l'œuvre d'autrui en l'étudiant à fond soi-même établit une certaine indépendance du « Ich », aux frais d'une force immédiatement exercée sur sa personne : une autonomie par rapport à des savoirs qu'il a jusqu'alors passivement subis ; par rapport à des pratiques

---

[196] La maîtrise du psychanalyste, il est vrai, est paradoxale : il ne commande pas, il agit plutôt à la façon du docte ignorant, qui s'oblige d'être patiemment attentif à la position qu'occupe l'analysant à son insu. Mais elle n'en reste pas moins un pouvoir : le psychanalyste peut être violent, même malgré lui ou par simple inadvertance. Et il peut provoquer des passages à l'acte, catastrophiques. Il a la responsabilité d'analyser le transfert de l'analysant sur sa personne. Et il doit travailler pour que l'autrui qu'est l'analysant, ne reste pas indéfiniment dépendant à sa personne. Last but not least, il se doit d'être attentif à ne pas fonctionner comme porte-parole bien-orthodoxe d'une société normalisatrice.

qu'il perpétue jusqu'alors sans recul personnel, pour en avoir été imbibé enfant ; et par rapport à des idéaux qui lui ont été imposés plutôt que proposés.

Il suffit encore une fois que le sujet s'expose à autrui pour qu'il se rende compte, à nouveau par défaillance, du fait que l'objet ne pourrait être un objet sexuellement appétissant uniquement, ni même un objet en lieu et place de l'objet sexuel, investi après désexualisation de la libido. Cette fois, quand le sujet s'aventure dans le monde, ce n'est plus son amour-propre (die Eigenliebe) qui est décontenancé par l'autre : c'est son autosuffisance, sa prétention à un pouvoir absolument affranchi (die Selbstherrlichkeit) qui est agressée par autrui. Et le fait que sa volonté de pouvoir arbitraire soit assaillie, n'est pas facilement supportable, pas davantage qu'une entame à son amour propre de la part de l'autre qui ne lui rend pas son amour.

Dès la première sortie du sujet dans le monde, lorsqu'il ne doit plus uniquement s'approprier une œuvre ou en créer une pour lui-même seulement, mais assumer une position dans l'échange, en discutant en son nom propre des savoirs, des pratiques et des idéaux à suivre, la contradiction par autrui, jusqu'alors savamment exploitée et maîtrisée sur papier, se radicalise en la personne en chair et en os d'un autrui concret. Elle s'avère impossible à éradiquer. L'argument que le sujet prend pour décisif n'est peut-être même pas entendu par cet autrui. Il se pourrait également que cet autrui organise un semblant de débat, qu'il écoute poliment les arguments, qu'il en reconnaisse gentiment la pertinence, pour ensuite souverainement ignorer tout ce que le sujet a pu dire et continuer à parler à sa manière habituelle comme si de rien n'était. Et de toute manière, en discutant, avec lui-même comme avec autrui, sur papier ou de vive voix, le « Ich » est confronté à ses propres ignorances, au besoin d'apprendre autre chose encore, à l'impossibilité de maîtriser tout ce qu'autrui maîtrise, et à l'incohérence de ses propres héritages ...

Le « Ich » que je suis, le « Ich » qu'est autrui, va-t-il alors, confronté comme il l'est à sa possible aliénation, à sa possible destitution, se replier sur soi ? Va-t-il camper sur ses positions, ou va-t-il au contraire se renouveler, sans refuser l'hétéronomie ? Va-t-il se retirer du monde ou va-t-il résolument cultiver la com-plaisance, et prendre plaisir dans l'obligation envers autrui ?

Faut-il d'ailleurs qu'il se renouvelle toujours, qu'il s'aliène constamment ? Est-ce possible ? Ne risque-t-il pas dans ce cas les affres d'une inconsistance totale, une grave maladie psychique ? N'a-t-il pas besoin de s'investir un tant soit peu de manière constante, en trouvant le juste milieu entre autosuffisance et com-plaisance, entre le (dé)plaisir de vivre pour soi et le (dé)plaisir de vivre pour autrui ?

Freud aurait sans doute répondu ceci : tant que la libido circule entre le « Ich » et les objets, sans « Versagung » insupportable, la santé psychique n'est pas en danger. Mais la question que j'aimerais poser, est celle-ci : s'agit-il encore, comme il le prétend, de libido, d'énergie pulsionnelle érotique en train de circuler entre le « Ich » et l'autre ? Je ne le crois pas. Ce qui circule, ce serait bien davantage une énergie potentiellement destructrice, le pouvoir d'un autrui sur soi, du soi sur un autrui. Thanatos.

Le narcissisme, en un mot, n'est pas le seul fait de celui qui aime sa propre personne (modérément ou excessivement), mais également le fait de celui qui se veut autarcique (un peu, beaucoup ou tout à fait). Le narcissisme qui tantôt facilite tantôt obstrue la rencontre amoureuse de l'autre, protège également contre la puissance d'autrui, et parfois trop. Il crée alors une illusion d'indépendance. Il conforte l'opinion que l'on a de ses propres pouvoirs. Il fait croire qu'il vaut mieux coïncider avec soi-même sans devoir quoi que ce soit à autrui. Ou il fait au contraire croire que tout autrui doit quelque chose ou même tout à l'individu que l'on est soi-même, un pour soi sans véritable autrui. Tout se passe alors comme si le monde était plus supportable pour celui qui ne doit rien à autrui, ou plus supportable si tous doivent tout à un seul individu. Or voilà, il se fait que nul ne peut être créditeur sans être débiteur, au moins partiellement : en acte, le pouvoir que le « Ich » croit avoir, se heurte à des contrepouvoirs, toujours et partout.

Freud aurait-il été d'accord avec ce dédoublement de la problématique narcissique ? Je n'en suis pas sûr, puisqu'il ne le fait pas explicitement. Il vectorise la plupart du temps la problématique du sujet sur son versant sexuel. Le lecteur attentif de l'œuvre de Freud constatera cependant ceci. Lorsque Freud évoque le développement de l'humanité que l'individu reproduirait, il définit précisément le narcissisme en termes de volonté du pouvoir autosuffisant. L'humanité qui vit au temps de Freud, à l'époque de la vision du monde scientifique, n'est plus narcissique : elle se résigne, prétend Freud, au lieu de croire à son omnipuissance, et au lieu de céder une part de son omnipuissance à des divinités qu'elle croit aussitôt pouvoir influencer. L'humanité est selon lui mature, parce qu'elle renonce à ses rêves d'omnipuissance, parce qu'elle accepte sa mortalité et parce qu'elle se soumet aux nécessités de la nature[197]. De même, s'il est vrai que Freud caractérise la problématique des psychoses narcissiques par le retrait de la libido sur le « Ich », il n'en reste pas moins qu'il parle également des psychoses en termes d'autosuffisance. le psychotique, écrit-il, est « selbstherrlich » : après avoir rejeté le monde réel, qui lui est insupportable, il crée un monde alternatif qui satisfait le « Es »[198]. Enfin, lorsque Freud évoque les blessures narcissiques que subit l'homme moderne, il ne parle pas que d'atteinte à l'amour propre, mais également d'entame au pouvoir de soi, sur soi[199].

---

[197] Freud S., Totem und Tabu, in *STA, Band IX, Fragen der Gesellschaft und der Religion*, p. 376-377.

[198] Idem, Neurose und Psychose, in *STA, Band III, Psychologie des Unbewussten*, p. 334-335

[199] Idem, Eine Schwierigkeit der Psychoanalyse, in *Abriss der Psychoanalyse. Einführende Darstellungen*, p. 193-194.

La double « Versagung »

Au total, Freud s'est assez peu intéressé à la question pure et simple du pouvoir, délestée de toute perspective sexuelle. Il est assez caractéristique que la problématique sado-masochique prenne chez lui une allure sexuelle, alors qu'elle est en premier lieu une affaire de pouvoir. La nécessité elle-même d'exercer le pouvoir, et l'impossibilité de trouver des réponses à son abus, me semblent pourtant l'une et l'autre au moins aussi pathogènes qu'une vie sexuelle qui se heurte à la « Versagung ». La défaillance n'est pas que sexuelle, elle est aussi mortelle.

Et donc …

Je travaille l'œuvre de Freud avec plaisir. L'image de quelqu'un qui explore Freud en profondeur en poursuivant patiemment un dialogue critique avec d'autres penseurs, dans le but de bâtir une œuvre soi-même, me plaît. Plaît-elle à d'autres individus, sexuellement ? Sans doute, et cela satisfait mon amour propre. Mais elle ne plaît pas à tous ni à toutes. Après tout, il y a des femmes et des hommes parfaitement indifférents à toute œuvre de culture, surtout intellectuelle. Il y en a que l'intellectualisme repousse. Ces personnes préfèrent par exemple un type baraqué, tombent pour un beau mec, choisissent un homme droit et honnête, ne veulent qu'un rigolo, ne l'aiment pas sauf s'il a une BMW, sont séduits par son tatouage, sont charmés par sa position sociale, le veulent pour son argent ou mille autres raisons. Et cetera.

Par ailleurs, le travail de culture, nécessaire à la formation du psychanalyste, implique une deuxième sorte de va-et-vient entre l'objet et le sujet : le psychanalyste doit passer par l'œuvre de Freud jusqu'à en mourir, mais cela lui rend possible de s'en passer en le laissant mourir, plus ou moins. Le psychanalyste à venir que j'ai été et que je suis toujours, n'a pas appris son métier seul : Freud et d'autres psychanalystes me sont indispensables si je veux continuer à penser et pratiquer comme psychanalyste. Mais « traduire » l'œuvre de Freud par moi-même, en construire ma propre version, établit une certaine indépendance de ma personne, plus ou moins compétente envers autrui. En pérégrinant dans l'œuvre de Freud, j'ai notamment bâti un savoir que j'aurais pu simplement rejeter, et qui a longtemps été en attente d'être approprié par moi-même, seulement transmis par autrui, par mon père notamment, psychiatre, psychanalyste et prof, et par d'autres pères, purement symboliques. Parmi ceux-ci, il y a bien évidemment Freud, qui a été psychanalyste, et médecin. Et Gagnepain, qui n'a été ni l'un ni l'autre, mais un épistémologue cliniquement averti.

Tout ce travail, plein d'abstinences et de réjouissances, n'a pas été une sinécure. Mais le danger gît aujourd'hui ailleurs que dans l'appropriation d'une dette contractée depuis l'enfance et pendant l'adolescence, chez des maîtres à penser, à pratiquer, à estimer – quelle qu'ait pu être leur autosuffisance, très variable, il faut le dire, puisque Gagnepain par exemple a été un interlocuteur tout sauf autosuffisant, bien que très indépendant, à sa manière.

Le savoir-faire qui donne une assise à ma propre personne, est aujourd'hui très brutalement mise à l'épreuve dans le combat quotidien pour la survie dans un monde qui adore le coaching, personnel ou professionnel, et qui demande que l'activité psychothérapeutique soit comptabilisable sinon rentable. Les statistiques des taux de réussite (une réussite souvent purement symptomatique, et sans égard pour la demande du patient qui devrait être patiemment construite au lieu d'être contrainte par des questionnaires standardisés), la gestion étatique des coûts, la quantification des soins, tout cela donne un semblant de modernité à cette psychothérapie directive. Mais cela masque autre chose, l'essentiel peut-être : elle bouche des trous, elle est économique, elle est orientée vers la plus-value, et elle cède ainsi à la pulsion toujours en quête d'une plus-value maximale pour un effort minimal, sans détour. Elle est donc naturaliste, aux antipodes de l'appel incessant de Sigmund Freud au travail de culture. Personnellement, je n'aspire pas directement à cette plus-value, je ne travaille pas sans laisser le patient construire sa question, je ne pense pas comme le naturaliste. Mon autosuffisance est donc lézardée par l'opposition de ceux qui construisent leur savoir sans aucun souci pour la spécificité du sujet. Elle est abîmée par la concurrence des pratiques qui servent à reconditionner les patients pour qu'ils fonctionnent en société. Et elle est déclassée par des idéaux de mise en discipline que je ne partage pas du tout, aussi peu que pas mal d'autres professionnels et consultants, même si une administration étatique voudrait nous faire croire, au nom du bien de tous, qu'il en est ainsi.

Si j'éprouve personnellement quelque « Versagung », si le monde me confronte à une défaillance de l'objet réel à la limite du supportable, ce serait bien davantage l'abus de pouvoir, sempiternel et ubiquitaire, qui en serait pour moi la source. Il ne faut pas vivre à Damas ni à Pyongyang pour en prendre acte. Je vis au Luxembourg, et j'ai pu constater ce que signifie le refus d'autrui d'entrer en débat : le débat n'a pas lieu, et les adversaires dont je suis n'existent pas, si ce n'est très marginalement, dans l'opposition à peine entendue et cyniquement écartée. Toute voix réellement dissidente, celle des cliniciens et des psychanalystes plus exactement qui sont actifs sur le terrain, est exclue et forcée au silence. Et ce n'est pas faute d'essayer sérieusement. Ont voix au chapitre en revanche, les auteurs d'un projet de loi visant à réglementer l'exercice de toute forme de psychothérapie, au sens le plus large du mot. Ces auteurs ne sont pas des praticiens, mais des académiciens, des universitaires. Et ils comptent vraisemblablement plus aux yeux du gouvernement, d'office, « ex officio », même lorsqu'ils professent des âneries, même quand ils racontent des mensonges, même lorsqu'ils produisent un projet de loi corporatiste, qui est en flagrante contradiction avec le pluralisme qu'ils affichent dans l'exposé des motifs attaché au projet, et même quand ils planifient une loi répressive qui participe d'une vaste tendance à la mise en discipline des citoyens en général, des praticiens et des patients en particulier. L'autrui que je suis, est juste toléré, pour le moment. Mais il se bat, et il espère que les psychanalystes pourront continuer à (se) former et à exercer comme ils l'entendent depuis plus de cent ans, malgré les envies protectionnistes parfaitement idiotes de certaines gens qui se permettent beaucoup de choses au nom du « management de qualité », qui n'est rien d'autre qu'un management de la rentabilité, vivement souhaité par une guilde de gens ambitieux.

Les vertus des pères

La maîtrise qui donne une assise à ma propre personne est cependant aussi mise à l'épreuve dans la dispute intellectuelle avec mes collègues psychanalystes.

Il est temps, je crois, de concevoir la problématique du meurtre du père, de la dette, de la responsabilité, sans y chercher du sexuel. Il est temps de prendre le père pour autre chose qu'un encombrant rival en amour seulement, pour autre chose que l'incarnation de l'exigence sociétale de renoncer à la sexualité infantile uniquement, pour autre chose qu'un être sexué qui fonctionne principalement comme modèle dans la construction de l'identité sexuelle, par identification ou par contraste. Il est donc temps de forger des concepts psychanalytiques pour parler du pouvoir sans sexe : le père exerce le pouvoir, non animal, mais humain. Il est ce personnage, en chacun de nous, qui institue arbitrairement ce qui est en son pouvoir à l'égard d'autrui, mais qui possède également la capacité de ne pas rejeter ce que cet autrui peut prester.

Le père idéal, qui ne peut être idéal que s'il n'est pas excessivement narcissique lui-même, signifie, par son exemple comme par ses interdits, les vertus du monde : il incarne les plaisirs rendus possibles par le travail de culture qui détourne l'enfant de sa propre personne ; il promeut la valeur des objets que l'enfant peut investir dans le monde s'il consent à une perte de plaisir narcissique, à une perte de suffisance autocratique.

Ces objets de plaisir alternatifs, ces objets de culture, ne tiennent pas leur intérêt uniquement de pouvoir être investis sexuellement, ou d'offrir un plaisir en lieu et place du plaisir sexuel. Ils peuvent également satisfaire au souhait de responsabilité, à l'appétit du pouvoir. Je suis un être sexué, mais j'existe également « ex officio », comme compère qui doit quelque chose à soi-même comme à autrui. Le « Ich » peut se réjouir de son pouvoir d'offrir un service demandé par autrui. Et s'il ne cède pas à l'autosuffisance qui peut virer au meurtre, il peut aussi se réjouir du fait qu'autrui ait des compétences qu'il ne possède pas lui-même, au lieu de lui en vouloir et d'essayer de le faire disparaître ; au lieu de se dévaloriser lui-même parce qu'il ne sait pas faire lui-même ce qu'autrui sait faire ; au lieu de dévaloriser autrui parce que celui-ci s'y prend autrement. Il incombe à chaque individu de construire son sexe, et tout autant son métier, sa part du pouvoir – qui serait, dans le meilleur des mondes, sa part juste, mais qui ne l'est que rarement, dans le monde réel.

Chapitre 6

Le clivage du sujet.

Ses modes de défense

Psychologue ? Métapsychologue,

ou la vie psychique ne se réduit pas à la vie consciente

Supposons. Un individu ressent une tension, il subit une excitation. Il cherche à s'en débarrasser, pour être à l'aise. Il est possible qu'il ait besoin de patience, s'il a à faire à une poussée continue qu'il ne peut pas fuir comme si c'était un objet extérieur. Peut-être doit-il souffrir d'emmagasiner un quantum d'énergie avant qu'il ne puisse évacuer ce surplus par une action motrice dans un monde réel, sans halluciner, sans mettre sa vie en danger.

Formulée ainsi, la question du plaisir et du déplaisir est naturalisée. Elle est considérée à partir d'un point de vue strictement économique, en termes de bilan énergétique : seul compte l'écoulement du surplus d'énergie. L'écoulement le plus rapide, sans détour, avec le moindre effort, est le plus économique. Mais avons-nous déjà une problématique psychologique ? Non.

Pour en arriver là, il faut au moins traduire quelques concepts : quantum d'énergie, devient « valeur psychique » ou « affect » ou « investissement d'objet», et objet devient « représentation », « souvenir », « fantasme », « souhait ». En parlant de Freud Il faut examiner la nature psychique du souhaiter, qui fait qu'un plaisir actuel sur fonds de poussée continue se présente comme le plaisir re-cherché d'il était une fois, et que le déplaisir à éviter aujourd'hui pousse à réaliser des modes d'action déjà éprouvés face au déplaisir d'il était une fois. Chemin faisant, il faut également introduire de nouveaux concepts : le vocabulaire du souhait est complété par celui de la pulsion qu'on ne peut connaître qu'à travers ses ambassadeurs. Les pulsions ont été qualifiées diversement, elles ne sont pas toutes pareilles. Il est apparu que les destins des pulsions sexuelles, aux prises avec les autres pulsions, sont aux yeux de Freud particulièrement décisives pour l'état de santé et de maladie. Il a même été expliqué que la naissance du souhait est également celle du sujet. Et que les obstacles que rencontrent les souhaits sexuels, sous la forme des interdits, transforment le petit sauvage en un enfant humain, civilisé, soit en un enfant inscrit dans la société parce qu'il a accédé au régime de la loi, laquelle interdit ici ce qu'elle permet là-bas, répressive dans la famille, mais permissive en dehors de celle-ci.

Et pourtant, tout cela ne fait pas encore de Freud un psychanalyste. Freud n'est pas un psychologue. Freud est un méta-psychologue. Qu'est-ce à dire ? Deux choses : 1. Freud ne se contente pas d'étudier les phénomènes conscients, le matériel qu'il étudie le conduit de l'autre côté de la conscience, « derrière la conscience » (hinter das Bewusstsein)[200] ; et 2. pour rendre compte du matériel clinique sans verser dans la métaphysique et projeter la réalité psychique dans le monde extérieur, il faut non seulement étudier les processus psychiques du point de vue de la circulation et de la répartition des quantités d'énergie (l'économie), mais aussi du point de vue des forces en jeu, des conflits entre forces diverses (la dynamique), et du point de vue des systèmes constituant ensemble l'appareil psychique, du point de vue des instances psychiques (la topique)[201].

Qui dit psychique, ne dit pas conscient[202]. Freud a pu dire que les philosophes avaient déjà repéré le poids de la vie pulsionnelle, et qu'ils avaient déjà parlé des processus inconscients, Schopenhauer en particulier[203], mais qu'il a lui-même été le premier à en promouvoir l'examen scientifique, notamment à travers l'étude des pathologies mentales[204]. C'est une légende comme on en écrit quand on regarde rétrospectivement son propre parcours, avec l'intention de se tailler une place, de la défendre, et de fonder une institution qui vous survivra. Mais c'est une fausse légende. Il revient à

---

[200] Freud S., *Briefe an Wilhelm Fliess. 1887-1904. Brief 160 (84)*.

[201] Idem, Das Unbewusste, in *STA, Band III, Psychologie des Unbewussten*, p. 140.

[202] Voir par exemple Freud S., Das Unbewusste, *ibidem*, p. 126; Das Ich und das Es, *ibidem*, p. 283; Die Traumdeutung, in *STA, Band II, Die Traumdeutung*, p. 579.

[203] Idem, Eine Schwierigkeit der Psychoanalyse, in *Abriss der Psychoanalyse. Einführende Darstellungen*, p. 194 ; Jenseits des Lustprinzips, in *STA, Band III, Psychologie des Unbewussten*, p. 259.

[204] Idem, Jenseits des Lustprinzips, in *STA, Band III, Psychologie des Unbewussten*, p. 217; Das Ich und das Es, *ibidem*, p. 283-285.

Marcel Gauchet, dans un petit livre fort intéressant, d'avoir attiré l'attention sur *L'Inconscient cérébral* exploré par de nombreux contemporains de Freud, tous actifs dans le contexte de la psychophysique. Le point de départ de cette histoire intellectuelle-là, parfois très spéculative, parfois expérimentale, parfois clinique, c'est la mise en évidence expérimentale, en 1833, par Marshall Hall et Johannes Müller du concept déjà vieux d'une cinquantaine d'années de « réflexe » : ils prouvent objectivement qu'il existe un fonctionnement réflexe, et ils en découvrent le soubassement matériel, la moelle épinière[205]. On aurait toutefois tort de croire que tous ces chercheurs évoqués par Marcel Gauchet, parmi lesquels des médecins connus comme l'Allemand Griesinger que Freud a lu attentivement, réduisaient tous l'activité psychique inconsciente à des processus neurologiques, d'ordre strictement somatique. Ils sont loin de tous la naturaliser. Et ils sont loin de croire que les activités psychiques soient toutes nécessairement conscientes, toutes délibérément initiées, toutes contrôlées par une instance unique. L'idée que des activités véritablement psychiques prennent place hors conscience, hors maîtrise explicite, n'est donc pas nouvelle chez Sigmund, ni pour la première fois scientifiquement explorée.

Cela étant, comment faire comprendre l'enjeu ? Où faut-il loger chez Freud, dans le contexte de notre investigation du plaisir et du déplaisir, cette idée que le domaine du psychique est plus vaste que le domaine de la conscience ? Comment rajouter une nouvelle couche à ce qui a déjà été dit ? Pas facile.

---

[205] Gauchet M., *L'Inconscient cérébral*, p. 41-43.

Les traces mnésiques inaccessibles, les souvenirs inattendus

et l'appropriation subjective des plaisirs et des déplaisirs

La première expérience du déplaisir et du plaisir associés, écrivais-je, s'inscrit selon Freud mnésiquement. Mais attention : on n'en conclura pas que chacun arrive toujours à se ressouvenir consciemment tout ce qui a été inscrit mnésiquement. Comment cela est-il possible ? On pourrait bien sûr se contenter d'une explication simple : les traces mnésiques s'effacent avec le temps, même sans qu'il y ait une cause drastique, une lésion par exemple. Il est probable qu'on arrive aujourd'hui à formuler des arguments neurophysiologiques convaincants pour tenir qu'il en soit ainsi, peut-être pas toujours, mais pour beaucoup de traces, par exemple celles de la toute petite enfance. On peut par exemple aussi distinguer entre divers types de mémoire, entre une « mémoire de travail » et une « mémoire centrale », entre une « short-term memory » et une « long-term memory » ... et conclure qu'il y a plus d'une manière d'inscrire quelque chose mnésiquement, selon les besoins : s'agit-il, autrement dit, uniquement d'une chose à se rappeler très brièvement, jusqu'à ce qu'une tâche soit effectuée, ou s'agit-il d'autre chose qu'il faut sauvegarder en permanence ?

Tout cela est intéressant, mais ce serait un peu facile, car rater ce dont il s'agit chez Freud. Admettons encore que certaines choses s'oublient, on va dire, par usure, avec le temps, et que d'autres n'ont même pas besoin d'être ressouvenues plus longtemps qu'un bref moment. Il n'en reste pas moins surprenant de constater par exemple, au cours d'une psychanalyse, que des choses auxquelles telle ou telle personne n'a plus pensé depuis des décennies, réapparaissent soudainement. S'agit-il de faux souvenirs, voire de formations délirantes[206] ? Parfois. Cela arrive. Mais on n'a pas toujours à faire

---

[206] Le thème des faux souvenirs apparaît chez Freud à plus d'un endroit :
- lorsqu'il parle de la « fausse reconnaissance », ou de la tromperie de la mémoire (die Erinnerungstäuschung), par exemple en 1895, dans les *Studien über Hysterie*, p. 85 ; en 1912, dans *Erinnern, Wiederhohlen und Durcharbeiten* ; et en 1914, dans

à des faux souvenirs, ni à des formations délirantes. Et même un faux souvenir et un délire ont un statut psychique : ils ont une raison d'être. Si quelqu'un en a, ce sont les siens, et cela devrait l'interpeller, en tant que sujet. Mais bon, il ne s'agit donc pas toujours de cela.

Prenons le cas d'un analysant. Voilà par exemple que trois figures qu'il a connues pendant l'enfance, qui étaient des copains de classe, des garçons au seuil de la puberté comme lui-même, mais qui ne lui étaient pas particulièrement proches, et qu'il a perdus de vue depuis très longtemps, surgissent dans un de ses rêves, plus de trente ans après. Après exploration, par association d'idées, on finit par comprendre que ce n'est pas un hasard : le matériel mnésique, dont je n'irai d'ailleurs pas prétendre qu'il est le reflet objectif des événements de l'époque, puisqu'il en reflète déjà plutôt une appropriation première, spontanée, ce matériel mnésique donc, vieux d'une éternité, a été remobilisé. Et il l'a été parce qu'à travers lui des questions pénibles arrivent à se mettre en scène, exigent l'attention, espèrent une réponse plus satisfaisante. Ces questions ne laissent pas cet homme indifférent, elles l'affectent, elles le font souffrir. Et elles ne sont pas nouvelles : elles le remettent en cause aujourd'hui, mais en fait depuis longtemps, plus ou moins continûment, ou par intermittence. Quelles sont donc ces questions ? Celles de toute personne, celles de son statut parmi les autres et de son rôle à l'égard d'autrui. Elles demandent un travail d'analyse : des nœuds doivent être dissous, et d'autres nœuds noués, tant au niveau professionnel de la responsabilité qu'au niveau sexuel de l'alliance. L'accès au rôle inattendu mais finalement revendiqué du père, est un enjeu majeur au cours du

---

Über fausse reconnaissance (« déjà raconté ») während der psychoanalytischen Arbeit ;
- ou lorsqu'il parle du morceau de vérité historique (*ein Stück historischer Wahrheit*) à retrouver dans le passé lointain (*in früher Vorzeit*), contenu dans les formations délirantes actuelles (*Wahnbildungen*) (*in der Gegenwart*), voir en 1937, *Konstruktionen in der Analyse*, in *STA, Ergänzungsband, Behandlingstechnik*, p. 405.

travail. Je me contenterai toutefois d'évoquer ici comment la question du rapport sexuel, plus pressante pour cette personne, se présente, après un bout de travail d'analyse. Elle se décline et se conjugue de mille et une manières, à travers divers thèmes récurrents : la popularité de certains garçons, l'anonymat des autres, leur exclusion ; la nécessité d'être capable de se défendre à l'école pour ne pas être la brebis galeuse de la classe ; le succès rêvé mais jamais accompli chez les filles, pendant la puberté ; le regret de ne pas être un gros balèze virile mais seulement une grande perche ; la peur de s'affirmer tel quel, sans se soumettre à la femme qui revendique ; les doutes au sujet de sa propre masculinité ; le souhait angoissé d'être éligible par la gente féminine ; les réponses détournées que le sujet s'est trouvées, et le prix qu'il paie pour ses détours, à savoir des symptômes.

Pareil souvenir ressurgi inopinément peut être agréable au moment même du surgissement. Ou désagréable. Il peut parfois simplement étonner. Il peut même être neutre lorsqu'il surgit, sans charge affective particulière. Mais l'analyse montre qu'il n'est pas neutre du tout, au fond. Il permet de travailler et de pérégriner à travers un univers très personnel de représentations chargées d'affects divers. Les adversaires de la psychanalyse refuseront peut-être d'y croire : ils craindront peut-être de perdre le contrôle de la situation puisqu'ils ne pourront plus se contenter d'imageries médicales et de métaphores informatiques pour questionner l'oubli. Mais mon expérience m'apprend qu'il en est ainsi : il arrive qu'on se rappelle quelque chose alors qu'on ne s'y attend pas du tout ; et cela n'arrive pas sans raison. Et cette raison n'est pas négligeable : elle est « la cause » psychique par excellence. Elle est plus exactement ce qui est « en cause » : l'existence subjective d'un être sommé de prendre sa place, d'en changer peut-être, sexuellement en l'occurrence.

Pour que pareils souvenirs puissent surgir, et pour qu'ils ne disparaissent pas aussitôt sans faire leur boulot, il faut créer un contexte, véritablement expérimental, celui de la cure. Sans elle, ces souvenirs n'acquièrent qu'un statut anecdotique : ils ne peuvent ni s'inscrire durablement, à la manière d'une césure, ni se dissoudre dans un passé effectivement passé. Sans elle, ils ne peuvent pas s'insérer dans l'histoire tout à fait subjective et parfaitement singulière des plaisirs et des déplaisirs d'un être humain. Ils ne peuvent pas l'aider à s'arracher au flux de sa vie, à s'en absenter pour se repositionner en personne, afin d'y trouver et d'y occuper une place, la sienne, plus supportable. Sans cette cure, il n'y a que du donné, c'est-à-dire, rien qui vaille la peine : quelque chose qui peut être n'importe quoi, le souvenir d'une peur sans propriétaire, l'esquisse d'un souhait sans responsable. Il n'y aurait pas de construit, il n'y aurait rien qui se prête à une appropriation ni à un devoir, rien qui se façonne à travers un parcours subjectif. Car il manquerait l'adresse de quelqu'un d'autre et d'un autrui qui s'y intéresse : le psychanalyste qui explore l'hypothèse que cela veut dire quelque chose au sujet de quelqu'un, au-delà de la scène imagée ; le psychanalyste qui est convaincu que des découvertes sont à faire à travers des condensations à spécifier et des déplacements à compléter ; le psychanalyste qui en demande, qui en redemande et qui souhaite en faire quelque chose pour autrui que lui-même, l'analysant.

Je pourrais donner d'autres exemples, forcément simplifiés. Prenons cet homme, en analyse depuis pas mal de temps déjà. Je serai forcément bref ou allusif, par discrétion, et parce que je ne relèverai de sa personne qu'une seule face, l'autre cette fois, celle de la dette symbolique. Dans bon nombre de ses rêves, on sent la mise en scène d'une angoisse : une menace pèse sur lui, incarnée soit par un homme vêtu de noir qui descend des collines, celles de son enfance, derrière la maison parentale, soit par des collègues qui lui cherchent querelle et qui s'apprêtent au pugilat. Quantité de souvenirs et d'idées peuvent être développées et explorées à ce propos. Mon rôle par exemple aussi, dans le transfert, représentant celui qui ne juge pas, qui écoute, avec bienveillance, et qui apparaît comme un vieux gars sympathique. Dans plus d'un rêve, apparaît un élément dont ni l'analysant ni moi-même, son psychanalyste, ne savons que faire : une couleur, « le blanc ». Qu'est-ce que cela vient faire là ? Est-ce du pur hasard ?

Eh bien non, après des années de travail intensif et difficile, courageux, engagé, cet élément s'avère être rapportable à un souvenir précis. Notons que ce souvenir ne réapparaît qu'après l'accomplissement d'un travail psychique de longue haleine : certains symptômes ont pu être activés, par régression notamment, puis se sont amenuisés, mais pas d'un coup, puisqu'ils se raniment par moments. Remarquons également que le travail se fait désormais en sa propre langue : cet homme, couramment bilingue, s'est décidé à ne plus parler la langue qu'il avait utilisée jusqu'alors, la langue de quelqu'un d'autre. Et on peut dire que sa demande de passer d'une langue à l'autre, sans que je ne l'y ai invité, ni cherché à l'y confronter prématurément, marque un tournant, un bout de tournant : il va en quelque sorte désormais raconter et revivre son histoire, sans qu'elle soit alourdie par le regard trop critique d'une autre personne qui résume à elle seule ses conflits irrésolus, toutes ses ambiguïtés, toutes ses hésitations. Il va reparler la langue de son enfance.

Le souvenir précis n'est réapparu qu'à l'occasion d'un voyage dans son pays d'origine, lorsque cet homme, en visite chez sa famille et chez des amis, se retrouve transporté vers son enfance et sa jeunesse. Il est là pour dire bonjour, ou au revoir, avant que certains ne disparaissent définitivement, mais aussi pour affronter quelques vieux démons qui ne le lâchent pas, des événements qui l'ont traumatisé. Il se déplace en voiture en longeant la côte. Il regarde des surfeurs. Il a lui-même repris la pratique du surf, depuis un temps. Il y prend beaucoup de plaisir. Et puis, soudainement, il se rappelle quelque chose qui n'a pas beaucoup de sens en français mais d'autant plus en anglais : « white water » (l'eau blanche), l'eau qu'il a connue en surfant au même endroit, à l'époque de ses études, après être enfin parti de chez lui.

Y avait-il été chez lui, chez lui ? Non, pas vraiment. Très jeune déjà, il y avait été contraint de se protéger contre une violence imprévisible. Il y avait aussi été pris dans la tourmente excitante d'une séduction qu'il a éprouvée comme une injustice, subie par lui-même de la part de quelqu'un d'autre qui aurait dû être plus responsable que lui-même, vu la différence d'âge qui les séparait. Il y avait appris d'être sur ses gardes, toujours. Il n'y avait pas trouvé la tendresse souhaitée, sécurisante. Et il avait dû y assumer de grosses responsabilités alors qu'il était encore trop jeune. Il s'était retrouvé dans l'obligation de reconquérir ce qui avait été perdu, comme s'il était déjà adulte. Il avait dû rétablir la position des ancêtres, ravie à son père lui-même irrémédiablement marqué par les aléas de la vie, et déjà ravie auparavant à d'autres aïeux, plus lointains, obligés selon la légende familiale de fuir leurs terres pourtant nouvelles, menacés d'y être tués, et contraints d'émigrer – encore une fois, puisqu'ils avaient déjà dû quitter leur pays d'origine, en laissant derrière eux la misère d'un continent pour aller conquérir un mythique Eldorado.

L'eau blanche, c'est celle qui n'offre aucune résistance, plus écume qu'autre chose, celle où vous vous débattez sans aucun résultat, lorsque vous êtes comme suspendu dans le vide d'une vague qui s'écrase contre les rochers et qui se retourne sur elle-même, alors que vous pourriez à chaque instant être projeté par une nouvelle déferlante contre ces mêmes rochers, et vous tuer. C'est l'angoisse matérialisée, très justement presqu'immatérielle, c'est le risque que l'on court si l'on calcule mal son coup, comme surfeur, dans la vie. Il s'est rappelé. Le voyage en question a été cathartique, ce fut une étape après d'autres dans la lente remontée depuis l'enfer, dans le relâchement d'une solitude temporairement choisie. Petit à petit cet homme a refait surface, depuis les profondeurs des peurs, enfouies au point d'être imperceptibles à première vue, même pour moi, mais puissamment actives dans l'édification d'une vie officielle parfaitement réussie, contrôlée. Le voyage, les rencontres qu'il a pu y faire, ont préludé à certaines coupures à venir, notamment avec son psychanalyste, voire au niveau professionnel.

Tout cela, si on y réfléchit bien, est plus qu'insolite. Une chose a disparu, puis elle ressurgit, sans que le sujet s'y attende le moindre du monde : il ne comprend pas tout de suite pourquoi tel ou tel souvenir refait surface, mais il s'avère en définitive qu'il n'a pas créé un souvenir fictif. Par ailleurs, il y a d'autres événements vécus qu'il essaie de se rappeler, mais sans y arriver, alors qu'il n'y a aucun doute qu'il a su auparavant ce qu'il en était. Pourquoi en est-il ainsi ? Freud aurait dit que c'est une question d'équilibre entre diverses forces qui pressent chacune le « Ich », alors qu'il est en train d'essayer d'ajuster la balance entre le plaisir et le déplaisir. Et il faut bien savoir que ce « Ich », même s'il le veut, n'y arrive pas entièrement, parce qu'il n'a pas d'autre choix que de prendre en compte ces forces redoutables parce qu'indomptables, qui chacune tendent à l'hégémonie dans sa vie psychique. Explicitons la chose.

Le difficile équilibre entre plaisir et déplaisir

Il faut ici revenir à notre texte de départ, le passage de la *Traumdeutung* où Freud esquisse une généalogie du souhait. Il y a d'abord un besoin continu, un déplaisir, une tension, ensuite la baisse de celle-ci, ou du plaisir. Lorsque le déplaisir ressurgit, il y a re-cherche du plaisir d'il était une fois. Et comme la pulsion, concept que Freud thématise par la suite, cherche la satisfaction (die Befriedigung), on pourrait tenir que le motif de l'activité, c'est le plaisir attendu. On comprend que Freud ait forgé le concept du « principe de plaisir » : « das Lustprinzip ». Mais on néglige couramment quelque chose qui est très significatif : au départ, Freud nomme ce même principe, principe du déplaisir, « das Unlustprinzip »[207], comme si le déplaisir, au total, était plus décisif que le plaisir lui-même en tant que motif d'activité.

Le plaisir qui efface un déplaisir, voilà l'objectif, mais cela réussit-il toujours ? La balance entre plaisir et déplaisir est-elle toujours positive, au total ?

Se peut-il que les besoins pulsionnels soient excessivement grands, que la quantité de libido qu'éprouve un sujet physiquement soit si énorme, qu'il n'arrive pas à se débrouiller avec ? Oui, et si c'est le cas, il risque de

---

[207] Le concept « Lustprinzip » n'apparaît par exemple pas dans la version originale de la *Traumdeutung*, contrairement au concept « Unlustprinzip », p. 569 et p. 584.

tomber malade[208]. Un patient par exemple, pas si jeune, me dit être heureux qu'à son âge, il ressent moins le besoin sexuel qu'avant. Eh oui, il n'est plus contraint de trouver des réponses, réelles ou fantasmatiques, pour apaiser un besoin qui a diminué.

Se peut-il que le déplaisir ne soit pas réductible à l'expérience d'une poussée continue en provenance de l'intérieur, dont un sujet pourrait par exemple s'alléger le poids en rêvassant de jour, en rêvant de nuit ? Qu'il subisse une expérience douloureuse face à quelque chose d'extérieur (das äussere Schreckerlebnis) qu'il n'arrive pas à fuir et qu'aucune expérience hallucinatoire de plaisir ne peut anéantir[209] ? Oui, il a pu avoir un accident, un chauffard drogué a pu le renverser en vélo, et il peut avoir peur de s'aventurer encore dans le trafic dominé par les automobiles et les poids lourds.

Se peut-il qu'il se heurte à quelque chose d'impossible qu'il ne maîtrise pas, qu'il n'arrive pas à explorer par le travail de la pensée à l'essai ni à transformer par ses actes ? Se peut-il que l'objet réel soit défaillant[210], quand bien même le sujet est capable de lâcher quelque chose, quand bien même ses souhaits se modifient au lieu de se figer [211]? Absolument, cela arrive, et si c'est le cas, il risque de tomber malade. Des affaires d'héritage par exemple peuvent durer une éternité, sans qu'il puisse y changer grand-chose, dépendant comme il l'est, une fois l'héritage accepté, de faire avec des autrui, aussi fous qu'ils soient, aussi égocentriques, bêtes et malins qu'ils soient.

---

[208] Voir par exemple, en 1890, Psychische Behandlung (Seelenbehandlung), in *STA, Ergänzungsband, Schriften zur Behandlungstechnik*, p. 34; en 1895, Entwurf einer Psychologie, in *Sigmund Freud. Gesammelte Werke. Nachtragsband. Texte aus den Jahren 1855 bis 1938*, p. 388; en 1895, *Studien über Hysterie*, p. 194; en 1912, Freud, S., Über neurotische Erkrankungstypen, in *STA, Band VI, Hysterie und Angst*, p. 223-224.

[209] Idem, Die Traumdeutung, in *STA, Band II, Die Traumdeutung*, p. 569.

[210] Idem, et Über neurotische Erkrankungstypen, in *STA, Band VI, Hysterie und Angst*, p. 219-220.

[211] Idem, *ibidem*, p. 221-223.

Faut-il parfois mordre sur sa chique, et encaisser une dose de frustration en attendant que des choses changent et que le plaisir puisse supplanter le déplaisir ? Oui, Freud a même un beau mot pour en parler : il parle de « Libidostauung », ou de « Triebstauung », comme s'il y avait une file (Stau), comme si le trafic était bloqué, et qu'il fallait attendre que l'énergie disponible puisse être remise en marche pour être évacuée, éventuellement déviée, détournée[212]. Et la frustration continuée épuise parfois jusqu'à en tomber malade. Tel patient a décidé de changer d'employeur, mais il doit solliciter un nouvel emploi, passer des entretiens d'embauche, discuter son salaire, définir ses responsabilités, comprendre les projets du patron, et il faut que ce patron veuille bien de lui, ce qui est problématique pour diverses raisons, son âge par exemple, ou la situation économique du moment. Tel autre patient, après tout un travail psychique, a enfin décidé de divorcer d'un partenaire, vraisemblablement pervers, et absolument nocif, mais il ne suffit pas d'avoir pris la décision pour en être déjà débarrassé, d'autant plus qu'il y a des responsabilités à assumer envers des enfants.

Se peut-il que le déplaisir persiste ? Qu'il déborde le plaisir sans discontinuer ? Qu'un déséquilibre permanent entre deux expériences, l'une douloureuse et l'autre plaisante, rende la vie difficile, éprouvante, épuisante ? Que quelqu'un n'arrive pas à réconcilier les deux psychiquement, en tout cas pas une fois pour toutes ? Absolument, cela est possible. Et cela arrive, par exemple après une guerre. Un soldat qui a résisté à l'ennemi, revient des camps de concentration, où il a été torturé et où il a vu des choses abominables, immondes. Il reprend sa vie, il la réussit. Et il peut même se permettre des plaisirs : la collection d'œuvres d'art, les amis, les délices de la bouche, les voyages, par exemple. Mais chaque jour à nouveau il a mal, suite aux supplices subis. Et à certains moments, il frôle le danger de passer de l'autre côté : il ne supporte pas certaines choses, ses réactions sont inattendues, exagérées pour ceux qui ne connaissent pas son histoire. Et puis, un jour, avec l'âge, l'équilibre qu'il a reconstruit, fragile mais dynamique, et

---

[212] Idem, par exemple Die Verdrängung, in *STA, Band III, Psychologie des Unbewussten*, P. 110; et Das Ich und das Es, *ibidem*, p. 311.

peut-être même créatif, s'écroule. Et il sombre dans la maladie pour ne plus en sortir. Et mourir.

Se peut-il enfin que le plaisir d'un sujet se heurte à l'objection de quelqu'un d'autre et que cet autre le lui interdise – quelqu'un qui compte, dont il dépend, qu'il craint peut-être, qui l'aime mais qui n'en reste pas moins exigeant, qui pourrait devenir indifférent à son égard ou mécontent, un parent par exemple, et la société à travers lui ? Ben oui, évidemment[213]. Il se peut qu'une jeune fille doive apprendre à jouer le violon, selon les dictats de ses parents, alors qu'elle ne rêve que de peindre, ce qu'elle finira par faire, au moins 20 ans après, mais sans pouvoir rattraper le temps perdu.

L'abréaction et les traumas infantiles

Bref, l'équilibre entre le plaisir et le déplaisir n'est pas une chose facile. Freud n'en a jamais douté. Mais il est plus optimiste à ses débuts qu'après. Dans les *Studien*, publiées en 1895, à l'époque de la collaboration avec Joseph Breuer, il esquisse à quelles conditions une expérience potentiellement traumatique peut être neutralisée, avant même qu'on n'ait besoin de faire appel au médecin pour guérir d'un trauma qui s'est mnésiquement inscrit. La neutralisation du déplaisir par le plaisir, écrit-il[214], réclame une réaction adéquate (adäquate Reaktion) : il n'y aura pas de trauma durable et à guérir plus tard si une réaction énergique a eu lieu (wo energisch reagiert wurde), si le désagrément a été contré par une action – ce type d'action dont Freud précisera par après qu'elle est préparée par la pensée à l'essai. Le risque de trauma diminue également, si, faute d'action, la personne confrontée à une chose douloureuse, a su parler de ce qui lui arrive et pu remplacer l'action par la parole (die Sprache als Surrogat für die Tat). Ou encore si le

---

[213] Idem, Über neurotische Erkrankungstypen, in *STA, Band VI, Hysterie und Angst*, p. 219.
[214] Idem, *Studien über Hysterie*, p. 32.

parler lui-même (das Reden) a fait office d'action. Bref, pour rééquilibrer le plaisir et le déplaisir, il faut « abréagir » (abreagieren), se défouler.

Dans ces cas-là, non seulement le déplaisir est contré adéquatement dans l'actualité, mais en plus le déplaisir risque fort d'être oublié, la chose potentiellement traumatique perd de sa force, elle ne s'inscrit pas mnésiquement. Le sujet n'aura pas besoin du Herr Doktor Freud – au meilleur des cas. La clinique apprend malheureusement que le meilleur des cas est plus idéal que réalisé. Le fait est que pareille réaction adéquate n'a pas toujours lieu, surtout pendant la petite enfance, précise Freud : avant la phase de latence, lorsque le « Ich » est encore faible et insuffisamment préparé pour pouvoir bien intégrer tout ce qui lui tombe dessus, le risque d'être traumatisé est grand[215].

Or, l'enfant ne disparaît pas dans l'adulte, au contraire : selon Freud, l'enfant est le père de l'adulte, psychiquement parlant (das Kind sei psychologisch der Vater des Erwachsenen)[216]. C'est cohérent, puisque toute quête de plaisir est selon Freud re-quête du premier plaisir, tout nouveau déplaisir, occasion de se ressouvenir le premier déplaisir. Et Freud cherchera donc dans l'enfance, dans tout ce qui a traumatisé l'enfant psychiquement, l'origine des difficultés de la santé psychique de l'adulte, même lorsque celles-ci n'apparaissent qu'après l'enfance. Il dira que l'adulte réagit aujourd'hui comme l'enfant qu'il a été, donc inadéquatement, et même deux fois : inadéquatement, parce qu'à la manière de l'enfant faible de l'époque qui n'a pas réussi à abréagir comme il le fallait dans le temps, et inadéquatement parce que la situation d'aujourd'hui n'est pas forcément la même que celle à laquelle l'enfant a dû faire face au passé sans l'avoir pu. L'enfant règne sur l'adulte. Et l'adulte se trompe de scène : il investit l'actualité en y transférant ses sensibilités passées, sans même s'en rendre compte. Il ré-agit, au lieu d'agir. Et il

---

[215] Idem, *Abriss der Psychoanalyse*, p. 80.
[216] Idem, *ibidem*, p. 82.

se trompe d'adresse : il a peur de quelqu'un qui n'est pas terrifiant, et il se fâche contre quelqu'un qui ne le mérite pas.

« Die Unverträglichkeit » : insupportable et irréconciliable

On pourrait croire que Freud ne parle d'abréaction qu'à ses débuts. Ce n'est pas le cas, même s'il n'utilise plus le mot. La même problématique l'occupe toujours, celle du difficile équilibre entre le plaisir et le déplaisir. Non seulement elle l'occupe jusqu'à la fin, mais elle reste centrale, pour Freud comme pour tout psychanalyste après lui.

Ainsi écrit-il en 1938, dans l'*Abriss*, que le « Ich » aspire au plaisir, et veut éviter le déplaisir (Das Ich strebt nach Lust, will der Unlust ausweichen)[217]. Je ne crois pas trahir la pensée freudienne des débuts, proprement médicale, et centrée sur la nécessité de l'abréaction, si je traduis ce qu'il écrit à ses débuts comme suit, en m'appuyant sur les écrits d'après, quand de la première topique de l'appareil psychique il est passé à la deuxième : le plaisir contrebalancera le déplaisir si le sujet aura réussi une action dans la réalité pour répondre à un déplaisir qu'il ressent psychiquement – un déplaisir qui peut avoir plus d'une origine (la pulsion, un accident extérieur, l'interdiction ou l'admonestation de la part de personnages d'autorité). Le sujet équilibrera son plaisir et son déplaisir, s'il réussira à trouver un compromis entre plusieurs maîtres : la réalité ; la pulsion qui est au départ une masse d'énergie en soi impersonnelle, dite le ça ; et le surmoi.

Cette traduction n'est pas une trahison, car ces maîtres ne sont pas nouveaux dans l'œuvre de Freud. Ils y sont déjà dès le début, par exemple dans le cas de Mademoiselle Elisabeth von R. dans les *Studien*. Freud y explique comment la jeune femme succombe au conflit insupportable entre

---

[217] Idem, *ibidem*, p. 43.

deux idées irréconciliables : l'idée du père malade (la moralité qui commande à la jeune fille la piété filiale), et la représentation érotique (son penchant à la tendresse, le jeune homme dont elle rêve) [218]. Il en va de même dans la description du cas de Miss Lucy R. : quelque chose a été insupportable au « Ich » de la patiente, irréconciliable avec ce qu'elle est[219].

Le mot qu'utilise Freud dans ces divers passages des *Studien* est un mot auquel il n'a jamais donné un statut de concept-clé. Mais ce mot me semble extrêmement intéressant. Freud parle d' « Unverträglichkeit ». Cela signifie deux choses à la fois : 1. il y a quelque chose d'insupportable ; et 2. Il y a quelque chose qui n'est pas conciliable, qu'on n'arrive pas à mettre d'accord, qu'on ne peut intégrer[220]. Mais qui est donc ce « on » ? Le « Ich ». Freud le dit explicitement dans le texte : c'est le « Ich » qui ne supporte pas le déplaisir, et c'est encore le « Ich » qui n'arrive pas à faire la synthèse entre les puissances étrangères qui le colonisent et qui s'affrontent en son territoire.

Cela étant, la question reste posée : le contrebalancement est-il possible, fondamentalement, au-delà d'une réussite occasionnelle ? Qu'est-ce qui l'emporte au total, le plaisir ou le déplaisir, quand le sujet doit faire sa révérence à tous ces grands maîtres à la fois ? Quel sera le bilan énergétique global ? Y aura-t-il un équilibre entre le plaisir et le déplaisir, ou un déséquilibre ? Quelle sera l'issue du conflit psychique, de la confrontation entre les diverses forces, chacune psychiquement représentée, si elles ne permettent pas au sujet de neutraliser le déplaisir par le plaisir ? Que lui arrive-t-il si la poussée qu'il ressent de l'intérieur déborde ce qu'il trouve dans le monde extérieur pour apaiser sa tension, s'il n'arrive jamais à retrouver un analogon du premier plaisir définitivement perdu ? Que lui arrive-t-il encore si un événement terrible, observable par des tiers, un accident physique par exemple,

---

[218] Idem, *Studien über Hysterie*, p. 165 et p. 176.
[219] Idem, *ibidem*, p. 135.
[220] « Vertrag », comparez « verdrag » en néerlandais, est le mot pour dire convention, accord, contrat. « Verdragen », en néerlandais, signifie également supporter.

le traumatise ? Et que lui arrive-t-il, s'il souffre en l'absence de pareil événement extérieur observable par des tiers, d'un « trauma psychique »[221], si en tant qu'enfant, dans l'incompréhension par rapport à ce qu'il observe, la scène primitive par exemple, il se met à interpréter quelque mot, quelque regard, quelque blague comme il le peut à cet âge-là, de travers, et si bouleversé par la peur il se met à fantasmer des horreurs comme la castration ou le viol ? L'issue sera-t-elle la santé psychique ou la maladie psychique ?

Les affections du « Ich », ses états de maladie

L'issue n'est pas décidée d'avance : elle peut être la santé psychique comme la maladie psychique. Mais de qui ou de quoi ? On pourrait dire, en un premier temps, que c'est l'appareil psychique qui est malade ou en bonne santé. Ainsi Freud dit-il à la fin de son œuvre que les névroses et les psychoses sont les états où les dérangements fonctionnels de l'appareil psychique se procurent une expression (Die Neurosen und Psychosen sind die Zustände, in denen die Funktionsstörungen des Apparates sich Ausdruck verschaffen)[222].

Si l'on y regarde de plus près, on voit toutefois que la maladie et la santé psychique sont pour le dernier Freud toujours celles de quelqu'un : celles du « Ich », une des instances de l'appareil psychique, selon la deuxième topique. Freud parle donc des « affections du « Ich » (Affektionen des Ichs), des états de maladie du « Ich » (Krankheitszustände des Ichs)[223]. C'est le

---

[221] Freud maintient le mot trauma, même après avoir abandonné sa théorie initiale du trauma comme événement extérieur, par exemple une violence physique, ou le viol d'un enfant par un adulte. Freud parle alors de « trauma psychique ». L'idée est ancienne, il l'introduit déjà dans les *Studien*, p. 29. Et on la retrouve encore vers la fin, en 1938, dans l'*Abriss der Psychoanalyse*, p. 85, où il nomme le complexe de castration, le plus grave trauma de la vie du jeune enfant.
[222] Idem, *Abriss der Psychoanalyse*, p. 78.
[223] Idem, *ibidem*, p. 80 et p. 97.

« Ich » qui n'arrive pas à rester en bonne santé et qui devient malade, c'est le « Ich » qui guérit et se rétablit. Et c'est à lui qu'incombe le travail psychique nécessaire au maintien du difficile équilibre entre plaisir et déplaisir, lors du clash des titans.

La question est donc : quel est ce travail psychique ? Comment le « Ich » s'y prend-il face à pareil déséquilibre entre plaisir et déplaisir ? Quelles sont les stratégies du « Ich » pour neutraliser « Lust » et « Unlust », alors qu'il n'a pas toutes les cartes en mains, et doit compter avec ses maîtres redoutables ? Quel travail psychique effectue-t-il pour rendre le conflit entre les titans supportable, « verträglich », en accord avec sa personne, alors qu'il n'est en comparaison à ses maîtres qu'une pauvre chose (ein armes Ding)[224] ?

Une part de la réponse a déjà été donnée, dès le début de ces essais : ce travail psychique, c'est le travail de la pensée à l'essai. Mais c'est une réponse pour psychologues, ce n'est pas celle du métapsychologue qui est confronté à la clinique. Le « Ich » ne fait pas qu'explorer seulement la réalité pour s'y satisfaire en bon réaliste, par détour, comme il le peut, voire comme il le faut, par égard pour l'interdit fondamental, celui de l'inceste. Que fait-il d'autre ? Il « oublie ». Et il résiste à « se rappeler ». Et son rapport à la réalité s'en retrouve malmené, altéré, détérioré.

« Ça, je ne le sais vraiment pas », et mon oubli est souhaité

L'on comprendra aisément qu'un sujet veuille oublier des expériences négatives : si elles n'ont pas été particulièrement gaies, cela vaut la peine de ne plus y repenser. Le réaliste que je suis ne perd cependant pas de vue qu'une mauvaise expérience puisse apprendre quelque chose à un sujet, autant sur le monde dans lequel il vit, que sur lui-même. L'expérience négative en dit long sur la « Versagung », aux deux sens que Freud donne à ce

---

[224] Idem, Das Ich und das Es, in *STA, Band III, Psychologie des Unbewussten*, p. 322.

mot : 1. la défaillance de l'objet réel dans le monde extérieur, et 2. la fragilité personnelle du sujet, qui atteint parfois les limites de ce qu'il peut encaisser, et qui lâche, qui abandonne le combat face à la première défaillance.

Le sujet a-t-il en effet toujours la force de faire face à la « Versagung » réelle, a-t-il toujours la capacité d'exercer sa pensée à l'essai pour s'adapter à la réalité et accomplir l'exigence de la réalité (sich der Realität anzupassen und die Realforderung zu erfüllen) [225] ? A-t-il toujours la souplesse pour évoluer et souhaiter autre chose sans rester coller à l'objet de ses premiers souhaits, sans fixation ? Non. Mais que peut-il faire dans ce cas ? Il a quand-même envie et besoin de reprendre sa vie, au lieu de se rappeler tout le temps tout ce qui a été insupportable, « unverträglich ». Il a tout intérêt à oublier, sinon il reste englué dans le passé insupportable, dans ce qui ne s'accorde pas avec sa personne : il devient malade. Il doit donc oublier. *Facile dictu, difficile factu*. Comment fait-il pour évacuer l'excès de souffrance, le trauma, le trauma psychique ? Comment se dépatouille-t-il ?

Freud fait ici un bond de pensée. Il le fait à partir de son expérience clinique, c'est elle qui lui permet de passer de la psychologie à la métapsychologie. Un sujet veut-il oublier ? Eh bien, dit Freud, il oublie, c'est-à-dire : il ne se rappelle pas la chose qui a été excessivement douloureuse, et pas seulement à cause de l'usure du temps. Quel bond ! Vous souhaitez oublier ? Eh bien, vous oubliez. L'oubli devient ainsi une activité psychique aussi essentielle que le travail de la pensée à l'essai.

Ce bond extraordinaire, Freud ne le fait pas sans raison. Il s'autorise de la clinique, ou plus exactement : il rend intelligible la clinique en ce sens.

---

[225] Idem, Über neurotische Erkrankungstypen, in *STA, Band VI, Hysterie und Angst*, p. 221.

Les premiers patients dont il nous parle en détail, sont des patientes hystériques, celles qui apparaissent dans les *Studien*, publiées en 1895, avec Joseph Breuer. Ces dames permettent à Freud d'explorer la problématique de l'oubli. Elles sont malades. En toute logique elles le sont parce qu'elles n'ont pas pu abréagir, parce que quelque part dans le passé elles n'ont pas eu de réaction adéquate. Elles doivent donc faire aujourd'hui, avec l'aide du médecin Freud, le travail qui n'a pas été fait au passé : abréagir, réagir adéquatement. Encore faut-il savoir ce qui n'a pas été abréagi. Freud interroge donc ses patientes. Le défi consiste à découvrir ce que fût la perte dont ces patientes ont souffert, quel trauma les a rendues malades, comment l' « Unverträglichkeit » s'est concrètement présentée dans l'histoire singulière de tel ou tel de ces patientes.

Et voilà qu'elles ne se rappellent pas ce qui s'est passé : elles ne savent pas quelle satisfaction elles auraient perdue sans pouvoir la retrouver, quelle douleur les aurait traumatisées. C'est en tout cas ce qu'elles prétendent. Mais Freud ne les lâche pas si facilement. Si une malade ne se « rappelle » pas ce qui s'est passé, ce qu'elle a éprouvé, si elle n'arrive par exemple pas à se remémorer quand un symptôme est apparu pour la première fois, et ce malgré l'insistance répétée du médecin qu'est Freud, si elle lui répond « Ça, je ne le sais vraiment pas » (das weiss Ich wirklich nicht), Freud a le culot de déclarer que ce n'est pas possible (das sei nicht mögich). Il lui oppose qu'elle se le rappelle bel et bien, mais préfère ne pas en parler, et rejette (verwerfen) ce qui lui est passé par la tête (der Einfall) [226].

Qu'une patiente ne se « rappelle » pas une expérience douloureuse, que la représentation qu'elle en a eue ne soit pas « remémorée », poursuit Freud, n'est pas une ratée. Ce n'est pas une défaillance de la « mémoire », mais une démarche réussie (ein [...] gelungenes) : cette manière de procéder est souvent visée, intentionnelle et souhaitée (dieses Vorgehen ist oft ein beabsichtigtes, gewünschtes). Mais qu'est-ce que cela veut dire ? Comment donc cela pourrait-il être une réussite de ne pas se « rappeler » ? Eh bien, au

---

[226] Freud S., in Breuer J. und Freud S., *Studien über Hysterie*, p. 129.

regard du plaisir et du déplaisir, parce qu'un déplaisir est évité, parce qu'un déplaisir déjà évité au passé est encore et toujours évité, dans l'actualité[227].

La résistance du « Ich »

Freud reprend le thème de l'« oubli », omniprésent dans les exposés des cas, à la fin des *Studien*, dans ses réflexions théoriques sur la psychothérapie de l'hystérie[228]. Il tient que ne pas se « rappeler » revient à ne pas vouloir se « rappeler » : ne pas savoir équivaut en fait à ne pas vouloir savoir, et cela se passe plus ou moins consciemment (Das Nichtwissen war also eigentlich ein – mehr oder minder bewusstes – Nichtwissenwollen).

Freud constate qu'il faut au cours du traitement vaincre une résistance pour qu'une patiente, interrogée par lui, en train d'effectuer avec lui une anamnèse, se rappelle. Un travail psychique (eine psychische Arbeit) doit être effectué pour surmonter une force psychique qui ferait résistance au devenir conscient des représentations de la patiente, à leur remémoration ([um] eine psychische Kraft zu überwinden die sich dem Bewusstwerden (Erinnern) der ... Vorstellungen widersetze). Voilà l'hypothèse. Et elle réapparaîtra à plus d'une reprise dans les travaux ultérieurs, par exemple dans la *Traumdeutung* où Freud déclare que tout ce qui empêche le progrès du travail (d'interprétation des rêves) est à prendre pour de la résistance[229].

Freud précise d'ailleurs cette hypothèse dans les mêmes *Studien* : il attribue cette résistance à quelqu'un, au « Ich ». C'est le « Ich » qui résiste, le « je » résiste : il oppose une défense (eine Abwehr) au ressouvenir d'une idée insupportable (eine unverträgliche Vorstellung). Une force de rejet est

---

[227] Idem, *ibidem*, p. 130.
[228] Idem, *ibidem*, p. 283-287.
[229] Idem, Die Traumdeutung, in *STA, Band II, Die Traumdeutung*, p. 495

au travail, et elle vient du côté du « Ich » (eine Kraft der Abstossung von seiten des Ichs). La volonté de la personne (die Wille der Person) fait obstacle au « ressouvenir » de l'idée[230].

Freud ne serait pas Freud s'il s'en tenait là. Il a l'habitude d'explorer ses idées dans tous les sens. Et il ne recule pas devant l'audace d'une idée qui n'est peut-être pas contraignante, mais qui expliquerait pas mal de choses en même temps. Aussi va-t-il compléter ses premières idées sur cette résistance qu'il faut surmonter au cours du travail thérapeutique. La force qui ferait aujourd'hui obstacle au ressouvenir, écrit-il, pourrait bien être celle-là même qui a causé l'oubli au départ : elle aurait empêché par le passé qu'une représentation devienne consciente (dies dürfte wohl dieselbe psychische Kraft sein die [...] damals das Bewusstwerden der [...] Vorstellung verhindert habe)[231]. Voilà une nouvelle hypothèse.

Ce tour de force ne restera pas sans lendemain. Cette hypothèse réapparaîtra sans cesse dans ses œuvres ultérieures, encore une fois, modifiée, élargie. La résistance au ressouvenir devient alors la résistance à la guérison (Widerstand gegen die Heilung) [232] : selon Freud, le malade tient à sa maladie, sans nécessairement savoir pourquoi. Il se peut qu'on ait à faire à la fixa-

---

[230] Idem, *Studien über Hysterie*, p. 285.

[231] Idem, *ibidem*, p. 285. Cette idée déjà énoncée en 1895 est maintenue par Freud, à travers toute son œuvre. On la retrouve par exemple en 1904, dans Die Freudsche psychoanalytische Methode, in *Ergänzungsband, Schriften zur Behandlungstechnik*, p. 103; dans le cas Dora en 1905 : Bruchstück einer Hysterie-Analyse, in *STA, Band VI, Hysterie und Angst*, p. 119.

[232] Idem, Über Psychotherapie, in *STA, Ergänzungsband, Schriften zur Behandlungstechnik*, p. 113, en 1905; et Die endliche und die unendliche Analyse, *ibidem*, p. 378, en 1937.

tion libidinale à un objet dont le malade n'arrive pas à décoller (die Klebrigkeit der Libido)[233]. Il se peut qu'on ait à faire à des pulsions destructrices[234]. Il se peut qu'on ait à faire à un bénéfice primaire de maladie (ein primärer Krankheitsgewinn) : le malade s'est épargné du travail psychique en tombant malade, il a trouvé un moyen économique pour résoudre un conflit psychique – du moins en première instance, parce qu'après il doit faire l'effort de résister, lorsqu'il est confronté au psychanalyste Sigmund Freud[235]. Et il se peut enfin que la maladie offre au malade un bénéfice secondaire (ein sekundärer Krankheitsgewinn), par exemple sous la forme des soins que les proches lui procurent, ou qu'ils se sentent l'obligation de procurer, ou encore sous la forme des excuses que le malade peut se donner pour justifier un échec professionnel[236].

Et ce n'est pas fini, car Freud explore cette même idée initiale de la résistance dans une autre perspective encore : cette force, écrit-il, responsable de l'oubli premier d'une chose désagréable, responsable de la résistance au ressouvenir et à la guérison tout court, se manifeste dans le rapport au médecin. Car c'est bien Freud, celui qui demande au patient de se rappeler sans aucune retenue ce qui s'est passé. La résistance est celle qu'il rencontre, lui, celle qu'on lui oppose, celle qu'on lui adresse, lorsqu'il insiste pour savoir ce qui s'est passé. La résistance se manifeste dans le transfert[237].

---

[233] Idem, *ibidem*, p. 381.

[234] Idem, *ibidem*, p. 382.

[235] Idem, Bruchstück einer Hysterie-Analyse, in *STA, Band VI, Hysterie und Angst*, p. 118-119; p. 118 [Zusatz 1923].

[236] Idem, en 1913, dans Zur Einleitung der Behandlung, in *STA, Ergänzungsband, Schriften zur Behandlungstechnik*, p. 192 et 202; et en 1926, dans Die Frage der Laienanalyse, *ibidem*, p. 313.

[237] Ce thème est abordé dès le début de l'œuvre, même sans que Freud théorise explicitement la question du transfert comme il le fera plus tard : voir Zur Psychotherapie der Hysterie, chapitre des *Studien über Hysterie*, in *STA, Ergänzungsband, Schriften zur Behandlungstechnik*, p. 93. Le thème du transfert comme résistance

Les réminiscences et les symptômes,

ou le souhait d'oublier qui ne réussit qu'en apparence

On se demandera, après avoir pris connaissance de tout cela, en quoi les premières malades de Freud sont malades, et pourquoi elles le sont. Elles ont « oublié » des choses désagréables au passé, elles ne se les « rappellent » pas, et elles résistent à en ranimer le souvenir aujourd'hui. Et alors ? N'est-ce pas un bon débarras ? Malheureusement non. Tout se passe comme si ces personnes avaient été dérangées par quelque chose de grave, puis en avaient disposé. On pourrait dire, par approximation, en un premier temps[238] : elles ont déposé ce qui les a dérangées, ailleurs, elles l'ont rangé, dans ce lieu psychique que Freud appellera par la suite l'Inconscient. Mais elles souffrent, et elles présentent toutes sortes de symptômes qui les font consulter Freud.

Pourquoi souffrent-elles ? Parce que la chose qui a été « oubliée », n'a pas disparue : elle se retrouve déguisée, transformée, réinvestie dans les symptômes, tant physiques que psychiques. La réussite n'est qu'une réussite en apparence. Et c'est bien ce que Freud écrit : « Es ist ein nur scheinbar gelungenes [sc. dieses Vorgehen, cette démarche qui consiste à oublier]»[239]. Les représentations insupportables, irréconciliables, empêchées au passé d'arriver à la conscience, rendent malades. Ce sont des représentations pathogènes (pathogene Vorstellungen)[240]. Faute d'avoir pu abréagir au passé, faute d'avoir voulu qu'une représentation désagréable devienne consciente au passé, faute de pouvoir – vouloir – se « rappeler » aujourd'hui le souhait

---

sera repris ensuite, par exemple en 1912, dans Zur Dynamik der Übertragung, *ibidem*, p. 160.

[238] Pour une vue plus complète et moins approximative de la question, voir la troisième partie : *Übersetzung. Übertragung. Überbesetzung*, dans ce même volume.

[239] Idem, *Studien über Hysterie*, p. 130.

[240] Idem, *ibidem*, p. 284-285.

dont la satisfaction pourrait paradoxalement déchaîner une « Unlust », le bilan du plaisir et du déplaisir est en définitive négatif. Le sujet est tombé malade, et il reste malade, malgré le traitement.

Freud conclut que les hystériques souffrent en grande partie de « réminiscences » (Reminiszenzen)[241]. Celles-ci sont en somme de curieux souvenirs, puisque des souvenirs dont le patient ne se souvient pas. Ce sont des amnésies au regard de la conscience, mais des traces mnésiques quand même. Ce sont des représentations inconscientes très actives, déterminantes pour l'activité actuelle du patient, en particulier pour la création des symptômes qui le font souffrir et consulter le médecin de l'âme Freud.

Chacun est sommé de se trouver des satisfactions réellement possibles et permises par la société. Les malades n'y arrivent pas. Ou alors ils y arrivent à leur insu, comme malgré eux, sans l'apport de la pensée à l'essai, inconsciemment : ils produisent des symptômes. C'est si vrai que Freud écrit, par un raccourci, que les psychonévroses en général (parmi lesquelles il faut situer les névroses hystériques de ses premières patientes) ne sont jamais que des satisfactions substitutives, par déplacement, pour les pulsions (die Psychoneurosen sind entstellte Ersatzbefriedigungen von Trieben)[242]. Ce qu'il veut dire, c'est que les symptômes psychonévrotiques font office de satisfaction substitutive face à la « Versagung »[243]. Et puisque tel est le cas, les malades s'y accrochent.

---

[241] Idem, *Studien über Hysterie. Über den psychischen Mechanismus hysterischer Phänomene (Vorläufige Mitteilung)*, p. 31.
Notons que Freud n'écrit pas exactement la même chose dans la version de 1893 de ce texte : il dit là que l'hystérique souffre de traumas psychiques insuffisamment abréagis (unvollständig abreagierte psychische Traumen), voir Vortrag. Über den psychischen Mechanismus hysterischer Phänomene, in *STA, Band VI, Hysterie und Angst*, p.23.
[242] Idem, Die zukünftigen Chancen der psychoanalytische Therapie, in *STA, Ergänzungsband, Schriften zur Behandlungstechnik*, p. 130.
[243] Idem, Wege der psychoanalytischen Therapie, *ibidem*, p. 244.

On ne sera pas étonné, si l'on sait le rôle décisif que Freud donne à la sexualité dans toute pathogénie psychique, qu'il précise que le médecin combat les aspirations sexuelles inassouvies sous la forme des symptômes nerveux (unbefriedigte Sexualstrebungen, deren Ersatzbefriedigungen in der Form nervöser Symptome wir bekämpfen)[244]. Tout lecteur des *Drei Abhandlungen zur Sexualtheorie*, se rappellera la formule lapidaire mais percutante que Freud y utilise : les symptômes sont [...] l'activité sexuelle des malades (Die Symptome sind [...] die Sexualbetätigung der Kranken)[245]. Hypothèse à méditer, et à ne jamais négliger, même si tout n'est pas affaire de sexe – à mon avis – dans le champ de la psychopathologie.

Selon Freud, celui des débuts en tout cas, la force des représentations pathogènes restera démesurée tant que l'anamnèse n'en est pas faite, tant qu'elles ne sont pas devenues conscientes : le patient se satisfait de symptômes, et il reproduit quelque chose en acte, il se répète compulsivement sans comprendre pourquoi, malgré la volonté d'y changer quelque chose. Et pour cause : il est habité par une volonté clivée, dédoublée. Freud préconise que le patient doit se rappeler ces représentations explicitement, pouvoir en parler, et ainsi en relativiser l'investissement : le patient en diminuera la charge affective, il abréagira à retardement, et il pourra ainsi s'investir ailleurs, autrement, en mettant à profit le travail de la pensée à l'essai. Ainsi que le dira Freud ultérieurement, le patient, grâce à une régression ex-

---

[244] Idem, Über « wilde » Psychoanalyse, *ibidem*, p. 137. Comparez, 19. Vorlesung. Widerstand und Verdrängung, in *STA, Band 1, Vorlesungen zur Einführung in die Psychoanalyse*, p. 296 et 20. Vorlesung. Das menschliche Sexualleben, *ibidem*, p. 304.
[245] Idem, Drei Abhandlungen zur Sexualtheorie, in *STA, Band V, Sexualleben*, p. 72. Comparez *Briefe an Fliess, Manuskript N*, p. 268.Comparez Bruchstück einer Hysterie-Analyse, in *STA, Band VI, Hysterie und Angst*, p. 179. Comparez 19. Vorlesung. Widerstand und Verdrängung, in *STA, Band I, Vorlesungen zur Einführung in der Psychoanalyse*, p. 296.

périmentale, rendue possible et provoquée délibérément à l'occasion du travail psychanalytique, arrêtera de régresser sans fin : il aura fait un bout de travail de culture, dans le sens du progrès, de l'âge adulte, de la civilisation.

Oublier ? Refouler, rejeter, repousser … sans détruire

Tout lecteur averti se dira : sacré nom de tonnerre, vous n'avez même pas utilisé le mot « refoulement », « die Verdrängung ». Le lecteur a raison. Et je l'ai fait exprès.

Au départ Freud a en effet quantité de mots, substantifs et verbes, pour désigner le mécanisme ou l'action qui est à l'origine de cette résistance ultérieurement rencontrée par le médecin psychanalyste Freud. Ce qui apparaît à première vue comme une amnésie (Amnesie), relève tout aussi bien d'un évitement (Vermeidung), d'un rejet (Abstossung), d'un refoulement (Verdrängung), d'une défense (Abwehr), d'un penchant à repousser, d'une attitude négative à l'égard de quelque chose (Abneigung). Ce que l'on « oublie », ou plus exactement, ce que l'on n'arrive pas à « se rappeler », est en fait une chose que l'on empêche (verhindern), qu'on repousse en dehors de la conscience et de la mémoire (aus dem Bewusstsein und der Erinnerung drängen)[246]. Et il n'y a aucun doute que Freud attribue toutes ces actions au « Ich » : c'est le « Ich » qui « oublie », c'est-à-dire empêche, repousse, refoule, rejette, évite et cetera.

Plus tard, Freud essaiera de départager divers types d'action, divers mécanismes psychiques, sans utiliser encore tous ces mots et tous ces verbes comme s'il s'agissait de synonymes. Il le fera en référence aux différentes maladies psychiques : les différentes psychonévroses (les névroses, les psychoses) d'une part, les perversions d'autre part. Mais il mettra du temps à y parvenir. En 1911 par exemple, dans son étude du cas Schreber, un cas de

---

[246] Idem, *Studien über Hysterie*, p. et p. 283-285.

paranoïa, il parle toujours encore de « Verdrängung », pour désigner l'action psychique de Schreber à l'égard de son penchant homosexuel insupportable, alors que ce concept semble plutôt approprié pour parler de névrose[247].

Mais quoi qu'il en soit de son cheminement et de ses hésitations conceptuelles, Freud tient que le « Ich » peut se débarrasser de l'insupportable, par une action psychique. Attention toutefois : que le sujet s'en débarrasse, quelle qu'en soit la manière, ne signifie pas qu'il l'ait détruit. Ce qui est « oublié », « refoulé », « rejeté » et cetera revient comme un fantôme. C'est le cadavre proverbial, celui qui sort des placards, selon diverses modalités, celles que les diverses maladies psychiques, encore une fois, mettent chacune en évidence. Et ce retour est d'autant plus probable que le sujet n'a pas pu, sur le moment même, dans le vif du sujet, « réagir adéquatement » à l'expérience douloureuse, l'« abréagir », comme Freud l'écrit à ses débuts, dans les *Studien*.

Ainsi Freud écrit-il en 1915, que le refoulement névrotique maintient une représentation à distance de la conscience (vom Bewusstwerden abhalten), mais sans la détruire (vernichten)[248]. Le « Ich » ne peut par conséquent pas empêcher que cet « oublié » exerce encore une force, redoutable. Le refoulé, comme tout le monde le sait, fait retour (der Wiederkehr des Verdrängten)[249], par exemple à travers un lapsus : quelqu'un ne veut pas dire quelque chose, en fait il ne se permet pas de le dire, bien qu'il le veuille, et il

---

[247] Idem, Psychoanalytische Bemerkungen über einen autobiographisch beschriebenen Fall von Paranoia (dementia paranoides), in *STA, Band VII, Zwang, Perversion und Paranoia*, p. 183-194.
On pourrait aussi tenir, comme Freud semble le faire dans *Das Unbewusste*, p. 155 (*STA, Band III, Psychologie des Unbewussten*) que la psychose, la schizophrénie plus particulièrement, commence par un refoulement, mais que l'énergie libidinale ainsi libérée des investissements objectaux reflue entièrement sur la personne propre du malade, qui régresse vers un état narcissique, sans que de nouveaux objets, inconscients, soient investis.
[248] Idem, Das Unbewusste, in *STA, Band III, Psychologie des Unbewussten*, p. 125.
[249] Idem, Die Verdrängung, *ibidem*, p. 115.

finit par le dire quand-même, sans l'avoir décidé consciemment. De même Freud déclare-t-il, dans le texte sur Schreber, à propos d'une psychose donc, que ce qui a été suspendu à l'intérieur, revient de dehors (dass das innerlich Aufgehobene von aussen wiederkerhrt)[250], par exemple dans l'hallucination.

Selon Freud, il se peut qu'une chose pourtant mnésiquement inscrite, échappe au sujet, à sa mémoire consciente. Il se peut même que cet oubli qui n'en est pas un, soit voulu. Le fait que le sujet ne se « rappelle » pas quelque chose, n'implique nullement que la trace mnésique en aurait été détruite, ou n'aurait plus d'efficace. Elle peut en avoir, pour le mieux comme pour le pire. On peut sans doute dire que le « Ich » est « amnésique », s'il n'arrive pas à se « rappeler » quelque chose. Freud lui-même parle d'« amnésie »[251], dans divers textes à travers son œuvre. Et il parle tout autant de la « remémoration » pour désigner le travail psychique à faire par l'analysant[252]. Petit à petit, il peaufinera son vocabulaire, il restreindra la compréhension de ce mot, il le complétera ou même le remplacera par plusieurs autres concepts entre eux distincts, selon les maladies psychiques qu'il envisage. Mais il doit être clair que « l'amnésie » qu'il a en tête, n'est pas celle dont parlerait aujourd'hui un neurophysiologiste, par exemple celle que subit quelqu'un après un accident qui a causé des lésions cérébrales, ou encore celle qui survient avec le temps, par usure, et où n'intervient aucune sorte d'intentionnalité.

---

[250] Idem, Psychoanalytische Bemerkungen über einen autobiographisch beschriebenen Fall von Paranoia (dementia paranoides), in *STA, Band VII, Zwang, Perversion und Paranoia*, p. 194.

[251] Par exemple en 1904, dans Die Freudsche psychoanalytische Methode, in *STA, Ergänzungsband, Schriften zur Behandlungstechnik*, p. 103; en 1924, dans Der Realitätsverlust bei Neurose und Psychose, in *STA, Band III, Psychologie des Unbewussten*, p. 358; et en 1938, dans l'*Abriss der Psychoanalyse*, p. 81.

[252] Freud S., Erinnern, Wiederholen und Durcharbeiten, in *STA, Ergänzungsband, Schriften zur Behandlungstechnik*, p. 217-230.

« Die Spaltung des Bewusstseins »

ou le clivage de la conscience (1895),

« die Ichspaltung »

ou le clivage du « Ich » (1938)

Tout cela étant dit, il serait trop simple d'affirmer que cette volonté du sujet de ne pas se rappeler soit sienne : elle l'est, mais il n'est pas un monolithe, psychiquement parlant. Elle est donc plutôt en lui que sienne. Les patientes hystériques que Freud rencontre, celles dont il nous parle dans les *Studien*, ne sont sans doute pas toutes hystériques, certaines étaient probablement plutôt psychotiques. Il n'empêche qu'il y a une constante : la personne dont il parle, hystérique ou psychotique, le sujet qui apparaît ici en première personne, comme « Ich », et plus encore, tout un chacun de nous, même sans être tombé malade, est tout sauf une unité substantielle, psychiquement parlant. Le « Ich » n'est pas caractérisé par une transparence complète à lui-même, ni en principe, ni en acte. Il ne suffit pas que « je » veuille être transparent à moi-même, et que « je » m'efforce de l'être, volontairement, par une activité réflexive, pour que « je » m'apparaisse sans reste, en parfaite continuité psychique avec moi-même[253].

Freud l'affirme très explicitement dans les *Studien*, en 1895. Et cela ne diffère en rien de ce qu'il affirme tout au long de sa carrière et jusqu'à la fin de sa vie, par exemple dans *Die Ichspaltung im Abwehrvorgang*, ou dans l'*Abriss der Psychoanalyse*, écrits en 1938. Il est exact que du premier texte

---

[253] Je ne prétends pas que toutes ces formules soient freudiennes, mais il me semble incontestable que c'est cela qu'il dit, et rien d'autre, du début jusqu'à la fin. La dernière formule d'ailleurs, est freudienne : la question de la continuité psychique occupe Freud, en ces termes-là, dans son œuvre maîtresse, la *Traumdeutung* (p.29, p. 96, p. 117, p. 141, p. 444, p. 489, et p. 541). Le sujet, y dit-il, est en discontinuité psychique avec lui-même, irrémédiablement. Et les autres formules ne font que dire la même chose autrement.

au dernier, la topique n'est plus la même : les instances de l'appareil psychique sont diverses, mais la thèse de base ne change pas[254]. Le psychisme se déploie toujours en plusieurs lieux irréductibles, quels qu'ils soient : l'Inconscient, le préconscient, la conscience (première topique) ; ou le « Es », le « Ich », l'« Über-Ich » (seconde topique).

Dans les *Studien* Freud présente ces divers lieux selon deux schémas, me semble-t-il. Le premier schéma est dit « concentrique » : il y a un noyau, le « Kern », constitué par l'idée ou les idées pathogènes, « oubliées », hors conscience (pathogene, vergessene und ausser Bewusstsein gebrachte Vorstellungen), et de nature douloureuse (peinlicher Natur)[255] ; et il y a des cercles tout autour, des couches, des « Schichten », qui en recouvrent la vérité déplaisante par toutes sortes de représentations plus ou moins innocentes. Le deuxième schéma n'a pas reçu de nom particulier de la part de Freud, mais il n'est pas concentrique, et il ressemble en fait fortement au schéma réflexologique de la *Traumdeutung* : plusieurs lieux distincts se jux-

---

[254] Freud, dans la *Traumdeutung*, e. a. p. 190 et p. 582, introduit pour parler des divers lieux de l'appareil psychique le mot « Instanz » (instance) alors qu'il utilise avant cela le mot « System » (système). Le mot instance, qui est une métaphore d'origine juridique, particulièrement apte pour désigner le travail de la censure ou l'action du Surmoi, semble plus adéquat pour parler d'une action dynamique, surtout lorsque cet action dynamique implique le fait de laisser passer un matériel à statut psychique d'un lieu à l'autre, en le transformant. Freud utilise occasionnellement d'autres mots encore : « Organisation » (organisation), un mot proche de système ; « Provinz » (province), un mot à résonance décidément topique ; et « Bildung » (formation), un mot très apte pour faire comprendre que les diverses provinces ne sont pas données d'emblée, mais progressivement constituées au cours d'un développement psychique, lequel est d'ailleurs susceptible d'un renversement régressif, d'une redistribution d'allure plus infantile des forces psychiques.
[255] Idem, *Studien über Hysterie*, p. 285.

taposent, ils s'enchaînent au cours du développement de l'appareil psychique, ils naissent l'un après l'autre ; et ils s'opposent par leur fonctionnement, par leurs objectifs. Donnons quelques détails.

Freud remarque que la résistance des patientes n'est pas toujours pareille : elle varie en intensité. Tant qu'il s'agit de choses sans importance, tant qu'e Freud navigue à la surface, tant qu'il fait des petits ronds sans se rapprocher des questions délicates, ses patientes n'ont guère de difficultés pour se « rappeler » les choses. Mais dès qu'il essaie de se rapprocher du noyau, dès qu'il questionne le centre du problème, là où se situent à son sens les idées pathogènes, la résistance augmente, la « mémoire » semble flancher, encore que cela puisse être une réussite, d'un certain point de vue[256]. Voilà le premier schéma.

Et puis il y a le deuxième. L'exploration des maladies aboutit ici à concevoir l'appareil psychique en référence à la conscience. La condition psychique du malade est selon Freud caractérisée par l'existence d'un deuxième état de conscience (die Existenz eines zweiten Bewusstseinszustandes) ou « double conscience »[257] ; par un rudiment plus au moins hautement organisé d'une seconde conscience (ein mehr oder wenig hoch organisiertes Rudiment eines zweiten Bewusstseins)[258] ; par les modifications morbides de la conscience (die krankhaften Veränderungen des Bewusstseins) ; par le rétrécissement de la conscience (die Einschränkung des Bewusstseins), comparable à une aliénation[259]. Elle est caractérisée par le clivage de la conscience (die Spaltung des Bewusstseins)[260]

---

[256] Idem, *ibidem*, p. 305-306.

[257] Idem, *ibidem*, p. 61-62.

[258] Breuer J. und Freud S. Über den psychischen Mechanismus hysterischer Phänomene (Vorläufige Mitteilung), *ibidem*, p. 39.

[259] Idem, *ibidem*, p. 115-116.

[260] Idem, *ibidem*, p. 142; et Breuer J. und Freud S. Über den psychischen Mechanismus hysterischer Phänomene (Vorläufige Mitteilung), *ibidem*, p. 35.

On aurait tort de croire que Freud parle ainsi uniquement des malades qui le consultent. Ce n'est pas le cas : il écrit que la séparation de groupes psychiques (die Abspaltung von psychischen Gruppen), entendons, la mise à l'écart, hors du domaine de la conscience, de certaines représentations ou des « souvenirs » de certaines expériences, est un processus normal dans le développement des adolescents[261]. Il attire aussi l'attention sur le fait que certaines gens aiment rêvasser de jour, et entretiennent une activité imaginaire très intense. Cela peut prédisposer quelqu'un à devenir malade, croit-il, mais c'est normal en tant que tel. Il parle dans ce contexte de la dissociation de la personnalité psychique dans les limites du normal (die Dissoziation der geistigen Persönlichkeit in den Grenzen des Normalen)[262].

Bien plus tard, en 1938, dans l'article *Die Ichspaltung im Abwehrvorgang*, Freud s'intéresse tout particulièrement à la problématique perverse, à cette manière bien curieuse et paradoxale du « Ich » de se défendre à la fois contre l'exigence de la pulsion et contre la protestation de la réalité (der Anspruch des Triebes und der Einspruch der Realität). Face à la menace de castration, dit Freud, le pervers pratique le déni de la perception du sexe de la femme. Mais en même temps, poursuit Freud, il a perçu que la femme n'a pas ce qu' l'homme a. Et cette perception de la réalité persiste, la preuve en est donnée à travers les symptômes. D'une manière plus générale, Freud affirme que la synthèse des processus du « Ich » ne peut être tenue pour une évidence : cela ne va pas de soi[263]. Cela n'est pas sans rappeler ce qu'il écrit à l'époque de sa collaboration avec Breuer : qu'il existe des représentations insupportables, c'est-à-dire, des représentations que le « Ich » n'arrive pas à synthétiser, par exemple lorsqu'il fait face à un conflit entre la piété filiale due au parent et le plaisir érotique pour soi-même[264].

---

[261] Idem, *ibidem*, p. 152.

[262] Idem, *ibidem*, p. 61.

[263] Idem, Die Ichspaltung im Abwehrvorgang, in *STA, Band III, Psychologie des Unbewussten*, p. 392.

[264] Idem, Breuer J. und Freud S., *Studien über Hysterie*, p. 164-165, et p. 176.

Comment comprendre la Spaltung du « Ich », son clivage, sa difficulté d'opérer une synthèse ? On peut pour cela s'en reporter à l'article *Neurose und Psychose*, de 1923, ou à l'*Abriss,* écrit en 1938. Freud y passe en revue les diverses manières du « Ich » de tomber malade, la psychose et la névrose surtout, mais également la perversion, le fétichisme en particulier. Il explore par la même occasion la position conflictuelle, instable du « Ich » qui se retrouve toujours pris dans des conflits entre instances, véritablement clivé. La synthèse, si déjà elle réussit, ne saurait jamais cacher qu'elle est la synthèse d'une pluralité irréductible, un compromis dynamique, et qu'il ne faut pas grand-chose pour qu'elle s'écroule : pour éviter d'éclater en morceaux, pour éviter la cassure (der Bruch), dit Freud, le « Ich » consent à une perte d'unité (Einheitlichkeit) en se déformant lui-même (sich selbst deformieren), voire même en se fissurant (sich zerkluften), en se départageant (sich zerteilen)[265].

On pourrait ici m'objecter que la « Spaltung » des débuts n'est pas celle de la fin : le clivage du début serait un clivage entre les divers systèmes de l'appareil psychique ; le clivage de la fin, selon le modèle du fétichisme, serait en revanche un clivage à l'intérieur d'un des systèmes de l'appareil psychique, le « Ich », qui n'est autre que le sujet.

Je ne suis pas d'accord. Je commencerai par indiquer ceci[266]. Dans l'*Abriss*, Freud propose une définition de l'« Ichspaltung » : c'est la coexistence, en rapport à une conduite définie (in bezug auf ein bestimmtes Verhalten), de deux attitudes entre elles différentes dans la vie psychique de la personne (zwei verschiedene Einstellungen im Seelenleben der Person). Il

---

[265] Idem, Neurose und Psychose, in *STA, Band III, Psychologie des Unbewussten*, p. 336.
[266] Idem, *Abriss der Psychoanalyse*, p. 100.

vient d'utiliser le concept « Ichspaltung » explicitement dans les deux pages qui précèdent cette définition, pour parler successivement de psychose et de fétichisme. Et il le réutilise aussitôt après en avoir donné la définition, mais cette fois pour parler de névrose. Dans ce dernier cas, précise-t-il, les deux attitudes sont respectivement réparties sur deux lieux distincts : l'une appartient au « Ich », l'autre, contraire et refoulée, appartient au « Es ». Et il poursuit : la distinction est d'ordre topique, mais il n'est en pratique cependant pas toujours facile de décide à laquelle des deux possibilités on a à faire. Et il conclut : peu importe ce que le « Ich » se propose d'entreprendre par aspiration défensive (Was immer das Ich in seinem Abwehrstrebungen vornimmt), peu importe que le « Ich » veuille dénier une part du monde réel extérieur, ou rejeter une exigence pulsionnelle du monde intérieur (ob es ein Stück der wirklichen Aussenwelt verleugnen oder einen Triebanspruch der Innenwelt abweisen will), ce qui compte, c'est qu'aucune des deux attitudes possibles ne puisse prétendre au succès complet, sans reste (vollkommen, restlos). L'autre attitude, de moindre force, subsiste quand-même, et elle a des effets.

J'en conclus pour ma part que la distinction entre un clivage intersystémique et un clivage intrassystémique est un faux problème, dû à une vision exclusivement topique de l'appareil psychique. On parle en effet comme si tout état du « Ich » n'était pas le résultat instantané mais variable du conflit entre diverses forces – ce que Freud ne fait pas. Tout état du « Ich », même statique, est selon lui un moment dans le cours bipolaire d'une dynamique qui va de la réalité extérieure à la pulsion et de la pulsion à la réalité extérieure. Un état statique n'est donc rien d'autre qu'un équilibre dynamique momentanément accompli par le « Ich » aux prises avec diverses puissances qui exercent chacune de leur côté une pression sur lui.

Le « Ich » ou sujet n'existe pas en soi, il n'existe pour Freud qu'à partir d'une différenciation progressive mais toujours fragile d'avec le « Es ». Cette différenciation prend place à partir de la confrontation du « Lust-Ich » à la réalité. Que le « Ich » prenne en compte la réalité, et cherche à s'y préserver, n'implique nullement la disparition du « Es ». Les pulsions qui prennent source à l'organisme, le sien, sont intérieurement ressenties, et elles existent psychiquement en tant que représentations chargées d'affect. Or, certaines d'entre elles échappent à son contrôle en tant que souhaits éternels et indomptables, d'origine infantile. La différenciation d'avec le « Es » n'est pas définitivement acquise : elle peut même selon Freud être inversée, par régression narcissique, en cas de psychose, lorsque l'énergie pulsionnelle retirée des objets est à nouveau prioritairement investie sur le « Ich ».

Par ailleurs, il est vrai que la réalité dont l'épreuve est indispensable à la constitution du « Real-Ich », est extérieure : Freud l'appelle « die Aussenwelt ». Mais cela n'empêche pas qu'elle existe psychiquement pour le « Ich » : elle est explorée quant à ses possibilités et ses impossibilités, elle est très vite perçue du point de vue du plaisir et du déplaisir. Et cette perception, toujours renouvelée et modifiable, est mémorisée. Puis, plus tard, après la résolution pubertaire de la problématique œdipienne, cette réalité extérieure existe également comme interdit à respecter et comme idéal à poursuivre, comme juge et modèle intériorisés, comme appui pour toute identification et désidentification du « Ich », bref, comme « Über-Ich ». Et ce dernier est également susceptible de renouvellement et de modification.

On dit qu'il y a clivage « intrasystémique » parce que le « Ich » adopte pour se défendre deux attitudes contraires à la fois : l'une qui consiste à prendre en compte la réalité extérieure, et l'autre qui consiste à la dénier (verleugnen). Mais que le « Ich » se clive ainsi de lui-même, cela ne signifie rien d'autre que le fait qu'il n'arrive pas à créer une formation de compromis : il ne réussit pas à trouver satisfaction dans la réalité pour ses souhaits, en particulier pour ses souhaits sexuels, et il s'avère incapable d'intégrer cet insupportable défaillance. Il cède donc à la fois, mais séparément, aux pressions des deux puissances auxquelles il est, fétichiste ou non, exposé de toute façon, celle du « Es » et celle de la réalité extérieure. Ces deux puissances existent sans doute en soi, mais elles rendent le « Ich » dépendant d'elles. Et elles le travaillent psychiquement. Il s'agit à la fois de deux réalités irréductibles au « Ich » et de deux forces psychiques – psychiques puisqu'elles sont toutes les deux psychiquement représentées.

Le soi-disant clivage intra-systémique n'existe que de figer la double dépendance du « Ich » : il signe l'arrêt d'un va-et-vient, que j'appellerais dialectique, entre systèmes. Or, ce va-et-vient, cette circulation (der Verkehr) comme le dit Freud, est en définitive selon lui la marque de la santé. Ainsi par exemple écrit-il dans le contexte de la première topique que la caractéristique sans plus de l'être malade est à chercher dans le fait que les tendances des deux systèmes, l'Inconscient et la conscience, cheminent en se séparant complètement : les deux systèmes sont décomposés, sans relation entre eux. « Ein völliges Auseinandergehen der Strebungen, ein absoluter Zerfall der beiden Systeme, ist überhaupt die Charakteristik des Krankseins »[267], voilà ce qu'il écrit. Et il explicite que la névrose n'atteste pas cette décomposition totale, puisque des rejetons (Abkömmlinge) de l'Inconscient passent la barrière de la censure et sont admis à la conscience, de même que de nouvelles représentations sont refoulées, attirées par ce qui l'a déjà été à l'origine[268].

Encore faut-il qu'il y ait de l'inconscient. Est-ce qu'il y en a en cas de psychose ? Freud aurait sans doute répondu que la chose qui est en cas de psychose rejetée (verworfen) de la conscience, n'accède même pas au mode d'existence inconscient. C'est ce que conclura, me semble-t-il, Lacan : il parlera de forclusion de signifiants, par exemple du signifiant phallique. En toute logique la psychose est alors plus grave que la névrose : le va-et-vient, sans s'arrêter totalement, est sélectivement limité ; certaines représentations affectivement chargées en sont simplement exclues, d'autres non, alors que névrotiquement aucune n'en serait exclue. Cliniquement, cela se tient, je crois : nul psychotique n'est totalement psychotique, le rapport à la réalité

---

[267] Idem, Das Unbewusste, in *STA, Band III, Psychologie des Unbewussten*, p. 153.
[268] Idem, *ibidem*, p. 149.

est quelque part maintenu. J'ai ainsi plus d'une fois été frappé à l'hôpital psychiatrique par la possibilité surprenante d'un revirement d'attitude, même chez les plus graves psychotiques, paranoïaques comme schizophrènes. Quelqu'un est en train de converser, de discuter, de s'engueuler avec un personnage halluciné qu'il est le seul à entendre ou voir, et voilà qu'il me répond comme si de rien n'était, aussitôt que je lui adresse la parole et lui demande quelque chose dans le monde du commun des mortels, l'heure par exemple, ou s'il vient manger ; aussitôt sa réponse donnée, il reprend l'autre altercation dans son monde à lui, ou plutôt dans le monde où il est envahi par un autrui, comme si je n'étais plus là. Tel autre patient, manifestement incohérent, morcelé, précocement diminué, absent, éternellement en train de déambuler, me croise dans le jardin du centre psychiatrique où il erre, comme d'habitude. Je ne l'ai pas vu depuis des mois, puisque j'ai interrompu mon stage de formation. Et voilà donc que je le rencontre, par hasard. Et il me dit bonjour à ma première réapparition, avec mon nom, comme s'il m'avait encore vu hier ou connu depuis toujours, comme si je n'avais pas été de passage puisque seulement stagiaire.

Il faudrait, je crois, par souci de cohérence, ne pas parler seulement de névrose, de psychose, de perversion, mais également de névrotisation, de psychotisation, de pervertissement, de tendance à la névrose, à la psychose, à la perversion, plus ou moins radicale et envahissante. De même, le névrosé mériterait d'être envisagé comme un névrotisant, le psychotique comme un psychotisant, le pervers comme un pervertissant. Mais étant donné les habitudes, il est peu probable que cela se fasse. Qu'il suffise en ces conditions de se rappeler que tout état psychique, tout comportement, même immobile en apparence, résulte d'une dynamique toujours active, quand bien même gravement déséquilibrée. Sans cela, on peut tout aussi bien s'en référer au DSM ou à la CIM, et s'affairer par exemple pour éliminer des symptômes sans même questionner leur fonction dans la dynamique globale de la vie du malade.

Poursuivons pour y voir plus clair. Plus de détails sur les diverses modalités de la « Spaltung » sont donnés dans l'*Abriss*, et dans d'autres textes, notamment *Neurose und Psychose*, et *Der Realitätsverlust bein Neurose und Psychose*.

La maladie, une dysharmonie quantitative

Freud, métapsychologue, conçoit la vie psychique comme un conflit dynamique entre plusieurs instances, chacune envisageable comme une force. Les états de maladie sont exactement cela, des états « Zustände », au sens dynamique du mot : il s'y révèle un déséquilibre des forces, celles qui se combattent psychiquement et qui, selon diverses constellations plus ou moins conflictuelles, donnent lieu à toutes les formations psychiques. Il n'est pas question de dégénération. Pas non plus de maladies provoquées par un agent extérieur, un corps étranger (ein Fremdkörper), comme dans les maladies infectieuses[269].

Freud[270], comme je l'ai écrit auparavant, prend les maladies psychiques pour des dérangements fonctionnels de l'appareil psychique. Il précise que les maladies sont des « dysharmonies quantitatives » (quantitative Dysharmonien)[271]. Selon Freud, il n'y a pas de différence essentielle entre la santé et la maladie. Entre la norme et les maladies, il n'y a que des transitions coulantes, fluctuantes (fliessende Übergänge). Il n'y a guère d'état reconnu comme normal où l'on ne puisse trouver des indications de traits (Züge) de

---

[269] Idem, *Abriss der Psychoanalyse*, p. 78 et p. 91.

[270] Idem, *ibidem*, p. 78.

[271] Idem, *ibidem*, p. 78. Le passage en question est un peu curieux, dans la mesure où Freud, qui a commencé par parler de névrose et psychose, précise ensuite sa pensée en ne parlant plus que de névrose. Il me semble toutefois acquis, par la lecture des pages qui suivent, que les réflexions au sujet de la névrose ont une validité générale. Freud lui-même s'en rend compte, et il le dit déjà à la page qui suit, la p. 79 : cette manière de parler est trop générale et ne vaut pas uniquement pour la névrose.

maladie, prétend Freud. Il essaie donc de comprendre les états maladifs de la même manière que toutes les formations psychiques (alle Gestaltungen des menschlichen Seelenlebens) : à partir de l'interaction entre des dispositions données, la quantité de libido principalement, et des épreuves fortuites de la vie (die Wechselwirkung von mitgebrachten Dispositionen und akzidentellen Erlebnissen). S'il y a maladie, c'est qu'il y a trop de ceci, pas assez de cela, ceci et cela pouvant être d'ordre constitutionnel comme accidentel. Mais que signifie « trop », que signifie « pas assez » ? C'est une affaire de degrés, sans frontières absolues : il n'y a aucune possibilité de délimiter la norme psychique par rapport à l'anormalité de manière objective, « scientifique »[272], c'est-à-dire, au fond, chiffrée, par le biais de moyennes statistiques notamment. Freud aurait donc sans le moindre doute possible congédié le DSM. Et en toute logique, le psychanalyste ne détient pas le monopole de la santé, ni l'analysant celui de la maladie. Ils sont tous les deux susceptibles d'être malades comme en bonne santé, selon les principes d'un conflit dynamique interminable.

Deux pôles, un médiateur – sommé d'advenir

Quelles sont alors les instances ou forces en jeu, selon la deuxième topique ?[273] Il y en a trois, ou quatre, selon. Ce n'est pas contradictoire. Mais surtout, pour bien comprendre Freud, il faut se rappeler une chose capitale : l'appareil psychique n'est pas d'emblée donné, puisqu'il résulte d'un développement. Les forces psychiques à l'œuvre dans les maladies forment un système, mais le système résulte d'une généalogie. Cela complique les

---

[272] Idem, *ibidem*, p. 91.
[273] Idem, *ibidem*, p. 41-47, p. 92-96 et p. 101-103 ; 31. Vorlesung. Die Zerlegung der psychischen Persönlichkeit, in *Neue Folge der Vorlesungen zur Einführung in die Psychoanalyse*, p. 496-516.

choses sensiblement, mais permet aussi de comprendre en quoi toute mala-die peut être regardée comme une régression, ou une fixation – en principe réversible dans le sens du progrès.

La première puissance, d'un point de vue systémique comme d'un point de vue génétique, puisque Freud l'appelle tout aussi bien « tout ce qui est hérité, amené à la naissance, établi comme constitution » (alles, was ererbt, bei Geburt mitgebracht, konstitutionnel festgelegt ist), est le Ça (das Es) : c'est la masse des pulsions qui tirent à hue et à dia, ayant leur source dans le corps, conservatrices par nature, en quête de satisfaction. C'est donc la libido, celle qu'il faut soumettre au primat du génital, mais qui en reste parfois à l'état de pulsions partielles. Mais ce sont également les pulsions de destruction, les penchants agressifs. Ce sont toutes ces pulsions dont Freud nous a appris qu'elles ne peuvent être connues qu'à travers leurs représen-tants, l'affect et la représentation.

Entre le Ça et l'autre puissance, entre les deux forces majeures, au milieu, à la recherche d'un compromis entre elles, dans chaque situation ac-tuelle, il y a le « Ich » : c'est le maillon faible, mais le maillon quand-même, chargé d'une médiation ([das Ich] das vermittelt). Il n'est pas une donnée, mais une conquête sur la masse informe des pulsions : au départ, il n'est rien que « Lust-Ich » ; par après, il devient « Real-ich » en plus, suite à la confron-tation au monde extérieur. Il aspire au plaisir, mais il veut éviter le déplaisir (das Ich strebt nach Lust, will der Unlust ausweichen) : il fuit les excitations extérieures quand il le faut ; et il assure la défense psychique (die Abwehr) contre les poussées libidinales et agressives qui ne lui adviennent pas de l'ex-térieur ; il se défend (sich zur Wehre setzen) comme il peut, selon diverses modalités. Il cède à ses souhaits mais seulement quand il n'y a pas de danger, car il est tenu par l'épreuve de réalité (die Realitätsprüfung), donc soucieux de préserver la vie (die Selbsterhaltung) et d'affirmer sa propre personne (die Selbstbehauptung). Il perçoit aussi bien ce qui de l'intérieur l'anime que ce qui lui advient du monde extérieur, il perçoit si c'est plaisant ou déplaisant ; il apprend à connaître et mémorise ses expériences ; il intercale l'activité de pensée entre l'exigence pulsionnelle et la satisfaction, il repousse, si nécessaire, la satisfaction ; et il transforme l'énergie libre en énergie liée, il agit pour changer le monde à son avantage (zu seinem Vorteil). Enfin, soyons clairs : il essaie de faire tout cela.

Le lecteur s'attend alors à voir surgir, à l'autre bout de la confrontation des forces, le Surmoi (das Über-Ich), mais ce n'est pas le Surmoi qui apparaît. À l'autre bout, Freud positionne la réalité du monde extérieur (die Aussenwelt)[274]. Cela se comprend dans la mesure où le Surmoi freudien présuppose ce monde extérieur. Ce monde est le lieu des accidents fortuits comme des impossibles, donc le lieu des expériences agréables et désagréables que le « Ich » mémorise, des fois « oublie ». Et c'est le lieu de l'action préparée par la pensée à l'essai, c'est-à-dire de ce que Freud appelle à ses débuts la « réaction adéquate ». Mais ce monde extérieur est également le monde de l'éducation. Le Surmoi reflète le travail psychique effectué à partir de la confrontation de l'enfant avec une réalité extérieure qui ne lui est nullement familière au départ, mais qui est incarnée en premier lieu par des adultes : ils s'occupent de lui ; et comme il dépend pendant longtemps d'eux, il ne peut négliger tant qu'il est petit ce qu'ils proscrivent et approuvent, il risquerait en effet de perdre leur amour ou leur intérêt. Héritage du complexe d'Œdipe, le Surmoi est le résidu intériorisé de l'éducation. Il exerce plusieurs fonctions à la fois, celle du juge, en tant que conscience morale (das Gewissen) et celle de l'idéal, en tant que modèle à réaliser. Il est formé par identification, largement inconsciente, à partir des interdits et des exigences de la société. Il ne peut prétendre à l'autonomie comme instance psychique qu'à la sortie du complexe d'Œdipe. Il est une formation psychique tardive, une conquête du « Ich » sur le monde extérieur. Mais cette conquête n'est pas sans risque, puisque le Surmoi est une force capable d'agir aux dépens

---

[274] Freud, dans le même texte, p. 67, parle non plus de la position médiatrice du « Ich » entre le « Es » et l'« Aussenwelt », mais de ses trois dépendances (Abhängigkeiten) : à l'égard du « Es », de l'« Aussenwelt », et du « Über-Ich ». Ce n'est pas contradictoire dans la mesure où le Surmoi est un résidu de monde extérieur.

du « Ich », aliénante. Par ailleurs cette conquête n'est pas définitive et achevée, elle peut être modifiée, voire altérée ultérieurement.

Il y a donc deux pôles, et un médiateur – advenu idéalement parlant à partir du nourrisson et à travers l'enfance et la puberté, à l'âge adulte, à la vie en société, à la culture. Que l'on parle de psychose ou de névrose, l'étiologie est fondamentalement la même : il y a défaillance (Versagung). Soit : un souhait éternellement indomptable, d'origine infantile, peu importe lequel, n'est pas réalisé (die Nichterfüllung eines jener ewig unbezwungenen Kindheitswünsche)[275]. Les maladies psychiques surviennent par les conflits du « Ich » avec les diverses instances psychiques qui le dominent, (durch die Konflikte des Ichs mit seinen verschiedenen herrschenden Instanzen). Ces maladies correspondent à des ratages de la fonction du « Ich » qui s'efforce malgré tout de réconcilier entre elles toutes les revendications différentes (ein Fehlschlagen in der Funktion des Ichs [...] das doch das Bemühen zeigt, all die verschiedenen Ansprüche miteinander zu versöhnen)[276].

Il y a maladie lorsque l'équilibre fonctionnel entre les deux pôles, qu'il s'agit idéalement d'établir au cours du développement, est dérangé : l'équilibre entre les exigences de la pulsion qui viennent de l'intérieur (die Triebansprüche von innen) et les excitations qui viennent de l'extérieur (die Erregungen von der Aussenwelt), est bousculé[277]. Il y a maladie lorsque le médiateur abdique quelque part. Tout dérangement fonctionnel de l'appareil psychique ne peut qu'impliquer la défaillance du « Ich », trop sollicité des deux côtés. Toutes les maladies psychiques sont conditionnées par son affaiblissement, relatif ou absolu (die Bedingung der ... Krankheitszustände kann

---

[275] Idem, Neurose und Psychose, in *STA Band III, Psychologie des Unbewussten*, p. 335.
[276] Idem, *ibidem*, p. 335-7.
[277] Idem, *Abriss der Psychoanalyse*, p. 80.

nur eine relative oder eine absolute Schwächung des Ichs sein)[278]. Toutes encore font un sort à l'énergie pulsionnelle qui sollicite sans arrêt le « Ich », d'un côté ; et toutes encore modifient de l'autre côté son rapport à la réalité, car chaque défense psychique excessive entraîne à sa façon une perte de réalité (Realitätsverlust), et par la suite un substitut de réalité (Realitätsersatz)[279].

Quelles sont les divers déséquilibres possibles[280] ? Comment le « Ich » peut-il s'affaiblir, un peu ou radicalement, au point de devenir malade ? Quelles sont, pour utiliser un mot lancé par Freud en 1894, les psychonévroses de défense (die Abwehr-Neuropsychosen)[281] ?

---

[278] Idem, *ibidem*, p. 67.

[279] Idem, Der Realitätsverlust bei Neurose und Psychose, in *STA Band III, Psychologie des Unbewussten*, p. 361.

[280] Je me contenterai des grands distinguos à faire, je n'expliciterai par exemple pas en quoi l'hystérie diffère selon Freud des autres névroses, la phobie et la névrose compulsive.

[281] Freud regroupe en 1894 sous ce terme « les affections psychiques où les symptômes sont l'expression symbolique des conflits infantiles, à savoir les névroses de transfert et les névroses narcissiques », c'est-à-dire les névroses et les psychoses – fonctionnelles, sans lésion somatique (Laplanche J. et Pontalis J.-B., *Vocabulaire de la psychanalyse*, p. 355). Ces affections se distinguent ensemble des névroses actuelles, dont l'origine, somatique, est pour Freud à chercher dans le présent : en cas de névrose actuelle, les symptômes résultent directement de l'absence ou de l'inadéquation de la satisfaction sexuelle (idem, *ibidem*, p. 271). De manière générale les psychanalystes ne maintiennent pas ce distinguo : je dirais par exemple, mutatis mutandis, que le diagnostic du « burn out » aujourd'hui couramment prononcé n'empêche nullement une interrogation psychanalytique qui confronte le consultant à son passé, c'est-à-dire à l'enfant qui demeure actif dans sa vie actuelle.
Déjà en 1896 Freud ne parle plus de psychonévroses de défense, mais de psychonévroses (Neuropsychosen) sans plus, puisqu'il a fini par conclure que chacune d'elles, comme la première qu'il a étudiée, l'hystérie, implique un mécanisme de défense de la part du « Ich ».

La défense névrotique :

répression du Ça, dépendance à la réalité[282]

Première possibilité, la défense névrotique, le refoulement, « die Verdrängung » : une activité psychique effectuée dès l'enfance, et dont les ratées provoquent selon Freud la névrose, déjà pendant l'enfance, ou plus tard, à l'âge adulte. Elle est effectuée par le « Ich », mais elle prouve surtout sa faiblesse : il peine à se démarquer des pulsions qui l'animent ; il n'est pas en état de leur trouver un destin dans la réalité du monde des objets extérieurs ; confronté à la « Versagung », il « oublie » donc ses souhaits irréalisables, il ne dénie pas l'objet réel défaillant, mais il le dévalorise (entwerten)[283], il en retire la libido ; bref, il suspend sa prétention à la satisfaction par déférence pour la réalité.

Selon Freud, ce sont surtout les pulsions sexuelles que le « Ich » n'arrive pas à satisfaire dans le monde extérieur: il ne parvient pas à soumettre ces pulsions encore partielles au primat normatif du génital, il reste fixé sur la quête d'objets susceptibles de satisfaire ces pulsions partielles ; et il n'arrive pas à trouver un objet réel en dehors de la constellation œdipienne où règne l'interdit de l'inceste. Le « Ich » est par ailleurs également en proie à des poussées d'agressivité, à des envies destructrices. Bref, il est affecté, ébranlé, voire angoissé, et il imagine le pire : il se heurte à la problématique de la castration, traumatique par excellence ; et il aimerait se débarrasser de quelqu'un, chose effrayante autant que souhaitée. Il arrive évidemment aussi que des enfants soient abusés ou séduits. Et qu'ils soient les témoins

---

[282] Les deux paragraphes sur la défense névrotique, en leur ensemble, sont en gros basés sur plusieurs textes : Die Verdrängung, in *STA, Band III, Psychologie des Unbewussten*, p. 107-118 ; Das Unbewusste, *ibidem*, p. 155 ; Der Realitätsverlust bei Neurose und Psychose, *ibidem*; *Abriss der Psychoanalyse*, p. 78- 90. Des renvois spécifiques sont donnés là où je l'ai jugé nécessaire.
[283] Idem, Der Realitätsverlust bei Neurose und Psychose, in *STA Band III, Psychologie des Unbewussten*, p. 358.

involontaires de scènes sexuelles qu'ils ne comprennent pas. Et puisqu'ils ne savent pas comment se débrouiller avec tout cela, puisqu'ils n'arrivent pas à inventer une réponse adéquate à ces souhaits et à ses envies en situation, ils ont recours à une défense psychique.

Névrotiquement, l'enfant refoule ces pulsions sans issue dans la réalité et prend des mesures pour empêcher une percée pulsionnelle qui l'affecte et le déstabilise. Puis, pendant la phase de latence, la problématique sexuelle et celle du meurtre d'un des parents, trop énormes pour être résolues avec l'aide d'une pensée à l'essai, s'oublient. Mais elles réapparaissent à la puberté, lourdes de leur préhistoire oubliée : les pulsions sexuelles, latentes pendant un temps, reviennent en force ; et l'envie de meurtre donne lieu aux conflits entre générations. Il se peut qu'une névrose infantile soit ainsi réactivée. Il se peut aussi qu'une névrose éclate pour la première fois, après-coup.

L'influence parentale peut contraindre le développement de l'enfant : elle peut forcer sa soumission à l'ordre culturel, son inscription dans une société qui interdit l'inceste et le meurtre. Elle peut également favoriser sa créativité : sa quête de satisfactions alternatives, son appétit pour la sublimation. Mais elle ne saurait lui permettre de faire l'économie du conflit entre les forces pulsionnelles qui l'animent et qui demandent satisfaction, d'une part, et les contraintes de la réalité où les satisfaire, d'autre part.

Qu'est-ce-à dire ? Que le névrosé, malgré un désinvestissement d'objets réels défaillants, se soumet paradoxalement aux contraintes de la réalité, au détriment des pulsions. En un premier temps, explique Freud, le « Ich » réprime une part du Ça, une part de la vie pulsionnelle (ein Stück des Es [Trieblebens] unterdrücken), dans la dépendance à la réalité (in Abhängigkeit der Realität)[284], par attachement au monde réel (Anhänglichkeit an

---

[284] Idem, *ibidem*, p. 357.

die reale Welt)[285]. Le névrosé vit comme séparé d'une part de lui-même, clivé des pulsions qui l'animent, entièrement absorbé par la tâche de les refouler, par égard pour la surpuissance des influences réelles (die Übermacht des Realeinflusses)[286].

Mais attention : le fait de céder aux exigences de la réalité, d'« oublier » ses pulsions ne signifie nullement que le sujet vive bien, sans malaise. Le prix payé pour le refoulement des pulsions sexuelles est grand. Parfois le rapport sexuel lui-même reste difficile, même à l'âge adulte. Parfois il s'avère carrément impossible. Parfois c'est pire : la saine sortie de la famille d'origine, qui n'est autre que l'« e-ducatio »[287], n'ayant pas réussie, la vie entière du névrosé se vit sur la défensive, elle s'atrophie, elle n'est que répétition sans la moindre inventivité, sans la moindre capacité de se poser et de s'affirmer.

La défense névrotique :

retour du refoulé, perte de réalité

En un deuxième temps, poursuit Freud, l'on constate quand-même le relâchement du rapport du névrosé à la réalité (die Lockerung des Verhältnisses zur Realität). Le refoulement en tant que tel n'est pas la névrose. Celle-ci consiste plutôt en des processus de compensation (Entschädigung) au profit du « Es », processus mis en marche par ce refoulement : ou bien le « Es » réagit contre ce refoulement, ou bien le refoulement d'une part du

---

[285] Idem, *ibidem*, p. 360.
[286] Idem, *ibidem*, p. 357.
[287] Ce sont mes mots, pas ceux de Freud.

« Es » ne réussit pas (Diese [die Neurose] besteht vielmehr [...] in der Reaktion gegen die Verdrängung und im Missglücken derselben) [288].

Le « Ich » ne réussit pas toujours à réprimer l'affect : le névrosé angoisse quand-même ; l'affect prend une autre couleur sans disparaître et sans qu'on comprenne encore à quoi il tient ; l'affect réapparaît, transféré et il est donc méconnaissable. Et le « Ich » est incapable d'anéantir les représentations refoulées, aussi irréalistes et aussi contradictoires entre elles qu'elles puissent être – cela ne dérange nullement l'Inconscient, mais d'autant plus le « Ich ». Ces représentations sont inconsciemment investies, elles restent actives à son insu, et elles se frayent un chemin pour se réaliser quand-même, par exemple sous la forme d'actes manqués, d'obsessions, de phobies qui sont autant de symptômes à interpréter. Le névrosé agit alors sans pouvoir cacher les intentions inavouables qu'il n'a pas voulu montrer, il est assiégé par une idée fixe dont il aimerait se libérer, il est saisi d'une peur devant un objet défini, et ce sans raisons objectives. Il ne veut pas tout cela, mais cela se passe quand-même, sans qu'il puisse directement s'expliquer pourquoi. Et il en souffre, cela fait symptôme. En ce sens le névrosé subit une perte de réalité, il est aliéné de la réalité (von der Realität entfremdet)[289]. Les actes manqués, les pensées obsédantes, les phobies qui font symptôme, sont autant d'exemples de « réaction inadéquate », comme aurait dit le premier Freud dans les *Studien*. Ils attestent l'échec douloureux de « la pensée à l'essai » dans la réalité, comme aurait dit le Freud de la *Traumdeutung*. Ils prouvent qu'un autre drame, motivé ailleurs, d'origine infantile, se rejoue ici, dans l'actualité.

Cette perte de réalité, n'est cependant pas uniquement perte. Les symptômes fonctionnent comme des Ersatz de réalité. Les souhaits refoulés font retour dans la réalité à travers les symptômes. Selon Freud il faut même

---

[288] Idem, *ibidem*, p. 357-8.

[289] Idem, Formulierungen über die zwei Prinzipien des psychischen Geschehens, *ibidem*, p. 17.

dire que ces symptômes réalisent les souhaits refoulés : ce sont des satisfactions alternatives[290], et c'est bien pourquoi, toujours selon Freud, les patients névrosés résistent aux tentatives de guérison.

Les symptômes sont des formations de compromis, mais comme ils s'imposent de force au « Ich », celui-ci se sent attaqué en son intégrité. Et il recommence contre ces rejetons qui devraient quand-même le satisfaire, le même combat, déjà engagé au passé contre le refoulé originaire. Mécanique infernale. La vie du névrosé se ratatine, mais la réalité tout autant, faute de souplesse et faute d'inventivité. Cette souplesse et cette inventivité sont pourtant toutes les deux nécessaires pour faire un sort aux pulsions en situation réelle.

Il arrive en effet que les objets réels défaillants soient astucieusement remplacés par des objets de fantaisie, d'origine inconsciente[291] : la libido désinvestie est alors réinvestie agréablement sur un autre type d'objets, qui n'est pas soumis au principe de réalité. L'activité fantasmatique, souple et inventive, supplée à la vie réelle. Et qui sait : elle aide peut-être à s'y préparer, à la transformer, si le talent le permet, si les exigences réelles ne sont pas trop écrasantes, si la fantaisie peut être partagée. Mais il arrive tout autant que l'activité fantasmatique empêche la vie réelle, qu'elle aliène le névrosé. N'est pas souple et inventif qui veut.

---

[290] Idem, Die zukünftigen Chancen der psychoanalytische Therapie, in *STA, Ergänzungsband, Schriften zur Behandlungstechnik*, p. 130 ; Wege der psychoanalytischen Therapie, *ibidem*, p. 244.

[291] Idem, Zur Einführung des Narzissmus, in *STA Band III, Psychologie des Unbewussten*, p. 42; Das Unbewusste, *ibidem*, p. 155; Der Realtätsverlust bei Neurose und Psychose, *ibidem*, p. 360-361.

La défense psychotique : « der Realitätsverlust »

Deuxième possibilité : le rejet psychotique. La pensée de Freud est ici plus chancelante, moins élaborée. Mais on peut quand-même évoquer en grandes lignes l'étiologie, la défense psychique, et ce qui en résulte.

Je ne crois pas qu'on puisse dire que Freud ait définitivement opté pour un concept particulier pour désigner la défense psychotique, mais il semble acquis qu'il ait en tête une défense autrement plus radicale que le refoulement. Ainsi en 1914 dans *L'homme au loup*. Il y évoque un rejet (eine Verwerfung), qui n'est pas sans rappeler le refoulement, mais qui s'en distingue dans la mesure où le rejet, sans avoir déjà le statut d'un jugement, est spécifiquement rejet du fait de la castration pourtant observée : l'enfant maintient ses théories infantiles à propos de l'organe sexuel de la femme, malgré le fait qu'il dispose d'une évidence contraire à ses théories. Il fait comme s'il n'avait pas vu que la femme n'a pas ce qu'a l'homme, il continue comme si la castration n'existait pas (als ob sie nicht existierte). Plus tard, l'enfant reconnaît cependant la castration comme un fait (die Kastration als Tatsache anerkennen). Mais cela n'empêche pas que ce qui a été rejeté auparavant, fera encore retour sous forme d'hallucination[292]. Déjà là, on voit réapparaître le double mouvement de la perte de réalité et de l'Ersatz de réalité, mais sous une forme non névrotique.

Dans l'étude du cas paranoïaque *Schreber*, en 1911, quelques années auparavant, Freud, en parlant cette fois d'une paranoïa, indique déjà contre quoi le malade avait exercé une défense : un souhait homosexuel qui se manifestait en fantaisie (Abwehr einer homosexuellen Wunschphantasie)[293]. Cette représentation insupportable est attribuée à quelqu'un d'autre, par

---

[292] Idem, Aus der Geschichte einer infantilen Neurose [«Der Wolfsmann»] in *STA, Band VIII, Zwei Kinderneurosen*, p. 194 et p. 199.
[293] Idem, Psychoanalytische Bemerkungen über einen autobiographisch beschriebenen Fall von Paranoia (dementia paranoides), in *STA, Band VII, Zwang, Perversion und Paranoia*, p. 183.

projection. Mais Freud interroge cette projection, pour en arriver à la conclusion qu'elle est au fond mal nommée. Il n'était pas correct de dire, se corrige-t-il dans ce texte, qu'un sentiment réprimé à l'intérieur, était projeté vers l'extérieur (Es war nicht richtig zu sagen, die innerlich unterdrückte Empfindung werde nach aussen projiziert). Il faut dire, poursuit-il, que ce qui a été suspendu à l'intérieur, revient du dehors (dass das innerlich Aufgehobene von aussen wiederkehrt)[294], par exemple dans l'hallucination. Cette chose qui revient du dehors n'a donc jamais existé intérieurement, même pas inconsciemment, tant elle fut insupportable.

En 1923, et toujours dans le même sens, Freud écrit que le « Ich » refuse l'acceptation de nouvelles perceptions (verweigert die Annahme neuer Wahrnehmungen) : le monde extérieur n'est pas perçu, ou alors sa perception reste complètement sans effet ; même le monde intérieur qui représentait jusqu'alors ce monde extérieur comme son reflet, est désinvesti et perd sa signification[295].

Comment expliquer ce rejet sans inscription intérieure par le « Ich » ? Quand donc une psychose se déclenche-t-elle ? Freud, en toute logique, mais hypothétiquement, voit deux raisons possibles, deux occasions possibles : 1. la réalité est insupportablement douloureuse, 2. les pulsions ont acquis un renforcement extraordinaire (Der Anlass für den Ausbruch einer Psychose sei entweder dass die Realität unerträglich schmerzhaft geworden ist, oder dass die Triebe eine ausserordentliche Verstärkung gewonnen haben)[296].

---

[294] Idem, *ibidem*, p. 194.

[295] Idem, Neurose und Psychose, in *STA, Band III, Psychologie des Unbewussten*, p. 334.

[296] Idem, *Abriss der Psychoanalyse*, p. 97.

Il y a donc encore et toujours une « Versagung », « eine schwere, unerträgliche Wunschversagung der Realität »[297] : le souhait se heurte à une lourde, insupportable défaillance de la réalité. Mais les rapports de force s'inversent. Alors que le névrosé cède en un premier temps à la réalité, le psychotique commence par le refus de la réalité extérieure (die Ablehnung der Aussenwelt), et se soumet au règne du Es. On peut ainsi dire, comme Laplanche et Pontalis dans leur *Vocabulaire de la psychanalyse*[298], qu'au regard de Freud toute psychose est à prendre pour une perturbation primaire de la relation libidinale à la réalité. Le point de vue proprement psychanalytique, celui du plaisir et de déplaisir, celui du sujet du souhait aux prises avec diverses puissances, n'est donc pas modifié lorsque Freud ne parle plus de névrose mais de psychose.

Le « Ich » psychotique détourne son intérêt de la réalité (die Abwendung des Interesses von der Aussenwelt)[299]. Il désinvestit le monde extérieur, il s'en laisse arracher et se laisse envahir par le « Es » (lässt sich vom Es überwältigen und von der Realität losreissen)[300]. Il est en un premier temps soumis à la surpuissance du « Es » (die Übermacht des Es), alors que le « Ich » névrotique est en un premier temps soumis à la surpuissance de l'influence réelle[301].

Mais comme ce « Ich » psychotique n'a rien refoulé vers un intérieur où ce refoulé continuerait à exister sur le mode inconscient, toute l'énergie retirée, à investir, reflue vers le « Ich » lui-même, rentre dans le « Ich » (die

---

[297] Idem, Neurose und Psychose, in *STA, Band III, Psychologie des Unbewussten*, p. 335.

[298] Laplanche J. et Pontalis J.-B., *Vocabulaire de la psychanalyse*, p. 356.

[299] Idem, Zur Einführung des Narzissmus, in *STA, Band III, Psychologie des Unbewussten*, p. 42.

[300] Idem, Neurose und Psychose, *ibidem*, p. 335.

[301] Idem, Der Realitätsverlust bei Neurose und Psychose, *ibidem*, p. 357.

abgezogene Libido [...] tritt ins Ich zurück)[302]. La libido libérée s'investit narcissiquement, sur la propre personne, sur le « Ich ». En se retirant du monde du commun des mortels, le psychotisant devient inaccessible à l'action thérapeutique, faute de transfert[303]. Le « Ich » qu'il n'arrive pas à maintenir dans le monde de la réalité extérieure, régresse et reconstitue ce qui aurait été, à titre d'hypothèse, d'après Freud à la suite de Karl Abraham, l'état psychique primitif de son développement psychique : le narcissisme, l'investissement de soi sans investissement d'objets extérieurs, soit un état d'indifférenciation du « Ich » et du « Es »[304]. Voilà une bien singulière façon de restituer l'expérience de plaisir d'il était une fois !

Les conséquences sont énormes. Le contrôle de l'activité motrice, normalement préparée par la pensée à l'essai, s'effondre[305]. Le corps même du psychotique, bien qu'investi au détriment de la réalité extérieure, ne lui appartient pas en propre. L'initiative de l'activité motrice, qui revient au

---

[302] Idem, Das Unbewusste, *ibidem*, p. 155-156.

[303] Idem, Das Unbewusste, *ibidem*, p. 155.

[304] La chose est en fait plus compliquée : le mot même de narcissisme implique une image spéculaire, et il indique en tant que tel une action psychique qui transforme l'investissement éclaté des bouts de corps du nouveau-né (l'auto-érotisme), en investissement d'une unité. Cette unité ne pourrait donc être première, génétiquement parlant, contrairement à l'auto-érotisme.
Freud effacera par la suite cette distinction entre auto-érotisme et narcissisme, du moins dans certains textes. Il distinguera dans le cadre de la deuxième topique le narcissisme primaire (indifférenciation du « Ich » et du « Es »), et le narcissisme secondaire (le reflux de la libido retirée aux objets, sur le « Ich »). Ce dernier est par ailleurs compatible avec un investissement d'objet, et il est en ce sens normal. Mais lorsqu'il est prédominant et exclusif, ce narcissisme secondaire s'installe au prix du désinvestissement massif des objets.

[305] Idem, Das Unbewusste, in *STA, Band III, Psychologie des Unbewussten*, p.138.

« Ich », lui échappe : il est agi par un autre, Dieu par exemple (tel le paranoïaque Schreber[306]) ; ou alors il prend au contraire au mot ce qui se dit et il
agit littéralement ce qui se dit du corps (tel le schizophrène), là où le commun
des mortels, n'ayant pas perdu le contact avec la réalité, interroge le rapport
du mot à la chose, et prend telle ou telle expression ayant trait au corps pour
une métaphore[307].

La défense psychotique : « der Realitätsersatz »

Voilà la perte de la réalité. Mais ce n'est qu'un premier temps, il y en a
un deuxième : l'Ersatz de la réalité.

Le détachement du « Ich » de la réalité (die Ablösung des Ichs von
der Realität) n'est jamais complet, sans reste (restlos)[308]. Il est caractéristique
pour l'état psychotique, postule Freud, que deux courants existent en même
temps. Le « Ich » est clivé entre deux attitudes : d'un côté, il se détache de la
réalité sous l'influence des pulsions (das Ich unter Triebeinfluss von der Realität ablösen), à la manière du fétichiste qui dénie (verleugnen) ce qu'il a vu ;
mais de l'autre côté, il prend en compte cette réalité (der Realität Rechnung

---

[306] Idem, Psychoanalytische Bemerkungen über einen autobiographisch beschriebenen Fall von Paranoia (dementia paranoides), in *STA, Band VII, Zwang, Perversion
und Paranoia*, p. 145-146.

[307] Freud parle à ce propos d'« Organsprache », *ibidem*, p. 156-157. Exemple : Quand
une patiente me dit à propos de sa grand-mère : « elle me casse les bonbons », j'entends bien qu'il y a métaphore. Mais si je disais à un schizophrène : « tu me casses
les bonbons », le résultat risque selon Freud d'être bien différent, en tout cas pour
les bonbons qui sont des sucreries, sinon pour les bijoux de famille … Et qu'arriverait-
il si je disais à un schizophrène « casse-toi », « taille-toi » ?

[308] Idem, *Abriss der Psychoanalyse*, p. 97. Comparez Über einen autobiographisch
beschriebenen Fall von Paranoia, in *STA, Band VII, Zwang, Paranoia und Perversion*,
p. 195.

tragen), de nouveau à la manière du fétichiste qui reconnaît (anerkennen) ce qu'il a vu[309].

Le « Ich » psychotique maintient donc quelque part encore la mobilité de la libido. Idéalement parlant, lorsque l'optimum de la santé est atteint, la libido est caractérisée par la pleine mobilité (die volle Beweglichkeit) : elle circule des objets vers le « Ich », et de l'« Ich » vers les objets. Elle n'est pas figée dans son attachement à certains objets, ce qui serait délétère pour le développement de l'individu dans le sens de la culture. Et elle n'est pas non plus, par régression radicale, uniquement investie en un « Ich » employé à se protéger du contact avec une réalité extérieure qui le contraindrait au développement[310]. Mais le psychotique est loin d'atteindre cet idéal de pleine mobilité de la libido, entre soi et ce qui est autre.

Schreber délire. Il croit devenir femme. Et il croit être appelé selon les vœux de Dieu à enfanter une nouvelle humanité qui va sauver le monde : il forme un délire de filiation extrêmement élaboré, il développe un système du monde et une théologie sans faille. Ces délires que nous prenons pour des productions morbides, sont en fait des tentatives de guérison, de reconstruction : « Was wir für die Krankheitsproduktion halten, die Wahnbildung, ist in Wirklichkeit der Heilungsversuch, die Rekonstruktion »[311]. Schreber désinvestit le monde, et les personnes qui l'habitent. Il se marie, mais il ne peut pas avoir d'enfants avec sa femme, première « Versagung ». Il est le fils d'un personnage très en vue, et extrêmement autoritaire, mais il fait carrière quand-même jusqu'à ce qu'il s'avère incapable d'assumer la haute fonction

---

[309] Idem, *Abriss der Psychoanalyse*, p. 98-99.

[310] Idem, Eine Schwierigkeit der Psychoanalyse, in *Abriss der Psychoanalyse. Einführende Darstellungen*, p. 189.

[311] Idem, Psychoanalytische Bemerkungen über einen autobiographisch beschriebenen Fall von Paranoia (dementia paranoides), in *STA, Band VII, Zwang, Perversion und Paranoia*, p. 193-194.

de président du sénat qui lui est dévolue, deuxième « Versagung ». Il s'effondre, il est hospitalisé, à l'abri du monde. Mais le monde est toujours là, en la personne du Dr. Flechsig. Et Schreber n'arrive pas à supporter ses penchants homosexuels à l'endroit de ce médecin. Le monde autour de Schreber s'écroule. Cette première catastrophe trouve un écho dans son monde intérieur : après avoir subi l'écroulement du monde autour de lui, Schreber subit l'écroulement corollaire de son monde subjectif, explique Freud. La catastrophe menace de toutes parts, à l'extérieur et à l'intérieur.

Mais Schreber essaie de s'en sortir, en construisant un univers alternatif. Il écrit ses mémoires, il les publie, il écrit un monde en mots, à partir de ses hallucinations. Ces dernières sont pour Freud, comme il l'écrit dans la *Traumdeutung*[312], des réalisations de souhaits, sans aucune entrave, irréalistes parce que dangereuses pour la survie, mais possibles quand-même, lorsque le principe du plaisir fonctionne seul dans le travail de pensée. L'hallucination met en branle la pensée de Schreber, mais ce n'est plus du tout une pensée à l'essai : c'est une pensée délirante qui n'obéit qu'au seul principe du plaisir. Le monde ainsi créé, imaginé, agréable à souhait, merveilleux autant que formidable, peut supplanter le monde réel, insupportable.

Et c'est ainsi que l'humain Schreber regagne un rapport aux personnes et aux choses du monde (der Mensch hat eine Beziehung zu den Dingen und Personen der Welt wiedergewonnen). Ce rapport n'est pas normal, il est restreint. L'intelligence du monde que Schreber se croit le devoir de communiquer à l'humanité actuelle est un délire : ce n'est que lui qui comprend le monde à venir ainsi. Il n'est en effet pas donné à autrui de comprendre la langue fondamentale, celle que parle Dieu (die Grundsprache)[313], alors que Schreber lui-même entend et comprend Dieu. Et la vision du monde de

---

[312] Idem, Die Traumdeutung, in *STA, Band II, Die Traumdeutung*, p. 540.
[313] Idem, Psychoanalytische Bemerkungen über einen autobiographisch beschriebenen Fall von Paranoia (dementia paranoides), in *STA, Band VII, Zwang, Perversion und Paranoia*, p. 151.

Schreber résiste à tout jugement basé sur les faits, et à toute correction objective[314].

Délire (Wahn), mais quand-même : cela vaut mieux que rien du tout. La libido, en un premier temps retirée des personnes, est donc ensuite reconduite vers elles, mais d'une façon singulière : ce qui a été suspendu à l'intérieur, revient de l'extérieur. Et point n'est besoin d'en interpréter la vérité cachée, comme ce serait le cas si l'on avait à faire à des formations de compromis névrotiques. Rien n'est caché à l'intérieur, il n'y a pas de secret (Geheimnis) [315] : cela vient de l'extérieur, de Dieu, mais à Schreber uniquement. Qu'est-ce qui a été suspendu, qu'est-ce qui revient de l'extérieur ? Certaines représentations, pas toutes, seulement celles qui sont insupportables : des souhaits auxquels cet homme n'arrive pas à faire un sort dans la réalité partagée avec d'autres gens. Notons que ces représentations se rapportent 1. non seulement à la vie sexuelle (l'homosexualité refusée par Schreber), 2. mais également, et Freud, me semble-t-il, n'insiste pas assez là-dessus dans ses élaborations théoriques, à la distribution du pouvoir (sa carrière professionnelle, sa dette envers le père, son rapport à la mère, son couple sans progéniture). Ce qui revient donc de l'extérieur, est double : c'est l'identité sexuelle de Schreber, mais c'est aussi son devoir envers l'humanité.

Dans d'autres textes, Freud reprend le même thème, celui de « la réalité de remplacement » (der Realitätsersatz) qui sert à compenser « la perte de réalité» (der Realitätsverlust). Le délire, le seul investissement des mots, à défaut d'investissement de la chose – second investissement qui permettrait de tester la validité du premier –, est à prendre, écrit-Freud, pour la première des tentatives de réparation, de guérison du schizophrène (der erste der Herstellungs- oder Heilungsversuche)[316]. Mais le délirant ne délire pas

---

[314] Idem, *ibidem*, p. 143-144.
[315] Idem, *ibidem*, p. 139.
[316] Idem, Das Unbewusste, in *STA, Band III, Psychologie des Unbewussten*, p. 162.

n'importe comment : il pense. Comment ? En obéissant au seul principe du plaisir. Freud le formule ainsi : « Le « Ich », en s'appuyant sur son seul pouvoir, se crée un nouveau monde intérieur et extérieur de manière arbitraire ; et il ne fait pas de doute que ce nouveau monde est bâti dans le sens des tendances du « Es », selon les souhaits de « Es » » (das Ich schafft sich selbstherrlich eine neue Aussen- und Innenwelt ; und es ist kein Zweifel, dass diese neue Welt im Sinne der Wunschregungen des Es aufgebaut ist)[317].

En un premier temps, la psychose implique une perte de réalité. Mais en un deuxième temps, la psychose, comme la névrose, veut compenser la perte de réalité, écrit encore Freud[318], mais pas aux frais d'une restriction du « Es ». Elle compense cette perte d'une autre façon, plus glorieuse pour soi, plus indépendante, par la création d'une réalité nouvelle qui ne heurte plus le psychotique de la même manière que la réalité qu'il a abandonnée (Der zweite Schritt der Psychose will auch den Realitätsverlust ausgleichen, aber nicht auf Kosten einer Einschränkung des Es [...] sondern auf einem mehr selbstherrlichen Weg, durch die Schöpfung einer neuen Realität [...]). Elle se met ainsi, tout comme la névrose le fait par le retour du refoulé, au service des aspirations au pouvoir du « Es », qui ne se laisse pas contraindre par la réalité (dient [...] dem Machtbestreben des Es, das sicht von der Realität nicht zwingen lässt). La psychose, comme la névrose, mais à sa propre façon, par le retour de ce qui a été rejeté, exprime la rébellion du « Es » contre le monde extérieur, exprime son déplaisir ou si l'on veut, son incapacité de s'adapter à la nécessité réelle, à l'Anangkè ([...] sind also beide Ausdruck der Rebellion des Es gegen die Aussenwelt, seiner Unlust, oder, wenn man will, seiner Unfähigkeit, sich der realen Not, der Anangkè, anzupassen).

---

[317] Idem, Neurose und Psychose, *ibidem*, p. 334-335.
[318] Idem, Der Realitätsverlust bei Neurose und Psychose, *ibidem*, p. 357-359.

N'y a-t-il alors aucune différence entre le monde de fantaisie du psychotique et celui du névrosé ? Si, quand-même. Le nouveau monde extérieur de fantaisie de la psychose veut se mettre à la place de la réalité extérieure (die neue, fantastische Aussenwelt der Psychose will sich an die Stelle der äusseren Realität setzen). Le nouveau monde de fantaisie de la névrose s'appuie en revanche, comme le jeu des enfants, sur un morceau de réalité : elle lui donne une signification particulière, et un mystère, que nous nommons, remarque Freud, symbolique, mais pas tout à fait à juste titre[319]. Il veut dire : le monde alternatif imaginé par le névrosé se prête à l'interprétation, comme un rêve. Le monde alternatif du psychotique, par contre, faute d'avoir été refoulé vers l'Inconscient, se donne pour ainsi dire à ciel ouvert.

On dira encore, mais dans une langue qui n'est plus freudienne, que l'accès du psychotique au Symbolique, est compromis, au moins partiellement, faute d'inscription de certains signifiants cruciaux. À mon sens Freud ne parle que très exceptionnellement de cet accès au Symbolique comme tel. Il l'envisage, me semble-t-il, dans *Die Verneinung*[320]. Il y appelle cet accès au symbolique, qui est aux antipodes d'un rejet (forclusion), un « assentiment », un « dire oui » : « die Bejahung ». Si je comprends bien ce qui se dit, cet accès équivaudrait à la constitution d'un Inconscient, soit à la mise en place d'une pensée qui pense, qui crée donc des rapports entre représentations, mais sans disposer du symbole de la (dé)négation (das Verneinungssymbol). La pensée consciente, à l'épreuve du monde, dispose de ce symbole : elle est capable de créer des rapports entre représentations, mais également d'en rejeter, par jugement ; elle n'identifie pas ce qui est différent, elle ne combine pas ce qui n'est pas complémentaire. Pour la pensée inconsciente en revanche, ceci est ceci, mais ceci peut éventuellement être cela (par « Verdichtung ») et cela en plus (par « Verschiebung ») – peu importe qu'un mot ne puisse pas en réalité, par référence aux choses actuelles qui existent dans

---

[319] Idem, *ibidem*, p. 361.
[320] Idem, Die Verneinung, in *STA Band III, Psychologie des Unbewussten*, p. 376-377.

le monde extérieur, être utilisé en lieu et place d'un quelconque autre mot, et être combiné avec n'importe quel autre mot.

Dans ce même texte, *Die Verneinung*, qui peut être lu comme une généalogie de la pensée qui décide par jugement, Freud parle aussi explicitement des psychotiques. Ils n'auraient donc pas accédé à part entière à ce que Lacan appellera par la suite le Symbolique. Freud quant à lui évoque leur négativisme, le plaisir que beaucoup d'entre eux prennent à la (dé)négation (der Negativismus mancher Psychotiker, die Verneinungslust). L'Inconscient, poursuit Freud, puisqu'il ne connaît pas de « non » en lui-même, ne peut en revanche pas être reconnu en sa positivité en cours d'une analyse. Il apparaît cependant consciemment sous la forme de la (dé)négation, lorsque l'analysant dit par exemple : « Je n'ai pas pensé à cela », « À cela, je n'avais encore jamais pensé ». C'est ainsi qu'un névrosé prend acte du fait, nullement indifférent au regard de ses investissements affectifs, que ceci n'est pas ceci mais cela, et que ceci n'est pas ceci seulement mais cela en plus ou en moins, à son insu. Le névrosé souhaite, mais que souhaite-t-il ? Consciemment, il souhaite ceci qui n'est pas cela, et qui n'est pas cela en plus ou en moins. Mais ce « ceci » reste à interpréter, car inconsciemment, il se pourrait que « ceci » soit bel et bien cela, et cela en plus ou en moins.

Remarque : Freud émet des réserves quant à la justesse du mot « symbolique ». Pourquoi ? Sans doute parce qu'il se rappelle la *Traumdeutung*[321]. Il y avait fait de son mieux pour préserver la nécessité d'une interprétation toujours singulière, patient par patient, des formations oniriques. Il s'y était opposé aux seules lectures dites « symboliques », c'est-à-dire effectuées à la mesure de clés d'interprétation universelles.

---

[321] Idem, Die Traumdeutung, in *STA, Band II, Die Traumdeutung*, p. 348 e. a.

La défense perverse : deux attitudes contraires à la fois

Je serai ici beaucoup plus bref.

Au départ, Freud ne parle pas explicitement d'un processus de défense psychique pervers. Il ne classe pas non plus les perversions parmi les psychonévroses de défense. Il n'y met que les névroses et les psychoses.

Mais les perversions ne sont pas pour autant étrangères aux psychonévroses, selon Freud. Car il retrouve de la perversion chez les névrosés et chez les psychotiques. Il ne nie pas qu'il y ait des perversions sexuelles à part entière : il les décrit[322] ; il interroge aussi leur étiologie, tant au niveau constitutionnel qu'accidentel[323]. Mais il s'intéresse tout particulièrement aux perversions dans la mesure où ses patients névrotiques adultes manifestent des comportements pervers et entretiennent des scénarios fantasmatiques pervers. Il fait l'hypothèse que ces irruptions de perversion dans la vie adulte du névrosé révèlent un refoulement mal réussi de penchants sexuels infantiles : l'enfant persiste dans l'adulte. Les perversions apparaissent ainsi comme les symptômes de l'arrêt ou du retard partiel du développement psychique de l'individu humain en tant qu'être en quête de satisfaction sexuelle : les névrosés qui intéressent Freud n'ont pas entièrement réussi le passage d'une sexualité infantile à une sexualité adulte[324].

Or, l'enfant n'est pas au départ orienté vers l'acte sexuel avec un partenaire de l'autre sexe. Sa disposition sexuelle de départ, dit Freud, est polymorphe perverse[325]. Il est une fois pour toutes impossible, poursuit-il, de ne pas reconnaître que la disposition égale à toutes les perversions sexuelles

---

[322] idem, Drei Abhandlungen zur Sexualtheorie, in *STA, Band V, Sexualleben*, p. 60-69.

[323] Idem, *ibidem*, p. 78-79.

[324] Idem, *ibidem*, p. 80.

[325] Idem, *ibidem*, p. 97.

possibles est originaire et partagée par tous les humains ([...] wird es endgültig unmöglich, in der gleichmässigen Anlage zu allen Perversionen nicht das allgemein Menschliche und Ursprüngliche zu sehen)[326]. Normalement l'individu n'en reste pas là, mais cela arrive quand-même. Et même s'il refoule cette disposition originaire, et la dépasse, certaines composantes du refoulé pervers risquent toujours de faire retour.

Dans les *Drei Abhandlungen zur Sexualtheorie*, la perversion apparaît comme le positif de la névrose : ce que le névrosé refoule de son appétit sexuel et ce qui revient ensuite chez lui par le biais des symptômes qui parasitent son rapport sexuel à quelqu'un d'autre, est vécu par le pervers en tant que tel. Ce qui est normalement soumis au primat du génital, vers la fin de la petite enfance, mais surtout lors de la résolution du complexe d'Œdipe, se manifeste sans ce primat. Ce qui pourrait avoir le statut d'un plaisir préliminaire (Vorlust) dans le contexte d'un rapport sexuel, envahit ici ce rapport au point de le rendre parfois impossible : toute « Lust » sexuelle est recherchée en dehors de l'accouplement hétérosexuel qui pourrait aboutir à la reproduction. Les pulsions partielles – en tant que telles ni normales ni anormales, tout le monde en passe par là – se cherchent et se trouvent satisfaction, sans détours, sans être orientées vers un rapport hétérosexuel, voire homosexuel. Elles sont appelées perverses lorsqu'elles peuvent s'exprimer directement dans des projets fantasmatiques et dans des actes, sans déflexion de la conscience (wenn sie sich ohne Ablenkung von Bewusstsein direkt in Phantasievorsätzen und Taten äusseren können)[327].

Une activité sexuelle n'est pas perverse en tant que telle pour Freud : ni la poursuite d'un objectif sexuel ni le choix d'un objet sexuel ne peuvent

---

[326] Idem, *ibidem*, p. 97.
[327] Idem, *ibidem*, p. 74-76.

être déclarés pervers sans plus. Ce qui rend l'activité perverse, c'est l'exclusivité et la fixation des objets et des objectifs[328]. Cette exclusivité et cette fixation se rencontrent lorsque les pulsions partielles n'ont pas été réorganisées sous le primat du génital : les perversions correspondent à des dérangements de cette « composition » (Zusammenfassung)[329].

Plus tard, en s'intéressant au fétichisme, Freud parlera cependant d'un mécanisme de défense psychique spécifiquement pervers : la « Verleugnung », le déni[330]. Ce n'est pas contradictoire avec ce qu'il a dit auparavant, car le déni ne porte pas sur n'importe quoi : il porte sur ce qu'il faut justement reconnaître pour pouvoir opérer le passage d'une sexualité infantile à une sexualité à deux, hétérosexuelle. Il porte sur la castration, c'est-à-dire sur le fait que la femme n'a pas ce qu'a l'homme. Mais le lecteur n'en conclura pas pour autant que l'homme a tout ce qu'il faut et serait sexuellement complet ! Ce n'est pas du tout ce que Freud dit. L'homme n'est pas plus complet que la femme. Lacan sera très clair là-dessus, en thématisant le concept de phallus, qui n'est autre que le signifiant qui signifie le manque ou l'impossible jouissance toute dans le rapport sexuel, soit la perte nécessaire d'une part de jouissance par un être sexué qui est pris dans le langage.

Les défenses psychiques névrotique et psychotique s'accompagnent d'une perte de réalité et d'un Ersatz pour la réalité perdue. Qu'en est-il de la défense perverse ? C'est pareil : Freud utilise même l'exemple du fétichisme pour faire comprendre le clivage qui a lieu tant névrotiquement que psychotiquement. Le « Ich » est clivé. D'avec lui-même ? Oui, mais tout autant de la réalité extérieure (et du Surmoi) d'une part, que du « Es » d'autre part : il

---

[328] Idem, *ibidem*, p. 70.

[329] Idem, Meine Ansichten über die Rolle der Sexualität in der Ätiologie der Neurosen, *ibidem*, p. 155.

[330] Idem, Fetischismus, *STA Band III, Psychologie des Unbewussten*, p. 383-388; *Abriss der Psychoanalyse*, p. 98-100.

doit prendre en compte ces deux maîtres, et chacun des deux maîtres s'arrange pour obtenir une compensation lorsqu'il n'est pas pris en compte par le « Ich » et perd sa part de puissance. Il n'y a pas de différence entre le clivage du « Ich » et le clivage entre les systèmes de l'appareil psychique, puisque ni la réalité extérieure, ni l'éducation parentale et sociétale, d'une part, ni le « Es », d'autre part n'existent en soi uniquement : ils existent également pour le « Ich », psychiquement.

Clivé, le « Ich » fétichiste adopte deux attitudes contraires à la fois. D'un côté, il dénie la castration, il fait comme s'il n'avait pas vu l'absence de phallus chez la mère : il substitue au pénis absent un fétiche et le rend ainsi à nouveau présent sans devoir se rappeler exactement ce qu'il est. De l'autre, il reconnaît la castration et développe des symptômes qui ne peuvent se comprendre que si l'on admet qu'il a pris acte de la menace d'une castration et qu'il s'abstient pour cette raison-là, de force, de toute activité masturbatoire.

Cette double attitude, fétichiste, est en fait exemplaire pour la vie psychique de l'enfant, fragile. Cet enfant ne peut pas ne pas être confronté à la problématique de la castration. Il est pris dans un conflit, il est coincé entre l'exigence de la pulsion et l'objection de la réalité (ein Konflikt zwischen dem Anspruch des Triebes und dem Einspruch der Realität)[331]. Et il se défend comme il le peut, par cette double attitude défensive. Cela ne se fait pas sans conséquences : le noyau durable du clivage du « Ich » se constitue par cette défense originaire (Die beiden entgegengesetzten Reaktionen bleiben als Kern einer Ichspaltung bestehen)[332]. La synthèse des processus du « Ich », précise Freud, ne va pas de soi.

---

[331] Idem, Die Ichspaltung im Abwehrvorgang, in *STA, Band III, Psychologie des Unbewussten*, p. 391.
[332] Idem, *ibidem*, p. 392.

Et donc ...

Je me défends comme je peux, contre la surpuissance de la réalité et contre la surpuissance du « Es », afin de maintenir un équilibre vivable entre plaisir et déplaisir.

Où est l'insupportable ? Où est la chose qu'il m'est difficile à intégrer, voire qu'il m'a été difficile d'intégrer au passé, que j'ai « voulu » « oublier » ? Vous aurez compris que cela risque de devenir personnel, mais le psychanalyste que je suis n'a aucune raison de croire que ce qu'il écrit de la vie psychique, ne vaut pas pour lui-même. Ce qui n'implique pas qu'il doive en parler à tout le monde, ou au premier venu. Mais bon.

Je prends plaisir à lire Freud, à travailler dessus, à en parler lors d'un enseignement, à chercher à publier quelque chose à son sujet, dans le but aussi, il est vrai, de m'orienter vers autre chose, par après. Quel déplaisir aurait été évité ce faisant, quel souhait réalisé ? Et qui plus est, à mon insu, quelque part ? Quelles attitudes contraires auraient été adoptées par l'enfant en moi ?

Un jour, au cours de mon analyse, je m'apprête à dire quelque chose. Je veux dire, en parlant du passé pubertaire où chacun un tant soit peu honnête avec soi-même, retrouvera une ambivalence sexuelle, ceci : « Je ne suis pas homosexuel ». Et je dis tout autre chose, qui y ressemble partiellement, phonologiquement, par une assonance. Je dis : « Je ne suis pas un intellectuel ». Voilà un beau retour de refoulé. La résistance, mi-consciente mi-inconsciente, n'a pas fonctionné : un rejeton a déjoué la barrière de la censure. L'équilibre des forces psychiques a été modifié : le « Es » gagne une bataille, pas nécessairement la guerre. Car la réalisation des souhaits et des penchants qui m'habitent, ne lui est pas acquise une fois pour toutes. Et il n'est même pas sûr que je veuille qu'ils s'accomplissent. Et il est encore moins certain que leur réalisation soit possible dans le monde extérieur réel. Quoi qu'il en soit, ce dire détourné, dit malgré mes intentions conscientes, me surprend. Ce qui avait été refoulé, il y a longtemps, n'est pas un souhait homo-sexuel, mais un souhait confronté à une ascendance aussi attrayante que dé-bilitante, à une lourde dette symbolique, chargée d'affects contradictoires.

Le lapsus linguae révèle un souhait inconscient, sur le mode de la (dé)négation consciente. Pourquoi donc ce souhait a-t-il été refoulé ? D'as-sociation en association, par le travail d'interprétation, du lapsus et de tant d'autres éléments, il apparaît clairement que le souhait /être un intellectuel/, n'est qu'un élément où se retrouvent condensés et déplacés quantité d'autres éléments, singuliers toujours.

Suis-je un intellectuel ? Bien sûr – aujourd'hui, une part du temps, mais pas du tout à certaines époques de ma vie. Je ne suis pas un intellectuel sans plus. Je ne suis pas un intellectuel académique, je ne théorise pas dans une université, contrairement à plus d'une tête professorale auréolée. Je tra-vaille à partir d'une pratique : elle est clinique, psychanalytique. Je suis donc également un psychanalyste praticien. Par ailleurs, cet intellectuel, même aujourd'hui, et parmi ses collègues psychanalystes, est un mal incarné qui vit perpétuellement dans la possibilité d'un décalage, dans les interstices, perdu d'une traduction à l'autre, refusant pour diverses raisons l'idiolecte domi-nant parmi ces collègues, exposé au risque de disparaître dans ce que cer-tains pourraient prendre un peu trivialement pour la culture de la petite dif-férence narcissique. L'intellectuel que je suis, ne vit pas dans le confort du conformisme. Il est convaincu que la pratique psychanalytique est compa-tible avec plus d'une théorie, que les chemins d'avenir à emprunter à partir de Freud sont divers et multiples. Serait-ce d'ailleurs aujourd'hui possible de vivre dans le confort intellectuel, en tant que psychanalyste tout court, vu la mauvaise presse qu'elle jouit ?

Le souhait d'être un intellectuel n'exclut pas d'autres souhaits. Un trait identificatoire n'est qu'un trait. J'ai plus d'un statut, et je joue plus d'un rôle. Ce qui se comprend aisément dans la perspective de mon histoire, puisque j'ai eu des parents, et des grands-parents, au pluriel, dans la diversité, et des éducateurs autres que des intellos. Je suis donc un lecteur de romans anglo-saxons qui n'hésite pas à consommer un polar sans se poser des questions. Un jardinier, un amateur de football, un homme au foyer, un cuisinier, un œnophile, un activiste politique malgré moi ...

La cure psychanalytique, a-t-elle permis d'évacuer toute « Spaltung » par le biais du travail d'association et d'interprétation ? A-t-elle permis de mettre fin à tout conflit des puissances colonisatrices qui exigent de part et d'autre l'attention du « Ich » ? Non. D'autant moins que je ne prétendrais pas que le refoulement soit le seul processus de défense que je puisse avoir mis en œuvre au cours de ma vie. Plus est en moi, qui m'anime, et que j'ignore, ou que je n'ignore plus, avec l'âge, mais que je ne puis pas pour autant évacuer, puisque l'enfant n'est pas une étape mais une dimension de l'individu adulte. Et infiniment plus encore est dans le monde extérieur, qui pourrait me contraindre à réviser mes souhaits, à prendre acte de certains souhaits que j'ignorais encore, à confirmer la permanence de certaines tendances que je connais déjà.

Deuxième partie

Un second désenchantement

Chapitre 1

Tradition et modernité

Pourquoi lire Freud ? Je peux imaginer plus d'une réponse. La plus évidente, et la plus tautologique, évidemment, est celle-ci : on doit lire Freud parce qu'on est psychanalyste, ou parce qu'on se prépare à l'être, parce qu'on essaie de l'être. Je crains fort que les adversaires de la psychanalyse ne soient pas trop satisfaits par cette réponse. Je ne ressens cependant pas l'envie de rentrer ici dans les débats souvent aussi interminables que stériles sur la scientificité de la psychanalyse et sur l'efficacité de ses pratiques. D'autant plus que ces débats sont légèrement obscurcis par le refus d'interroger la plus ou moins grande incommensurabilité des épistémologies des uns et des autres, et qu'ils ne sont facilités ni par l'habitude de certains psychanalystes de cultiver l'équivoque théorique, ni par le discours scientiste de certains psychologues qui feraient mieux d'essayer d'expliquer à partir de la clinique divers types de fonctionnement, tous irréductibles, tous spécifiquement humains. Dans les textes qui précèdent, j'ai donc préféré répondre à la question posée que je lis Freud par plaisir … pour aussitôt questionner les sens intriqués de ce concept, « plaisir », en prenant Freud pour guide averti !

« Wahrheit und Dichtung »

Je lis Freud par plaisir, et j'invite d'autres à en faire autant. Intéressés ou non par Freud, ils devraient se donner la peine de se demander ce que cela veut dire, le plaisir – puisque Freud, justement, l'a fait tout au long de son œuvre et nous apprend à sonder les abysses du plaisir sans le réduire à la décharge économique. Le plaisir, bien sûr, peut n'être que cela : une manière d'évacuation à la fois utile et facile du stress accumulé, le divertissement par exemple qu'offre un livre entraînant, par détournement de l'attention de la vie réelle, par consommation d'une histoire à suspens qui distrait. Le point de vue freudien sur la question du plaisir, n'est cependant jamais économique seulement, il est également topique et dynamique, et dès lors authentiquement anthropologique. Et non sans raison.

Proposer de lire Freud par plaisir risque malheureusement de conforter les préjugés de ceux qui n'accordent à la pensée freudienne aucune foi, ni théoriquement pour penser en quoi l'humain est humain, ni cliniquement pour répondre à une demande de prise en charge d'un humain. Les adversaires de la psychanalyse pourraient se sentir justifiés par mon plaisir mal compris de lire Freud, et affirmer ceci : « Voilà, c'est bien ce que nous pensions, Freud est agréable à lire parce qu'il raconte de belles histoires. On peut lire certains de ses textes comme on lit un roman, une fiction, un conte pour enfants, 'ein Märchen'. Quant au reste, oublions-le, car Freud n'est pas un scientifique ». Et ils poursuivraient peut-être ainsi : « Pourquoi s'encombrer des textes freudiens qui ne sont même pas beaux à lire, certains textes métapsychologiques de 1915 par exemple, ou le chapitre VII de la *Traumdeutung* ? Gardons la poésie de Freud, mais jetons sa prétention à la vérité : contentons-nous de la 'Dichtung', sans croire qu'on puisse trouver chez lui quelque 'Wahrheit'».

Facile, trop facile !

Freud n'hésite pas à exploiter des écrivains pour s'inspirer et formuler ses idées, celles du complexe d'Œdipe en particulier. Il lit l'*Œdipe tyran* de Sophocle et il lit l'*Hamlet* de Shakespeare. Ici, la question n'est même pas de décider s'il les lit bien ou non. Il les lit, et il ne s'en cache pas lorsqu'il introduit ses idées nouvelles. Il y a aujourd'hui encore des psychiatres et des psychanalystes qui en font autant, Jean-Pierre Lebrun, par exemple, et Michèle Gastambide. Et ils ont bien raison.

Je me demande quant à moi : mais d'où vient donc cette idée que la « Dichtung » ne contient pas de « Wahrheit » ? Que s'est-il passé qu'on pense que la littérature ne puisse être que cela, des belles lettres, et qu'elle soit sans intérêt pour la formation des têtes savantes ? D'où vient par exemple cette conviction que le médecin psychiatre d'aujourd'hui puisse être un spécialiste des maladies psychiques sans passer, comme nombre de ses prédécesseurs, par la lecture des écrivains, des historiens, et des moralistes ? D'où vient encore cette exigence aujourd'hui propagée comme une évidence par certains législateurs apprentis que tout psychothérapeute y compris tout psychanalyste doit être médecin ou psychologue clinicien pour pouvoir accéder à la formation et à l'exercice d'une des multiples et diverses formes de la psychothérapie ?

Qu'on m'entende bien : je n'ai rien contre la psychiatrie médicale, biologiquement informée, et médicamenteuse quand il le faut, et je n'ai rien contre les efforts de théorisation psychopathologique. Et je n'ai rien non plus contre les psychologues qui entendent proposer des modèles scientifiques du comportement humain, ou du fonctionnement psychique proprement humain. Mais je ne peux pas admettre le réductionnisme physicaliste de tous ceux qui doivent quand-même reconnaître 1. que toute médication psycho-trope, pour être efficace, demande un ajustement, très singulier, régulière-ment questionné et révisé, de la molécule au patient, et 2. que l'administra-tion de la médication expose le médecin prescripteur au transfert de la part d'un sujet qu'il ne peut sommairement ignorer, sous peine de rendre son traitement médicamenteux simplement impossible. Et je ne peux pas non plus admettre la prétention scientifique de ceux qui se contentent du plus naïf empirisme dans la construction d'un manuel diagnostique des troubles mentaux qu'ils veulent imposer à tout le monde, littéralement à tout le monde, alors qu'ils déclarent, à qui veut l'entendre et bêtement le croire, et sans se rendre compte de l'énormité qu'ils profèrent, que leur ouvrage, le DSM, est a-théorique. Je n'invente rien, malheureusement. Et je ne veux pas non plus admettre l'énormité qui consiste à croire qu'il faut être médecin ou psychologue clinicien pour comprendre quelque chose à l'humain : va-t-on vraiment prétendre comme un parfait ignorant grossièrement prétentieux que le sociologue, le littéraire ou l'historien par exemple n'ont rien compris au comportement humain, au fonctionnement psychique proprement hu-main ? Permettez-moi : quelle inénarrable imbécillité ! Et dire qu'on prétend fonder une politique de la santé mentale sur pareilles bêtises …

Revenons donc à la question : d'où vient donc cette idée que la « Dichtung » ne contient pas de « Wahrheit » ? La réponse est celle-ci, je crois : la « Dichtung » ne contient plus de « Wahrheit » depuis que les clas-siques ont arrêté d'être des classiques, non seulement pour les amateurs de belles lettres, mais pour l'homme tout court, dans notre culture.

Les auteurs classiques

Il fut un temps où nos écrivains n'écrivaient pas sans réactualiser les classiques de l'antiquité, nos dramaturges par exemple, qu'ils se nomment Racine ou Vondel. Leur œuvre est impensable sans leurs exemples romains, Sénèque et d'autres. Lisez Shakespeare, dramaturge et poète lyrique élisabéthain, à l'aube de la modernité. Il puise dans l'actualité, dans un fond anglo-saxon, et dans l'antiquité. Cela n'a rien d'étonnant. Son œuvre témoigne de la dépendance chancelante à des croyances qui n'enchantent plus la vie d'ici-bas, qui n'offrent plus d'horizon transcendant à la créature humaine, et qui s'écroulent[333]. Elle annonce l'entrée forcée dans une modernité ambitieuse, livrée à elle-même, sans garantie d'avenir puisqu'il faut encore l'inventer, mais pas sans modèle. Shakespeare a recours aux classiques de l'antiquité, les romains surtout. Redécouverts et réactualisés par les humanistes, ces classiques servent de repères dans un monde qui bascule dans la nouveauté.

Qui lit encore aujourd'hui les auteurs classiques, ceux de l'antiquité ? Qui s'appuie encore sur eux pour écrire ? Se félicite-t-on encore comme Horace d'avoir transposé des modèles poétiques grecs vers le latin et d'avoir ainsi érigé un monument qui bravera le temps ? [334] Ecrit-on encore une *Énéide* à la manière de Virgile qui prend Homère comme modèle sans un seul instant s'inquiéter du fait qu'il pratique le « copy paste », aujourd'hui d'ailleurs techniquement beaucoup plus facile que de son temps ?[335] Qui donc s'inspire encore des mythes ou de l'histoire de l'antiquité pour en écrire sa version actuelle et mettre en scène les questions de notre temps ?

---

[333] Voir Bonnefoy Y., Readiness, ripeness : Hamlet, Lear, in *Hamlet. Le Roi Lear*, p. 7-24.

[334] Horace, *Odes, livre III, chant 30.*

[335] Les exemples que l'on peut donner sont nombreux : ainsi la description de la tempête au livre premier de l'*Enéide*, qui est basée sur la foudroyante tempête déchaînée contre Ulysse par Poséidon (*Odyssée, V*, 292 et suivants).

Certes, il y en a. Philip Roth par exemple réécrit l'histoire d'Œdipe dans le magistral *The human stain* : il nous raconte ainsi l'Amérique contemporaine, ses cauchemars, ses aspirations et ses leurres identitaires, il écrit à la fois le récit d'une vie singulière, inventée de toutes pièces sans doute, mais vraisemblable, et un drame politique très réel. Roth a ma foi bien mieux saisi que Sigmund Freud ce que Sophocle a écrit dans son *Œdipe tyran*. Mais la cité d'aujourd'hui ne célèbre pas l'œuvre de Roth comme la cité d'Athènes classique celle de Sophocle, au théâtre : ce sont plutôt les amateurs de belles lettres qui lisent Roth, les férus de littérature anglo-saxonne contemporaine.

Qui cherche trouvera d'autres exemples, et pas seulement littéraires : au cinéma par exemple, chez les Italiens notamment, en 2012, avec le fulgurant *Cesare deve morire* des vieux frères Taviani : ils interrogent la loi, ils questionnent l'institution du social à travers le drame pas du tout inventé mais bien réel de ceux qui (s') en sont exclus, des prisonniers incarcérés dans le bagne de Rebibbia à Rome. Ces prisonniers, dont certains sont entretemps sortis de prison alors que d'autres vivent toujours dans leur geôle, participent dans cette prison à la représentation théâtrale de la pièce *Julius Caesar* de Shakespeare : ils jouent pour leurs compagnons prisonniers et pour leurs familles venues de l'extérieur. Ils jouent leur rôle, parfois y adhèrent au point d'être ce qu'ils jouent, au point de vivre et d'agir leur propre conflit à travers les répétitions et la représentation effective sur scène. Ils sont dans l'actualité, mais ils nous reconduisent vers Shakespeare, puis vers la Rome ancienne en proie à l'anomie, en pleine guerre civile. C'est magnifique, c'est captivant, mais enfin, ce sont là des exceptions, car en général la tradition antique est aujourd'hui muette. Ces quelques écrivains et cinéastes sont comme les rescapés de la tempête chez Virgile, rares : « apparent rari nantes in gurgite vasto »[336].

---

[336] Virgile, *Énéide, livre I*, 118 : « apparaissent sur le gouffre immense de rares nageurs ».

L'autorité de la tradition gréco-romaine

Les écrivains de l'antiquité n'ont pas seulement servi de modèle à d'autres écrivains. Ils ont fait autorité pour l'homme tout court, du moins chez nous, tant que la tradition humaniste persistait. En quel sens ?

Nous parlons de « l'antiquité gréco-romaine », sans sourciller. Mais pour en arriver là, il a fallu un énorme travail d'assimilation de l'héritage grec par les Romains. Les auteurs romains ne se sont pas gênés pour reproduire le modèle grec. Quel est donc ce modèle grec ? L'œuvre des auteurs grecs n'est certainement pas déplaisante. Mais n'est-elle que cela, une œuvre divertissante ? Non.

Je pourrais me délasser en écoutant Homère, comme les Phéaciens en écoutant Ulysse, mais les aventures héroïques contées par l'aède aveugle ne sauraient cacher l'enjeu véritable de ses épopées : le drame de la discorde dans la cité, celle qui divise les chefs (l'*Iliade*), ou celle qui déchire l'entente entre les pairs (l'*Odyssée*). La première voix personnelle dans la littérature occidentale est celle d'Hésiode qui se plaint de son voyou de frère paresseux, et de son village, Askra, effroyable en été, pire en hiver. Mais Hésiode, poète didactique s'il en est, dénonce tout autant les roitelets « dorophages », ceux qui mangent les cadeaux : censés garantir le juste équilibre dans la cité, ils sont au contraire toujours prêts à se laisser corrompre. Pindare est un poète raffiné et inspiré, mais il ne faudrait pas oublier qu'il écrit de la propagande au service des lignées aristocratiques. Arquiloque amuse, mais comment pourrait-il échapper à ses lecteurs qu'il ridiculise la superbe guerrière de la classe aristocratique puisqu'il préfère perdre son bouclier sur le champ de bataille et s'enfuir au lieu d'y perdre la vie ? L'œuvre de Mimnerme nous vaut plus en amour que celle d'Homère, Sappho nous a légué la première pathographie de la littérature occidentale, mais l'œuvre des poètes lyriques reflète en général plutôt les bouleversements politiques de l'époque. Théognis par exemple déplore l'effondrement des valeurs ancestrales et la puissance nouvelle des commerçants fortunés : l'argent a remplacé l'honneur ! Solon écrit bien, mais il écrit ses poèmes pour expliquer comment le sage qu'il est, joue au médiateur dans le but de sauver sa patrie Athènes de l'anomie. Eschyle,

Sophocle et Euripide nous permettent d'évacuer, sans vivre une tragédie nous-mêmes, l'horreur ressentie à la vue du destin impitoyable des héros tragiques d'origine légendaire. Mais quelle est cette horreur ? C'est l'horreur provoquée par le désordre dans la cité, celle qui surgit quand les humains, ni fauves ni dieux, succombent à l' « hybris » : les héros négligent l'injonction d'Apollon (« mèden agan », rien de trop), ils déraisonnent, ils sont en proie à une ivresse dionysiaque, ils n'occupent plus la place qu'ils devraient occuper, et ils se détruisent faute de reconnaître cette place, bien que le même Apollon le leur demande (« gnoothi sauton », connais-toi toi-même). Thucydide est Thucydide, et il parle sans détours : l'homme est un guerrier, et c'est l'appétit du pouvoir qui l'anime et non le droit, aussi bien dans la cité qu'envers d'autres cités. Et puis, il y a Aristophane, auteur de drames comiques, conservateur comme on peut s'y attendre, d'autant plus qu'il écrit quand la cité d'Athènes n'a plus les moyens de réaliser ses aspirations hégémoniques. Il remet tous ses contemporains à leur juste place, les hommes par exemple, qui sont partis guerroyer, mais auxquels les épouses qui en ont marre, refusent le lit conjugal. Il déloge chacun de ses prétentions, par une mascarade hilarante qui met fin à toute prétention phallique, au lit comme à l'agora.

Voilà donc quelques-uns des textes qui ont été considérés, depuis le XVIème siècle et pendant longtemps, comme la référence incontournable de l'homme à former. Il y en a eu d'autres, ceux des moralistes grecs plus tardifs, ceux des historiens et des philosophes romains notamment. Comment se fait-il qu'on ait pu penser former l'homme à partir de ces textes ?

À bien y regarder, la conclusion ne peut être que celle-ci : ces textes ne sont pas uniquement littéraires. Leurs écrivains sont des auteurs, ils parlent avec autorité. Mais de quoi ? De la vie en commun, non pas de la « dzooè », mais de la « bios politikos » : la vie politique, l'exercice du pouvoir par une pluralité préoccupée par la chose publique, le champ de la praxis.

S'il les lisait encore, le lecteur d'aujourd'hui ferait sien l'héritage humaniste : il poursuivrait, à la manière de tant d'autres depuis la renaissance, l'exploration instruite de l'humain en un dialogue incessant avec les dramaturges, les historiens, les moralistes et même quelquefois avec les poètes dits lyriques. Il ne ferait pas ce que les politiciens font aujourd'hui : demander aux experts, dits scientifiques, ce qu'il faut faire pour administrer aussi économiquement que possible la vie de la société – la « dzooè ». Il se formerait plutôt à l'instar de tant de générations d'hommes politiques habitués de lire *Les vies parallèles* de Plutarque, qui confrontait les unes aux autres les vies des hommes politiques romains et grecques – leurs « bioi ». Il se préparerait à la vie commune à la manière des pères fondateurs de la république américaine qui s'en référaient très explicitement à la vieille Rome d'avant Auguste. Il s'acquitterait d'un devoir longtemps jugé indispensable : la formation d'une tête bien-pensante, qui est du même coup formation d'un citoyen qui entend payer sa dette en société sans gérer les conflits politiques à la façon du fonctionnaire de la vie économique. Oserais-je même affirmer, en précisant ce devoir, et avec quelque exagération, qu'il consistait à empêcher comme a priori « la banalité du mal » totalitaire du XXème siècle, c'est-à-dire l'insensibilité morale des administrateurs de l'industrie de la mort, une industrie qui semble être la conséquence ultime de la prétention à réinventer l'humanité en fabriquant un homme nouveau, parfaitement adapté à la machine productrice, mais sans vocation politique faute d'espace commun où pratiquer la dispute ?

Le lecteur d'aujourd'hui ne lit plus tous ces auteurs. Et ceux-ci n'ont plus aucune autorité. La « Dichtung » n'est plus que « Dichtung ». La plupart du temps, les œuvres littéraires font office de belles lettres, preuve de style et d'invention. Et les bons raconteurs produisent des bestsellers, sans intérêt pour la formation des têtes savantes, et a fortiori pour celle des citoyens. Nul ne cherche encore ses repères politiques dans *Les vies illustres* de Suétone. Nul n'éprouve encore le besoin de modèles exceptionnels et de références exemplaires pour l'action politique – quand bien même à discuter et à réactualiser, n'en doutons pas. Mais pourquoi en est-il ainsi ? Comment se fait-il que l'homme d'aujourd'hui n'apprenne plus rien des humanistes, que la tradition gréco-romaine ait perdu son rôle formateur dans notre société ?

La modernité :

maître et possesseur de la nature,

maître et possesseur de la société

Le canon de l'humaniste a été le canon de l'homme blanc bien-pensant – « vir », il est vrai, plutôt qu'« homo », et blanc, très blanc. Il faut rappeler que ce canon a été déprécié parce que relativisé au nom d'une littérature venue d'ailleurs qui mérite également sa place dans nos bibliothèques. Certes, ce n'est pas rien, loin s'en faut, d'être décentré par le surgissement de nouveaux-venus. Mais il faut également prendre acte d'autre chose : l'héritage humaniste a été bousculé et balayé à l'intérieur même de notre culture, sans que la littérature venue d'ailleurs ait dû s'en occuper.

Le bouleversement de la tradition gréco-romaine s'annonce dans les travaux des premiers « philosophes naturels » des temps modernes qui déconstruisent la nature pour concevoir et expérimenter sa mécanique principalement, pour en maîtriser les forces et les mettre à profit. Cette tradition, pourtant réactivée en Occident par les humanistes au sortir du Moyen-âge, est ainsi ébranlée en ses fondements par Descartes au début du XVIIème siècle lorsqu'il fait table rase de la tradition, scolastique et aristotélicienne, avec l'espoir de rendre les hommes « maîtres et possesseurs » de la nature[337].

Il a fallu beaucoup de temps avant que l'homo faber ne réalise le projet cartésien industriellement. Et beaucoup de temps avant que ce même homo faber n'ait élargi ses ambitions de la nature à la société, et n'ait modifié (perverti ?) le projet d'autodétermination des Lumières au nom de la gestion des ressources, mais il y est arrivé : démiurge, il a désormais pris le pouvoir dans le champ de la praxis. Aujourd'hui la tradition est morte et enterrée.

––––––––––––––––––––

[337] René Descartes, *Discours de la Méthode, sixième partie.*

Nous sommes des modernes, bon gré mal gré, voire des postmodernes, désenchantés à nouveau, mais cette fois par le projet moderne qui se heurte à ses limites.

Notre société « moderne » prétend se fonder elle-même, de manière autonome, par référence à elle-même. Mais qu'est-ce que cela veut dire ? Cela veut dire en un premier temps, historiquement parlant : sans repère transcendant, et sans le relai paternel de cette transcendance que représente la personne du monarque, et de manière plus générale, toute figure d'exception. Mais pendant longtemps, cela n'a pas voulu dire : sans tradition, au contraire. Actuellement cependant, cela signifie entre autres choses exactement cela : l'ambition consiste à s'organiser en société sans poursuivre le dialogue avec la tradition gréco-romaine, sans s'inspirer des dramaturges, historiens et moralistes de l'antiquité, ceux-là mêmes qui avaient été questionnés en ce premier temps par une humanité en train de se réinventer dans un monde désenchanté, où le champ politique avait été laïcisé.

La prétention à se fonder par autoréférence peut être considérée superficiellement comme la réactualisation d'un héritage gréco-romain. Les anciens ont en effet expérimenté le vivre ensemble égalitaire, basé sur la discussion et la décision des pairs. Ce fut le cas à Rome avant l'empire, et avant que le christianisme n'en devienne sous Constantin la religion officielle pour des raisons politiques. Et ce fut le cas en Grèce à l'époque classique, après la période des tyrans, avant les conquêtes macédoniennes, avant la défaite devant Rome, pendant une période que nous idéalisons.

L'écart qui nous sépare de l'antiquité est toutefois grand. La démocratie athénienne ne satisfait pas aux critères actuels d'une démocratie : la participation au pouvoir est limitée aux citoyens, lesquels ne représentent nullement la majorité de la population, la cité n'accorde pas de vote à ses femmes, et elle s'appuie sur l'exploitation esclavagiste. La liberté de parole et le pouvoir de décider après un débat comment agir en tant que cité constituée par une pluralité diversifiée, n'empêchent pas l'hégémonisme et la conquête militaire à l'extérieur, au contraire : elle les présuppose, par exemple pour financer les travaux publics qui procurent du travail aux artisans et pour garantir l'approvisionnement en blé. Et ce n'est pas l'égalitarisme radical des Spartiates faisant la chasse aux hilotes qui nous fera changer d'avis sur l'écart qui nous sépare de l'antiquité grecque. Il y a des pairs, oui, mais les pairs sont très élitistes. Et l'autonomie politique des citoyens, même aussi restreinte, est entretenue aux frais d'autrui.

L'écart qui nous sépare est également lisible lorsque nous examinons la distribution du pouvoir à l'intérieur de la cité : la séparation des pouvoirs s'y organise autrement. Le hasard du tirage au sort qui détermine l'exercice d'une fonction publique n'est pas le vote, il est même préféré à celui-ci, qui peut être acheté. Et il nous semble aujourd'hui évident, à l'intérieur de l'UE, que le pouvoir judiciaire soit indépendant du pouvoir exécutif et législatif, sauf si nous nous appelons Silvio Berlusconi. Du temps de Périclès en revanche, la cité athénienne peut occasionnellement officier en son entièreté comme juge, dans le but de se protéger, par ostracisme, contre un citoyen qu'elle soupçonne de vouloir prendre le pouvoir à ses pairs concitoyens. Rien de pareil chez nous.

Et par ailleurs l'apparition d'une sphère d'action politique ne procède pas dans la Grèce antique d'une évacuation du religieux, du désenchantement du monde : la cité avait ses dieux et elle n'en était pas moins corps politique.

Tout cela étant dit, il y a un autre argument bien plus décisif pour ne pas prendre la prétention de notre société à s'organiser par autoréférence comme la réactualisation d'un héritage antique. Chercher les origines de nos démocraties dans la tradition gréco-romaine, reviendrait à oublier une différence capitale : la raison pratique est aujourd'hui obombrée par la raison technocratique, l'action politique détrônée, chapeautée par l'ambition et le devoir du gestionnaire au service de la croissance des forces de la vie (dzooè).

La parole de celui qui débat présentement avec des égaux pourtant divergents, s'appuie sur les dossiers des experts, la décision commune des disputants est informée par des modèles qui affirment en prédire les effets – sans pour autant faire l'unanimité, ni même pouvoir prétendre à la neutralité idéologique.

Est-ce moderne ? Oui, mais en un sens différent du mot. On ne parle plus alors de la modernité au sens de l'autodétermination politique, de la construction de soi hors transcendance, de l'émancipation du champ politique du religieux, mais de la modernité au sens de la rationnelle gouvernance des moyens. Ces moyens, ressources limitées à vrai dire, sont mis en œuvre pour produire des biens qui puissent satisfaire les besoins de la vie. Mais ils sont sans cesse susceptibles d'être gaspillés à cause d'une demande sans limite, qui ne veut pas l'indispensable à la survie mais l'agréable à consommer, et que le progrès technique relance sans cesse, d'autant plus qu'il semble seul garantir l'avance compétitive sur les concurrents, qui se trouvent à l'autre bout du monde parfois, et qui sont avantagés parce qu'ils ne doivent pas contribuer à des systèmes de protection sociale et ne sont pas arrêtés par des soucis environnementaux. L'économie est politique, et la politique économique, pas uniquement mais surtout et en premier lieu. Et la question semble être toujours celle-ci : comment faire pour avoir assez, et même plus qu'assez, toujours plus, demain si pas déjà aujourd'hui, et demain encore si déjà aujourd'hui ? Comment créer de la plus-value ?

Il me semble que nous vivons dans une société qui galope à grands pas, en essayant de se dépasser sans cesse par la création infiniment renouvelée d'un univers instrumenté, maîtrisé, exploité – et commercialisable. Les communautés politiques de l'antiquité n'ont pas eu cette ambition. Et ils n'en ont jamais eu les moyens, la validité de l'épistémè de la physis n'étant pas à cette époque mesurée par la possibilité d'en exploiter les forces. Cet univers artificialisé est entretemps manifestement grevé par les risques inhérents à toute œuvre construite par des ingénieurs qui ne peuvent malheureusement jamais éviter d'être également des apprentis sorciers.

Par ailleurs, le pouvoir dans notre société « moderne » s'exerce surtout ailleurs et autrement qu'à travers la scène politique des personnes censées nous représenter après un vote. Il s'exerce au niveau global, à travers le contrôle des matières premières dont l'extraction bénéficie trop peu et parfois pas du tout aux populations locales. Il s'exerce à travers la détention d'un appareil de production délocalisable selon les intérêts des actionnaires. Et il s'exerce à travers la circulation des capitaux entre des places financières dérégulées avec l'approbation de pouvoirs publics, pas très publics puisqu'ils sont guidés par des lobbys qui installent dans certains pays littéralement leurs représentants aux commandes des ministères avant de les rapatrier dans les banques et les fonds. Le pouvoir s'exerce donc là où aucune possibilité d'alternance n'est instituée par la reconduction régulière des élections : voter implique au moins la possibilité de gouverner après avoir été gouverné. Les conseils d'entreprise où le pouvoir est exercé par des actionnaires majoritaires, ne fonctionnent pas ainsi.

Et le pouvoir dans notre société s'exerce aussi localement, dans notre quotidien, par la mise en discipline, rampante, à laquelle nous nous soumettons sans nous en apercevoir : par la production d'un savoir panoptique d'administrateurs qui en savent beaucoup – trop – sur chaque citoyen, et par la mise en application de ce savoir à travers l'ingénierie sociale, le management. Notre société prétend administrer le corps social en s'appuyant sur des avis, toujours révisables et par définition instables, proférés par des experts dits scientifiques mais qui n'admettront sans doute jamais qu'ils ne sauraient être scientifiques de la même manière, très conditionnelle, que ne l'est un physicien ou un biochimiste dans son laboratoire. La prétendue gestion prend l'allure d'un totalitarisme doux, qui bien sûr « protège » les gens. Il suffit de regarder les recommandations contradictoires des experts économistes face à la crise actuelle, économique et financière, pour bien se rendre compte, qu'ils ne connaissent pas la réponse pour en sortir. Peut-être faut-il poser d'autres questions ? Changer de paradigme ? Démultiplier les épistémologies ?

Prométhée enchaîné ?

Descartes a eu un projet, la maîtrise et la possession de la nature. Il a pour cela largué les amarres de la tradition gréco-romaine : il a cassé la cosmopole de l'opinion fragile et seulement probable (la « doxa » des antiques, caractéristique des débats entre pairs), au nom de la prétention aux certitudes absolues (l'« épistémè » des scientifiques devenus des opérateurs)[338]. L'homo faber de la révolution industrielle a réalisé le projet cartésien, il a accompli « le matérialisme rationnel »[339]. Il s'est facilité la vie. Et il a propulsé la croissance économique à la cadence du renouvellement technique. Ce démiurge s'est même incrusté dans la gestion de la vie commune.

Est-ce une réussite ? Qu'est-il aujourd'hui advenu de l'homo faber ? Ne soyons ni naïfs ni simplistes, il ne faut pas regretter tout « progrès » : des antibiotiques efficaces et des vaccins, de l'eau propre, assez à manger grâce à une productivité agricole grandement accrue, la transformation ingénieuse de tant de ressources énergétiques et de tant de matières, le septième art, l'invention de toutes sortes de produits de synthèse … Mais nous avons le droit de demander : à quel prix ? Et pour le bénéfice de qui ? Au détriment de qui ? Et comme disait l'autre[340] : quelle est donc en fin de compte l'utilité de l'utilité ? Was ist denn der Nützen vom Nützen ?

L'homme industriel atteint aujourd'hui ses limites en acte, malgré le fait qu'il continue à courir sa course effrénée, au fond maniaque, et de temps à autre ralentie par une dépression. Ces limites sont celles de la planète, ainsi que l'on sait depuis longtemps, par les rapports du club de Rome notamment. Et ce sont celles de la croissance économique administrée. C'est une croissance financée par les banques, les actionnaires et les gouvernements ;

---

[338] Steven Toulmin, *Cosmopolis. The hidden agenda of modernity* (1990). Le mot « épistémè » est à entendre ici dans son opposition par rapport à la « doxa », pas au sens de Foucault.
[339] La formule est bachelardienne, c'est le titre d'un ouvrage publié en 1953.
[340] Theodor Lessing, cité par Hannah Arendt, *The human condition*, p. 154.

une croissance propulsée par l'invention technique comme ne l'a jamais été l'économie antique, une croissance donc basée sur ce que Gaston Bachelard a appelé « le rationalisme appliqué »[341] des sciences naturelles, largement étranger au savoir des anciens au sujet de la physis ; une croissance facilitée par l'entreprenariat global, parfois identifiable, parfois sans visage, mais toujours au grand dam des « working poor ».

Mais c'est une croissance également rendue possible à la manière antique 1. par l'exploitation de pauvres bougres qu'on ne voit pas parce qu'ils sont à l'autre bout du monde (et qui ne sont pas si différents des esclaves athéniens dans les mines d'argent de Laurion), et 2. par des guerres, militaires ou autres, dont l'enjeu aujourd'hui n'est pas uniquement la protection contre une inquiétante pensée théocratique, fondamentaliste mais également la préservation de l'accès aux matières premières et aux ressources énergétiques (la flotte athénienne avait aussi pour mission de sauvegarder l'apport céréalier depuis le Nord).

Certes, aujourd'hui la course à la croissance continue et la croissance semble encore toujours jugée nécessaire, cette fois « pour sortir de la crise ». Mais quand-même : les ressources du globe terrestre ne sont pas infinies, et les nouvelles techniques du « fracking », grevé de conséquences indésirables, n'y changeront rien. Ne commençons-nous pas à réaliser enfin que les macro-indicateurs de l'économie, la croissance en termes de produit intérieur brut notamment, sont absolument inadéquats pour évaluer notre position durable dans l'écosystème global, et notre paix commune ? À partir d'un certain degré de développement, l'obstacle premier qui bloque le combat contre la pauvreté n'est pas l'arrêt de la croissance toujours jugée nécessaire, mais l'opposition à la redistribution des richesses, la dualisation rampante de la société, favorisée en outre par une économie financière qui n'est pas productive du tout. Il est grand temps de redéfinir la citoyenneté en dehors du seul travail matériellement productif. Et de réapprendre un peu d'histoire : la constitution des classes moyennes par une redistribution des

---

[341] C'est encore le titre d'un ouvrage de Bachelard, publié en 1949.

richesses nouvelles est une bonne recette pour la démocratisation, leur disparition par contre une bonne recette de guerre, civique ou autre.

Lumières obscures ?

Par ailleurs, l'image d'une humanité libérée que l'homme moderne s'était construite de lui-même, surtout à l'époque des Lumières, a été subvertie depuis longtemps, avant même que l'homme prométhéen n'atteigne ses limites en acte. L'image d'un homme maître et possesseur de lui-même, si pas individuellement alors au moins en tant que collectivité estimée capable d'autodétermination, a été bousculée et anéantie dans le cheminement même de la pensée sur l'homme lui-même. Elle l'a été par divers penseurs occidentaux, parfois également grands écrivains, qui ont chacun questionné la prétendue transparence de cet être à lui-même, sa capacité de disposer entièrement de sa personne. Lesquels ? Ils sont aujourd'hui nombreux, mais il y en a trois qui méritent tout particulièrement d'être nommés, au départ, ceux qu'on a baptisé les penseurs du soupçon. Marx qui ne marche pas comme Hegel sur la tête, et qui dénonce l'illusion idéologique, mais qui rêve quand-même des lendemains qui chantent. Nietzsche qui pratique la philosophie à coups de marteau, et qui traque la volonté de pouvoir qui se love en toute prétention à la vérité. Et Freud en effet, qui est un médecin, un peu spécial, puisque médecin de l'âme alors qu'il est sorti des laboratoires de l'université de Vienne, et médecin qui doit en fin de compte souffrir qu'il ne saurait point guérir l'humain de son humanité.

Bref : il y a eu la subversion cartésienne d'abord, la réalisation industrielle du projet de maîtrise de la nature et quelquefois même de la société ensuite, et nous assistons aujourd'hui à l'accélération forcée de la marche de Prométhée – mais il se pourrait qu'on en soit arrivé à l'arrêt en acte de la course éperdue. Soit : émancipation des Lumières d'abord, transformation démiurgique de l'autoréférence ensuite, et subversion par les penseurs du soupçon après. Où allons-nous ? Je n'en sais rien, mais certainement pas en arrière, vers les classiques congédiés. Il n'y a plus, selon la plupart des savants d'aujourd'hui, je crois, de « Wahrheit » dans la « Dichtung ». Les dramaturges, historiens et moralistes de l'antiquité sont désormais rangés dans les bibliothèques. Ils avaient pourtant une manière fortement intéressante de nous parler de la finitude humaine.

Mais alors, n'y aurait-il pas quelque vérité à découvrir chez les penseurs du soupçon eux-mêmes ? Pas davantage que chez la classiques – du moins selon ceux qu'on pourrait appeler les apôtres du positivisme scientifique. Mais ils se trompent, je crois. Et ils feraient mieux de s'intéresser à la négativité qui définit l'humain, sans laquelle il n'y a pas d'humain, et qui fait que l'humain échappe à lui-même, n'en déplaise à Hegel. Ils feraient donc mieux de s'intéresser à Freud par exemple.

Chapitre 2

Un pari raté ?

« Traduttore, traditore »

L'œuvre de Freud est monumentale. Un monument n'en est pas un si personne ne s'en avise. Je visite l'œuvre de Freud et je cherche d'autres visiteurs, qui puissent partager mon enthousiasme pour tenter de reconstruire ce monument, et pour essayer de penser à la manière freudienne : soit en questionnant les phénomènes cliniques soit en répondant à partir d'eux.

Étant un visiteur passionné par les fouilles, je puis concevoir que l'on soit ravi comme un gamin de pouvoir reconstruire, imaginairement ou réellement, un site archéologique, excité de découvrir un artéfact anodin comme une poulie céramique de métier à tisser, ou un caillou qui est en fait autre chose : un petit carré proprement taillé, minuscule élément d'une mosaïque disparue. Cela ne me déplairait pas de pouvoir écouter un débat à l'agora d'Athènes ni d'observer la plèbe déchaînée par un tribun romain en train de fustiger les « patres » privilégiés. Ben oui, il est agréable d'échapper à soi-même de temps en temps. Et je puis donc également concevoir que l'on veuille penser à la manière freudienne, radicalement : il est très excitant et instructif d'apprendre à penser comme un étranger.

Mais à quoi bon cette pure nostalgie, si ce n'est pour éprouver à quel point l'étranger reste un étranger ? Il ne peut paraître familier qu'à ceux qui le fréquentent très superficiellement. En définitive, étant ce que je suis, je n'arriverai jamais à restituer intégralement l'« étymon » freudien, l'original pure nature, d'autant plus que Freud lui-même n'arrête pas de s'écarter de lui-même et de se ré-instituer – ainsi que chaque personne peut le faire. Plus je traduis cet auteur qui de toute manière se traduit lui-même, plus je me perds, m'altérant, m'aliénant. Mais la reconstruction de l'œuvre freudienne peut assez paradoxalement m'aider en retour à déterminer ma propre place, par le décalage que j'installe à force de mieux comprendre ce qu'il avance et ce qui me semble discutable.

Un monument à recycler – à nouveaux frais

Faut-il en effet croire tout ce qu'il dit ? Non. Il serait plutôt un auteur aussi indispensable qu'insuffisant. Il vaut donc mieux être attentif aux questions qu'il pose, aux impasses dans son cheminement, à ses partis-pris trop évidents – trop « selbstverständlich », trop estampés par son « soi ». Cet effort est profitable à celui qui veut poursuivre son travail à nouveaux frais en s'appuyant sur des lectures critiques déjà faites, et à celui qui veut participer à construire autre chose, sinon mieux, en se démarquant de cette œuvre qui apparaît à plus d'un égard comme un obstacle épistémologique.

Comparons. L'antique Rome, que Freud a visitée, non sans avoir dû vaincre d'abord une certaine résistance, s'est effondrée. Jadis « caput rerum », « urbs unde in omnia regimen », « urbs magnifico ornatu »[342], il n'en reste pas grand-chose aujourd'hui, pour ne pas dire rien. Et tout espoir de reconstruire l'antique Rome est parfaitement vain, impossible à réaliser. C'est terrifiant, jusqu'à ce qu'on réalise, peut-être révolté par tant d'ardeur ou d'indifférence chrétiennes, que ses matériaux ont été spoliés et recyclés par la Rome des papes et des cardinaux (quod non fecerunt barbari, Barberini fecerunt)[343], et plus modestement par la Rome du commun des mortels. La basilique Saint Pierre a été construite avec les bronzes du Panthéon et les marbres des thermes de Caracalla notamment, le seigneur de la villa d'Este à Tivoli s'est servi sans gêne dans la villa d'Hadrien, nombre de cloches d'églises romaines ont été coulées avec le bronze des magnifiques statues équestres impériales dont une seule a survécu, celle de Marc-Aurèle, qu'on avait mépris pour Constantin, premier empereur chrétien. Plus modestement, et avec un certain sens de l'humour face à tant de grandeur démesurée, un nommé Lorenzo Manilio a construit sa maison en 1468 dans le ghetto

---

[342] Tacite, *Annales livre I*, 47, 1 « la capitale » ; *Annales, livre I, 9, 5* : « la ville magnifiquement embellie » ; *Annales, livre III, 47, 2* : « la ville, d'où est gouverné le monde ».

[343] « Ce que les barbares n'ont pas fait, les Barberini l'ont fait », selon les mauvaises langues.

juif sur un coin de rue, en recyclant entre autres pierres quelques bas-reliefs funéraires transportés depuis la via Appia antiqua ...

L'intérêt de l'œuvre de Freud, autrement dit, est d'apporter du matériel à recycler. Il a déjà été recyclé, bien sûr, et avec succès. Aujourd'hui le risque n'est toutefois pas imaginaire que l'œuvre de Freud ne soit lue par nombre de psychanalystes qu'à travers le seul retour opéré par un de ses grands successeurs. Et c'est dommage, parce qu'il est possible de reprendre Freud sans parler lacanien à n'en pas finir, uniquement. Plus d'un avenir théorique peut être construit à partir de l'œuvre du fondateur de la psychanalyse, encore et toujours. Il serait dommage qu'il arrive à Freud ce qui arrive aux classiques en général, de quelle époque que ce soit, à savoir : qu'il soit rangé dans les bibliothèques – pour mémoire, sans être encore lu, sans être réactualisé à nouveaux frais, sans prêter au malentendu heuristique.

Une certaine idée du sujet :

un impossible irrémédiable, au-dedans

Que trouve-t-on dans l'œuvre de Freud à recycler, encore et toujours, à reprendre ou faire revivre autrement ? Quantité de choses, ma foi. Des apories, des présupposés à examiner, mille et une questions. Une interrogation sans cesse renouvelée du plaisir et du déplaisir. Un sens de la rencontre clinique toujours singulière, donc sans précédent pour qui la vit en tant que sujet. Une attitude engagée, exigeante et beaucoup plus variée qu'on ne croirait mais in fine non maîtresse face à ceux qui demandent une prise en charge[344]. L'option épistémologique de construire une théorie de

---

[344] On lira à ce sujet avec beaucoup d'intérêt par exemple :
- les pages que Freud consacre au cas de Frau Emmy von N. : il y complète la méthode hypnotique, qu'il finira par abandonner, par d'autres techniques (*Studien über Hysterie*, p. 66-124) ;

l'appareil psychique à partir des diverses brisures révélées par les maladies psychiques[345]. Et une idée de l'humain en tant que sujet qui souhaite.

Cette idée n'est ni celle que nous a léguée la tradition gréco-romaine, ni celle que la modernité a instaurée en rejetant notre héritage antique, même si elle repose sans doute comme celles-ci sur une conviction fondatrice, à savoir que l'homme n'est pas un animal comme les autres. Après tout, l'animal politique n'est pas un « dzooion » comme les autres, ni la substance cogitante une « res extensa ». Mais comment Freud concrétise-t-il cet axiome ? Il nous lègue l'idée d'un sujet clivé, exploré par un psychologue mais surtout par un méta-psychologue. En tant que telle, cette idée ressemble fortement à celle que d'autres chercheurs, à considérer avec Freud comme les fondateurs des sciences de l'homme, ont promue. Leurs champs d'investigation sont divers, mais le principe reste le même : l'humain, objet d'étude et sujet constitutif d'un savoir positif sur ses propres activités, se découvre habité lui-même par une négativité, par un impossible irrémédiable. La finitude est au-dedans, pas en dehors de l'humain. Les folies, plus exactement, sont logées non pas en dehors de la raison, mais au-dedans.

L'humain veut, nous apprend Sigmund Freud, mais seulement à la mesure d'une contrevolonté, laquelle ne peut empêcher la première de pousser quand-même, pour arriver à ses fins : la première n'apparaît dès lors que travestie, et devient méconnaissable. Elle est travestie selon des règles, celles de la pensée inconsciente dit Freud, que l'on peut formuler et éprouver

---

- le cas Miss Lucy R. : Freud y questionne le sens des mots si souvent entendus par n'importe quel psychanalyste, « das weiss Ich nicht » (ça, je ne sais pas), il y explore l'hypothèse que le symptôme n'est pas fortuit mais symbolise quelque chose (une expérience traumatique) et qu'il peut donc être interprété, il y cherche sans relâche l'événement premier comme un véritable archéologue de l'âme (*ibidem*, p. 125-143)
- les passages plus théoriques qu'il écrit toujours dans les mêmes *Studien* sur la résistance, le transfert et l'objectif de son travail : « gemeines Unglück » (le malheur commun) (Zur Psychotherapie der Hysterie, *ibidem*, p. 283-320).
[345] Freud S., 31. Vorlesung. Die Zerlegung des psychische Persönlichkeit, in *STA, Band I, Neue Folge der Vorlesungen zur Einführung in der Psychoanalyse*, p. 497-8.

cliniquement. Mais il y a un « mais », et il est crucial : cette formulation théorique ne peut pas mettre fin à l'activité de travestissement ni empêcher la méconnaissance du sujet qui souhaite, sur ses propres souhaits. De même, Ferdinand de Saussure nous apprend que l'humain ne peut rendre intelligibles les choses sans parler, mais puisqu'il ne parle qu'à la mesure de ce qu'il signifie structuralement, la quête d'une adéquation des mots aux choses est aussi nécessaire qu'impossible à réaliser en acte. Et nulle théorie du langage n'y changera quoi que ce soit en énonçant les principes de mise en forme structurale qu'applique chaque locuteur spontanément : l'impropriété du signe à la chose est fondatrice du parler humain. L'annulation de cette impropriété, dont fantasme plus d'un inventeur de langage artificiel, équivaudrait non à un succès, mais à l'abolition de ce parler humain : l'humain se représenterait encore les choses, mais sur un mode animal, en enchaînant des représentations sans qu'une mise en structure n'achève leur sériation.

Un pari raté ?

Il faut donc recycler Freud, le trahir mais jusqu'à un certain point : sans raturer la faille fondatrice qu'il a découverte au cœur de l'humain. La chose la plus surprenante est sans doute que Freud lui-même ait dû en quelque sorte admettre malgré lui que la faille psychique qu'il découvre, est irréparable, et pas uniquement morbide ! Parfois, plus au début qu'après, les choses se passent comme si Freud, médecin et optimiste mais réaliste quand-même, lançait un défi et disait à peu près ceci : « Nous ne pouvons qu'être modernes, et nous serons modernes : nous éluciderons ce qui nous motive, même inconsciemment, et nous n'en serons plus dupes. Nous guérirons sinon nos malades du moins les symptômes que produit leur maladie, chaque fois à nouveau ».

Mais son défi semble trop audacieux, car son discours change sensiblement, et de plus en plus clairement, comme il sied au médecin qui reçoit des patients mais également au citoyen du monde qui vit dans le siècle.

Le premier, le médecin, est confronté à des patients qui résistent à la possibilité de guérir et qui n'arrêtent pas de recourir, face à ce qui leur est insupportable, aux stratégies défensives qu'ils ont déjà essayées au passé. Il n'ignore pas que certains malades peuvent être attachés à leur médecin comme à leur maladie. Il n'a plus de raison de croire qu'on puisse distinguer un conflit psychique actuel d'un conflit latent, enraciné dans le passé. Il a pu constater que la résolution psychanalytique d'une problématique d'actualité n'est pas nécessairement prophylactique pour l'avenir. Et il sait reconnaître que la puissance des pulsions varie d'une personne à l'autre et favorise donc dans certains cas le devenir malade. Il sait pareillement que certaines phases de la vie sont particulièrement critiques, la puberté notamment, lorsque les pulsions reviennent en force.

Le second, le citoyen du monde, a vécu la grande guerre. Il en sent une autre s'approcher. Et il constate impuissamment les ravages où se manifeste selon lui la poussée à la destruction, autant dans son cabinet qu'en dehors. Cet homme-là conclut que le continent de notre vie psychique déborde largement la seule terre de la vie consciente d'un esprit qui se cultive. Il ne croit plus que l'humain, même en bonne santé, puisse annuler la discontinuité psychique qui est sienne. Et il ne pense pas qu'un seul humain, même sain d'apparence, soit une fois pour toutes à l'abri d'un conflit psychique qui pourrait le rendre malade. Il n'a pas réussi son pari.

Ce Freud-là, médecin et homme dans le siècle, aurait pu dire : « Nous devrons nous contenter d'être modernes autrement que prévu, chacun de nous sera uniquement moderne jusqu'au bout s'il admet qu'il ne lui est pas possible d'élucider sans reste ce qui le motive, ni d'être maître en sa propre demeure comme il le voudrait ». Le défi du départ posé au médecin n'est pas réalisable, le pari est donc raté, même pour les gens qui seraient en bonne santé psychique. C'est en tout cas mon hypothèse, et j'essaierai de l'éclaircir en quelques pages, en déclinant les diverses versions que prennent le pari initial et sa ratée définitive dans l'œuvre de Freud.

« Die unerledigte Reaktion vollziehen » :

accomplir la réaction inachevée

Dans un texte de 1924, le *Kurzer Abriss der Psychoanalyse*, Freud écrit que la méthode cathartique est « le précurseur immédiat de la psychanalyse ». Cette méthode reste, dit-il, contenue dans la psychanalyse : elle en constitue « le noyau » malgré toutes les modifications de la théorie et tous les élargissements de l'expérience[346]. Cela est surprenant, compte tenu des développements que sa pensée et sa pratique ont subis depuis l'époque initiale de cette méthode cathartique, depuis qu'il a abandonné l'hypnose et la suggestion au profit de la libre association d'idées et de l'interprétation du matériel inconscient.

L'objectif de cette méthode cathartique est annoncé avec la nécessaire ingénuité quelques 30 ans auparavant, dans le texte introductif des *Studien über Hysterie*, écrites et publiées par S. Freud et son collègue J. Breuer en 1895 : *Über den psychischen Mechanismus hysterischer Phänomene*[347].

---

[346] Cité par les éditeurs dans la notice éditoriale préliminaire au texte intitulé *[Vortrag] Über den psychischen Mechanismus hysterischer Phänomene*, vraisemblablement écrit par Freud, in *STA, Band VI, Hysterie und Angst*, p. 11.

[347] Tout renvoi à ce texte s'avère difficile, car il en existe deux versions, de longueur inégale :

- (1) une première, plus courte qui est vraisemblablement la version d'une « conférence » donnée en 1893, version écrite par Freud (Freud S., [Vortrag] Über den psychischen Mechanismus hysterischer Phänomene, in *STA, Band VI, Hysterie und Angst*, p. 13-24.

- (2) une seconde, plus longue, signée par Freud et Breuer, publiée à titre d'introduction aux *Studien*, en 1895, qui repose sur ce que les deux auteurs ont appelé une « communication temporaire » (Breuer J. et Freud S., Über den psychischen Mechanismus hysterischer Phänomene. (Vorlaüfige Mitteilung), in *Studien über Hysterie*, p. 27-41.

Le patient hystérique, y dit Freud, souffre de traumas psychiques incomplètement abréagis (Der Hysterische leidet an unvollständig abreagierten psychischen Traumen), il souffre pour la plus grande part de réminiscences ([...] der Hysterische leide grösstenteils an Reminiszenzen)[348]. Et Freud explique pourquoi il en est ainsi, et comment le médecin peut s'y prendre.

Son travail clinique le confronte à des patients qui ont vraisemblablement vécu une expérience traumatique, ou toute une série de petites expériences pénibles qui se sont accumulées au cours de leur vie. Dans ces cas, le système nerveux du patient (sein Nervenssystem), pense Freud, a subi une augmentation de la somme d'excitation (Steigerung der Erregungssumme). Mais chaque individu, pour maintenir sa santé (um seine Gesundheit zu erhalten), affirme Freud, est animé par l'aspiration d'à nouveau réduire cette tension (das Bestreben diese Erregungssumme wieder zu verkleinern). Il va donc réagir, avec plus ou moins de bonheur. Et sa réaction déterminera en quelle mesure l'impression psychique initiale survit[349].

Si l'individu réagit énergiquement par voie motrice (auf motorischen Bahnen), au moyen de réflexes volontaires et involontaires, la quantité d'excitation provoquée par l'expérience, est déchargée (erledigt) complètement (vollständig) : elle est abréagie (abreagiert). L'individu, poursuit Freud, peut également réagir par la parole (die Sprache), qui est pour l'humain un substitut pour l'action (ein Surrogat für die Tat). Dans ce cas, la réaction est également adéquate (eine adäquate Reaktion) : elle a un effet cathartique (kathartische Wirkung) à peu près équivalent à celui de la réaction motrice. La libération (die Erledigung) du trauma peut encore être effectuée autrement, poursuit Freud, lorsque le souvenir du trauma rentre dans le grand complexe associatif [des représentations] : l'individu range par exemple sa pénible expérience à côté d'expériences contraires. Le trauma subit une correction par

---

J'utiliserai les deux versions, en me contentant de nommer Freud comme auteur, même s'il n'a pas été le seul signataire pour un de ces deux textes.

[348] Freud S., respectivement *version (1)*, p. 23 et *version (2)*, p. 31.

[349] Idem, *version (1)*, p. 21.

la confrontation à d'autres représentations qui permettent de s'en délivrer. Et au total, le souvenir de l'expérience traumatique succombe petit à petit sous l'usure (die Erinnerung unterliegt der Usur), il est oublié[350].

Sinon, à défaut de réaction adéquate face au trauma psychique, tant au regard de l'affect que de la représentation, le souvenir du trauma psychique subsiste quelque part dans la mémoire de l'individu, tout en n'étant pas ressouvenu, paradoxalement. Chargé d'affect, ce souvenir reste actif comme un corps étranger (nach Art eines Fremdkörpers) : il se transforme en symptômes. C'est là qu'intervient le médecin. Et Freud de constater avec grosse surprise que les symptômes hystériques individuels disparaissent tout de suite et sans retour (sogleich und ohne Wiederkehr) lorsque le médecin réussit, à travers l'hypnose et par suggestion, à réveiller en pleine clarté le souvenir de l'événement qui a provoqué leur première apparition et à réanimer l'affect qui a accompagné la première expérience, et lorsque le malade brosse en détail le tableau de l'événement et donne des mots à l'affect[351]. On serait optimiste pour moins que ça !

Le médecin et le patient réalisent après coup ce qui n'a pas pu être réalisé au moment même d'un événement qui a été mal vécu : ils accomplissent et complètent la réaction inachevée ([...] die Reaktion [...] vervollständigen [...] die unerledigte Reaktion vollziehen[352]). Ils évacuent le surplus de charge affective et ils restaurent la continuité psychique en réactualisant un souvenir qui n'a pas disparu mais qui laisse un vide dans la mémoire consciente du patient. Ils terminent l'affaire du trauma, ils en acquittent le patient, par abréaction ou par travail de pensée associative (die Erledigung [der

---

[350] Idem, *version (1)*, p. 21-22, et *version (2)*, p. 32-33.
[351] Idem, *version (1)*, p. 30.
[352] Idem, *version (2)*, p. 24.

psychischen Traumen] durch abreagieren oder durch assoziative Denkar-beit)[353].

« Also wir heilen ... einzelne Symptomen derselben » :

aussi, nous en guérissons des symptômes individuels

Il n'empêche : quelques nuances méritent d'être apportées. D'abord, si Freud réitère sa confiance vers la fin du texte introductif aux *Studien*, il ne le fait plus qu'avec une certaine retenue. Il constate que les symptômes hystériques disparaissent grâce aux méthodes appliquées, même les

---

[353] Idem, version (1) p. 38. Ce que Freud nomme ici « le travail de pensée associative », n'est autre chose que « le travail de la pensée à l'essai », soit : le processus secondaire qui permet la liaison de l'énergie au lieu de son évacuation sans détour. Remarque : le vocable « Erledigung » a une résonance officielle. Il est utilisé pour indiquer le fait de s'acquitter d'une charge, d'achever une affaire de service, de se décharger d'une tâche. L'adjectif « ledig » s'applique à ce qui est « vacant » : inactif, inoccupé, disponible, sans entrave, sans charge à accomplir (cela se dit d'un célibataire, par exemple, qui est disponible pour une alliance). « Ledig » désigne donc l'état de ce qui n'exige aucune « Erledigung ».
J'ai choisi de traduire « Erledigung » par « libération », le verbe « erledigen » par « libérer, acquitter », mais aussi une fois par « décharger ». J'aurais sans doute pu traduire « Erledigung » par « liquidation », « évacuation », « décharge », pour insister sur la réduction du surplus d'affect. Mais je ne l'ai pas fait, car ces traductions-là siéent moins à ce qui arrive selon Freud à la représentation : en cas d'hystérie, celle-ci existe en tant que souvenir dit « Reminiszenz », un souvenir qui n'est pas conscient en tant que tel, mais qui se manifeste par le biais des symptômes. Le trop plein d'énergie est donc accompagné d'un trop peu de mémoire consciente, d'une amnésie, d'un vide mnésique, d'un trou de mémoire, qu'il s'agit de boucher. Ce remplissage est en revanche évoqué par les verbes *voll*ziehen, ver*voll*ständigen, dans la formule « Die Reaktion *voll*ziehen, ver*voll*ständigen » (« voll » = plein), formule qui indique du même coup l'action de parfaire et terminer la réaction jusqu'alors inadéquate.

symptômes résiduels qui subsistent après les phases d'hystérie aigue qui en produisent toujours de nouveaux. Il précise cependant qu'ils ne disparaissent pas chaque fois, mais « souvent et pour toujours » (haüfig und für immer)[354].

Ensuite, Freud reconnaît déjà dans ce texte introductif qu'il ne peut rien changer à l'hystérie si elle relève d'une disposition. Dans ce cas, il ne peut pas empêcher que de nouveaux symptômes hystériques soient produits pendant les phases d'hystérie aigue, quand la vie psychique du malade semble scindée en deux. S'il ne guérit pas l'hystérie, y dira-t-il également, il en guérit tout de même des symptômes individuels (Also wir heilen nicht die Hysterie, aber einzelne Symptomen derselben)[355]. Et il faut donc accepter que le médecin n'arrive pas à mettre fin au dédoublement de la vie psychique du malade hystérique.

« Das gemeine Unglück » : le malheur ordinaire

Le texte des *Studien* qui suit cette introduction, relate en fait tous les obstacles qui surgissent et qui compliquent le travail d'accomplissement de la réaction. C'est si vrai que Freud termine les *Studien* sur une note bien plus pragmatique. « Voyez-vous », écrit-il en s'adressant à tant de patients qui l'ont déjà interpellé quand il leur a dit que leurs relations et les circonstances fortuites de leur vie ne sont pas étrangères à leur souffrance, « si quelqu'un guérit de fortune, tant mieux ». « Mais vous m'accorderez », poursuit-il, « que nous aurons déjà beaucoup gagné, de notre côté, si nous réussissons à transformer votre misère hystérique en malheur ordinaire » ([...] Ihr hysterisches Elend in gemeines Unglück zu verwandeln)[356].

---

[354] Idem, *version (1)*, p. 35-41.
[355] Idem, *version (1)*, p. 24.
[356] Idem, Zur Psychotherapie der Hysterie, in Breuer J. et Freud S., *Studien über Hysterie*, p. 322.

« Eine vollendete Kur » : une cure complètement finie

L'idée d'un accomplissement psychothérapeutique de la réaction ne le lâche pourtant pas si vite. Deux ans plus tard, le 5 mai 1897, elle apparaît dans la *Lettre 127 (62) à Fliess*, quand Freud lui parle d'un banquier qui a arrêté le travail analytique avec Freud : « J'attends donc », y écrit-il, « encore plus longtemps une cure complètement finie. Cela doit être possible et cela doit être fait » ([…] ich warte also noch länger auf eine vollendete Kur. Es muss möglich sein und gemacht werden)[357]. Freud, autrement dit, croit encore qu'une cure puisse accomplir la réaction qui n'a pas eu lieu. Il croit qu'il est possible d'évacuer le trop plein d'affect, et de rendre conscient le souvenir qui n'existe qu'en tant que trou de mémoire : une fois qu'il est rapporté à d'autres représentations, ce souvenir pourrait ensuite être complètement oublié sans faire retour sous forme de symptômes.

« Erinnerungslücken ausfüllen » : boucher les trous de mémoire

Toujours dans la même perspective, Freud écrit en 1904 dans *Die Freudsche psychoanalystische Methode* que la tâche de la cure serait de lever les amnésies (Aufgabe der Kur sei, die Amnesien aufzuheben). Et Il poursuit : lorsque tous les trous de mémoire sont bouchés (Wenn alle Erinnerungslücken ausgefüllt sind), tous les effets mystérieux de la vie psychique élucidés, alors la survie, oui le renouvellement de la souffrance sont rendus impossibles. Freud est donc très ambitieux. Et il explicite : il s'agit de faire faire marche arrière à tous les refoulements ([…] alle Verdrängungen rückgängig zu machen)[358].

---

[357] Idem, *Briefe an Wilhelm Fliess. 1887-1904. Brief 127 (62)*, p. 259.
[358] Idem, Die Freudsche psychoanalytische Methode, in *STA, Ergänzungsband, Schriften zur Behandlungstechnik*, p. 105. Comparez 18. Vorlesung, Die Fixierung an das

« Der Idealzustand und der normale Mensch » :

l'état idéal et l'humain normal

Plus ambitieux encore, poursuit-il, serait l'objectif de rendre accessible l'Inconscient à la conscience, en surmontant les résistances du patient, qui reproduisent pendant la cure l'opération de refoulement première du passé, entre autre par le biais du transfert. Mais il ne faut pas oublier, avertit-il, que cette situation idéale n'existe pas non plus chez l'humain normal (Man darf aber dabei nicht vergessen das ein solcher Idealzustand auch beim normalem Menschen nicht besteht)[359].

L'idéal d'une cure complètement finie semble abandonné ! Que s'est-il passé ? Freud a écrit la *Traumdeutung*, publiée en 1900. Cette œuvre capitale fournit plus d'une manière d'exprimer le fait aujourd'hui communément admis par tout psychanalyste, je crois, d'un clivage irréversible propre au sujet qui souhaite.

« Sinn und Bedeutsamkeit » : sens et signification

Le rêve constitue pour Freud le prototype même du phénomène psychique inconscient, qui fait irruption dans la vie psychique de l'individu pour y installer une discontinuité. Combien de fois le psychanalyste que je suis n'a-t-il pas entendu comme tous ses collègues un analysant lui dire en toute âme et conscience qu'il n'y comprend rien du tout, qu'il ne pense jamais pendant la journée à ces choses-là, les choses du rêve, et que cela ne lui fait penser à rien du tout, qu'il a donc presqu'envie de dire que quelqu'un d'autre que lui-

---

Trauma, das Unbewusste, in *STA, Band I, Vorlesungen zur Einführung in die Psychoanalyse*, p. 281.
[359] Idem, *ibidem*, p. 105.

même a rêvé ? C'est si vrai que le rêveur oublie fréquemment ce qu'il a rêvé, aussitôt qu'il est réveillé.

Et pourtant, c'est bien son rêve à lui ! Voilà en tout cas l'hypothèse de travail de Freud et des psychanalystes, tant de fois confirmée. Le défi est donc de contrer le naturaliste qui n'y voit qu'un phénomène somatique sans le moindre sens. Aussi, Freud écrit-il dès la première page du livre ce qu'il entend prouver, à savoir, que chaque rêve – à condition de bien vouloir se mettre au travail pour en construire l'interprétation à partir du matériel associatif – s'avère être une formation psychique. Celle-ci est pleine de sens et elle peut être insérée dans les agissements psychiques de la vie éveillée en un lieu qui se laisse indiquer ([...] dass jeder Traum sich als ein sinnvolles psychisches Gebilde herausstellt, welches an angebbarer Stelle in das seelische Treiben des Wachens einzureihen ist)[360]. Et Freud ne manquera pas de répéter tout cela à plus d'une reprise[361].

Après s'être aventuré à fournir ses premières interprétations de rêve, celles qui regardent le rêve de l'injection d'Irma, Freud écrit : « J'ai accompli l'interprétation du rêve » (Ich habe die Traumdeutung vollendet)[362]. Et il explicite avoir saisi le sens du rêve, par-delà toutes les pensées adventices qui lui viennent à son propos : il prétend donc savoir quels souhaits ont été réveillés par les incidents de la veille, et comment ils ont été réalisés dans ce rêve. C'est fort ! Et sans doute purement didactique, car il se corrige déjà deux pages après : « Je ne veux pas prétendre que j'ai complètement désenseveli le sens de ce rêve », y écrit-il, « que son interprétation fut une interprétation sans trou » (Ich will nicht behaupten, dass Ich den Sinn dieses Traumes vollständig aufgedeckt habe, dass seine Deutung eine lückenlose gewesen sei)[363].

---

[360] Idem, Die Traumdeutung, in *STA, Band II, Die Traumdeutung*, p. 29.
[361] Idem, *ibidem*, p. 96, 117, 141, 444, 489, 541.
[362] idem, *ibidem*, p. 137.
[363] Idem, *ibidem*, p. 139.

Plus loin, après avoir exploré la distinction entre le contenu latent du rêve et son contenu manifeste, il déclare que le premier est infiniment plus significatif que le second : aucun sens (Sinn) de rêve ne peut épuiser la signification ou signifiance (Bedeutsamkeit) de ce rêve[364]. L'ambition de boucher les trous de mémoire s'est volatilisée ! La réserve de sens contenue par un rêve ne peut être épuisée : il signifie toujours plus et autre chose que le sens que l'on en établit. La clôture de l'interprétation n'est donc pas possible, même si l'on peut décider d'arrêter le travail d'interprétation, de fait. Concrètement, il n'est pas rare qu'une interprétation du rêve r1 ne puisse être faite qu'après coup, quand d'autres rêves apparemment sans rapport au premier, r2, r3 et cetera, survenus plus tard, ont été interprétés. Il faut aussi régulièrement interpréter non pas un seul rêve par lui-même mais l'ensemble d'une série de rêves, tous survenus la même nuit, ou la même semaine, ou sur plusieurs mois. Il arrive par ailleurs qu'une interprétation de rêve soit fragmentaire, qu'elle ne regarde que certains éléments du rêve. Qu'un rêve puisse être sur-interprété, et donner lieu à plusieurs interprétations toutes pertinentes. Et de toute manière, l'interprétation reste ouverte, sans conclusion[365].

« Die psychische Arbeit » : le travail psychique

L'essence du rêve, dit encore Freud, n'est pas le contenu du rêve, mais le travail de rêve, soit : l'activité de pensée inconsciente qui est à l'œuvre dans le rêve. Cette pensée n'arrête pas de produire du rêve : elle exprime toujours à nouveau les souhaits inconscients, elle les met et les remet en scène dans des rêves qui permettent de les satisfaire[366]. Le rêve, précise cependant Freud, n'est pas la seule expression de l'activité de pensée inconsciente : les souhaits inconscients se manifestent à travers quantité de

---

[364] Idem, *ibidem*, p. 177.
[365] Idem, *ibidem*, p. 499-503.
[366] Idem, *ibidem*, p. 486[1].

phénomènes, qui vont des symptômes psychonévrotiques jusqu'aux créations poétiques[367]. Et l'interprétation de tous ces phénomènes résultant d'un travail psychique, exige également du travail psychique : un travail à rebours qui reconduit le psychanalyste et son patient aux souhaits inconscients.

Le symptôme psychonévrotique, plus particulièrement, témoigne selon Freud d'un travail psychique inachevé, évité, bâclé. Quelque chose d'insupportable s'y manifeste qui a trait aux souhaits des patients. Cet insupportable n'a pas été oublié efficacement. Il réapparaît donc dans le symptôme. Il revient au médecin de reprendre le travail avec le patient pour réussir l'oubli, en effectuant la liaison de l'excitation, et stopper ce que Freud avait auparavant appelé la souffrance due à la « réminiscence »[368]. Mais le Freud de la *Traumdeutung* n'est plus le Freud des *Studien* : il imagine certainement que la charge affective d'une représentation traumatique puisse être diminuée sinon évacuée par la psychothérapie[369], mais il déclare très nettement que les souhaits inconscients sont toujours vivaces, actifs, au travail, et indélébiles (immer rege, unzerstörbar)[370]. Le boulot qui consiste à rapporter à la conscience la vie psychique inconsciente n'est donc jamais achevé.

« Der Nabel des Traums » : l'ombilic du rêve

Freud propose également une image qui résume tout ce qu'il y a à dire sur l'impossibilité d'accomplir l'interprétation du rêve et de restituer la

---

[367] Idem, *ibidem*, e. a. p. 249-252 et p. 544.
[368] Idem, *ibidem*, p. 550-551.
[369] Les psychanalystes d'aujourd'hui, et certainement s'ils sont lacaniens, font la distinction entre la psychothérapie et la psychanalyse. Il n'est pas inintéressant de constater que Freud lui-même utilise fréquemment le vocable psychothérapie lorsqu'il parle de psychanalyse. La distinction, évidemment, ne prend tout son sens qu'à partir du moment où d'autres formes de psychothérapie, réellement différentes au regard de leurs objectifs et méthodes, ont vu le jour.
[370] Idem, Die Traumdeutung, in *STA, Band II, Die Traumdeutung*, p. 550.

continuité psychique sans trou. C'est l'image de l'ombilic du rêve : « der Nabel des Traums ». Chaque rêve, déclare-t-il, possède au moins un lieu qui est insondable et sans fond, comme un ombilic, à travers lequel le rêve est rattaché à ce qui n'est pas reconnu (Jeder Traum hat mindestens eine Stelle, an welcher er unergründlich ist, gleichsam einen Nabel, durch den er mit den Unerkannten zusammenhängt)[371]. Tout se passe comme si une ouverture sur autre chose gisait au centre des représentations latentes, c'est-à-dire au centre des souhaits inconscients qui sont mis en scène dans le rêve par la pensée inconsciente. Il y a du creux dans le plein, et il n'est pas marginal : il est, si je puis dire, en plein milieu du plein. Et ce creux est encore et toujours un souhaiter – un souhaiter qui s'oppose au souhait d'interpréter les souhaits que réalise le rêve. Freud en effet ne dit pas « ungekannt » (inconnu), mais « unerkannt » (qui n'est pas reconnu) : il ne constate pas seulement une absence de connaissance mais semble indiquer une résistance intérieure du sujet à l'égard de la reconnaissance de ses souhaits inconscients.

« Die volle Identität der Mechanismen » :

l'identité complète des mécanismes

Freud a d'autres manières encore, tantôt plus littérales, tantôt plus imagées, pour formuler l'impossibilité qui est lové au cœur même du vouloir humain. Une autre façon de la dire est d'affirmer que le refoulement en tant que tel n'est pas une opération morbide. « Faire faire retour au refoulement », ne signifie donc pas qu'on l'efface, mais au contraire qu'on le réussisse : ce qui fait problème en cas de névrose, n'est pas le refoulement, mais son échec, et donc le retour du mal refoulé. L'attitude souhaitable à adopter face à l'Inconscient, ne consiste donc certainement pas à écarter son hypothèse : moins on s'en occupe, moins on se le rend familier, plus il risque de

---

[371] Idem, *ibidem*, p. 130^2. Comparez p. 503.

faire irruption sans que l'on s'y attende, et avec des conséquences désastreuses. L'humain ne doit pas regretter qu'il y ait eu un refoulement originaire, il doit plutôt admettre que le refoulement originaire équivaut à un changement de régime psychique : chaque sujet, par conséquent, a tout intérêt à nourrir quelque prudence à l'égard de ce qu'il croit souhaiter.

Très tôt déjà, en 1897, dans une lettre à Fliess, Freud parle d'une « normale Verdrängung », qu'il oppose à la « Verdrängung » névrotique[372]. Quelques années plus tard, en 1900, dans la *Traumdeutung*, Freud affirme donc que l'analyse de rêves des névrosés et des gens en bonne santé montre que les complexes refoulés opèrent de la même façon chez les uns et chez les autres, et que les mécanismes en cause sont les mêmes (die volle Identität der Mechanismen). Dans le même esprit, il y déclare plus généralement que la recherche psychanalytique ne connaît aucune distinction principielle entre la vie psychique normale et névrotique : la seule distinction entre les deux est quantitative, relative au rapport entre des forces psychiques de puissance inégale (Während die psychoanalytische Forschung überhaupt keine prinzipiellen, sondern nur quantitativen Unterschiede kennt [...])[373].

« Quantitative Dysharmonien » : les dysharmonies quantitatives

Il maintiendra cette hypothèse axiomatique jusqu'à la fin de son œuvre. Dans l'*Abriss*, écrit en 1938, et publié en 1940 après son décès, il affirme qu'il n'est pas possible de définir la norme psychique par rapport à l'anormalité « scientifiquement ». La formulation est un peu malheureuse, car elle implique qu'il ne puisse y avoir qu'une façon de penser scientifiquement. Mais il explicite ce qu'il veut dire : la vie psychique normale est à com-

---

[372] Idem, *Briefe an Wilhelm Fliess. 1887-1904. Brief 146 (75)*, p. 303-304.
[373] Idem, Die Traumdeutung, in *STA, Band II, Die Traumdeutung*, p. 367. Comparez p. 577.

prendre à partir de ses dérèglements (aus seinen Störungen) ; cela serait impossible si les états maladifs, la psychose et la névrose, avaient des causes spécifiques qui opèrent à la manière de corps étrangers (spezifische, nach der Art von Fremdkörpern wirkenden Ursachen)[374]. La maladie, autrement dit, est envisagée comme une dysharmonie quantitative entre les forces qui sont également à l'œuvre en cas de santé[375]. On peut être malade sans infection par un agent extérieur, mais par un déséquilibre entre les forces psychiques. Et le monde extérieur, qui est ce qu'il est, n'a d'intérêt pour la santé psychique que pour autant qu'il soit vécu par quelqu'un, il n'est pas un événement en soi.

« Die lückenhafte Daten des Bw,

sowohl bei Gesunden als bei Kranken » :

les données trouées de la conscience,

tant chez ceux qui sont en bonne santé que chez les malades

À plusieurs reprises Freud a affirmé qu'il s'agit de boucher les trous, chez les malades. En 1915, vingt ans après les *Studien*, il prend l'impossibilité de les boucher comme un fait acquis, chez tout un chacun. Les données de la vie consciente sont si trouées, écrit-il dans *Das Unbewusste*, un de ses textes métapsychologiques majeurs, que l'hypothèse de l'Inconscient est nécessaire (Die Annahme des Unbewussten [...] ist notwendig weil die Daten des Bewusstseins in hohem Grade lückenhaft sind) : des actes psychiques ont lieu qui ne peuvent être compris sans qu'on en présuppose d'autres qui ne sont

---

[374] Idem, *Abriss der Psychoanalyse*, p. 91.
[375] Idem, *ibidem*, p. 78.

pas le produit de la conscience, tant chez ceux qui sont en bonne santé que chez les malades ([...] sowohl bei Gesunden als bei Kranken)[376].

« Wo Es war, soll Ich werden »

Mais alors, si tout sujet est nécessairement clivé, que devient le travail du psychanalyste, quel rôle le médecin Freud a-t-il encore ? En gros, il lui revient de faciliter la circulation entre les systèmes psychiques, de promouvoir leur coopération, car la maladie, écrit Freud toujours dans ce même texte, est caractérisée par la rupture absolue entre les deux systèmes, par le fait que les tendances de l'Inconscient et de la conscience se séparent complètement (Ein völliges Auseinandergehen der Strebungen, ein absoluter Zerfall der beiden Systeme, ist überhaupt die Charakteristik des Krankseins). La cure psychanalytique est donc bâtie en vue d'influencer l'Inconscient par la conscience, chose non impossible quoique laborieuse (wiewohl mühsam nicht unmöglich). Un penchant inconscient peut ainsi aller dans le même sens que le « Ich » : l'Inconscient rend alors justice au « Ich », il s'y ajuste – pas in toto, mais au regard d'une activité refoulée particulière, qui est désormais admise et vient renforcer l'activité visée par le « Ich » (das Unbewusste wird für diese eine Konstellation « ichgerecht »)[377].

Mutatis mutandis, Freud dit la même chose plus de 15 ans après, dans le cadre de la seconde topique. Qui ne connaît donc pas le célèbre aphorisme freudien : « Wo Es war, soll Ich werden » ? Il termine quasiment la 31ème des *Nouvelles Conférences*, celles de 1932. Je n'essaierai même pas de

---

[376] Idem, Das Unbewusste, in *STA, Band III, Psychologie des Unbewussten*, p. 125.
[377] Idem, *ibidem*, p. 153.

le traduire, puisque le seul verbe « werden » a plus d'un sens possible : devenir, naître, se développer, advenir, survenir... Que signifie cette phrase ?

Après avoir déconstruit dans cette *31ème Conférence* l'appareil psychique en plusieurs instances, Freud interroge leur rapport, nécessairement dynamique et variable, notamment au cours du temps. Le pauvre « Ich », écrit-il, sert trois seigneurs sévères (das arme Ich [...] dient drei gestrengen Herren)[378] : primo, le monde extérieur, qui est le monde du possible et de l'impossible réel, et qui se prête à l'action du sujet qui perçoit ; secundo, le « Überich » qui dicte au sujet ce qu'il faut, ce qui est interdit ; et tertio, le « Es », puissance motrice énorme, constitué par des pulsions chaotiques, irréalistes et amorales, en quête de satisfaction, et qui n'obéissant qu'au seul principe du plaisir.

Comment faire pour combiner tout cela ? Au meilleur des cas, le « Ich », sans négliger les exigences morales de la société, prend acte, à travers les représentants des pulsions, de ce qui le pousse (Triebwahrnehmung). Au meilleur des cas, il arrive à maîtriser le chaos des pulsions (Triebbeherrschung). Il y arrive en mettant à profit l'énergie pulsionnelle qu'il emprunte au « Es » à ses propres fins, dans le monde où agir ; en faisant un sort particulier aux objets privilégiés par le « Es » ; et en réinsérant les représentations psychiques auparavant inconscientes, sans rapport à sa vie consciente, dans des ensembles d'idées plus grands, conscients[379]. Au meilleur des cas, poursuit Freud, le cavalier mène le cheval là où il le veut, mais l'inverse arrive aussi, et bien plus souvent, car au total le « Ich » doit accomplir les visées du « Es » (Im ganzen muss das Ich die Absichten des Es durchführen)[380]. Le meilleur des cas n'est jamais que cela, un idéal. Il n'y a aucun doute possible sur la prévalence respective des instances.

---

[378] Idem, 31. Vorlesung. Die Zerlegung der psychischen Persönlichkeit, in *STA, Band I, Neue Folge der Vorlesungen zur Einführung in die Psychoanalyse*, p. 514.
[379] Idem, *ibidem*, p. 513.
[380] Idem, *ibidem*, p. 514.

Freud affirme à la fin de la conférence que les efforts thérapeutiques de la psychanalyse visent à renforcer le « Ich » (das Ich zu stärken), c'est exact. Mais il n'affirme jamais que le « Ich » puisse être le maître. Il dit seulement que l'intention de la cure psychanalytique est d'en moduler les rapports aux vrais maîtres : il s'agit d'élargir champ de perception du « Ich » ; de le rendre plus indépendant à l'égard du « Überich » ; et de développer son organisation, afin qu'il puisse s'approprier des nouvelles parts du « Es ». Et le célèbre aphorisme apparaît dans son texte exactement là – en guise de programme. Il a tout d'une maxime : Freud lance un appel au sujet pour que celui-ci s'engage dans le travail psychique, pourtant impossible à finir, par principe.

L'aphorisme est effectivement aussitôt suivi par la dernière phrase de la conférence : « Es ist Kulturarbeit, wie die Trockenlegung der Zuydersee » (C'est un travail de culture, comme l'assèchement de la Zuiderzee) [381]. L'image de l'advenue éventuelle mais inachevable du « Ich » ne pourrait être mieux choisie, car la Zuiderzee, une mer intérieure dans le Nord des Pays-Bas, n'a existé qu'à la suite des inondations qui ont petit à petit submergé, au cours des siècles, les terres séparant la Mer du Nord de l'ancienne mer intérieure, l'Almere. L'assèchement de la Zuiderzee, terminé en 1930, et entrepris afin de préserver les terres encore intactes et d'en regagner d'autres qui avaient été perdues, implique en fait la séparation de cette mer en deux parties. L'une, qui se trouve à l'extérieur des digues, fait désormais partie de la Waddenzee (couronnée de petites îles parsemées qui la séparent de la mer du Nord, et au-delà de l'océan Atlantique). L'autre, qui se trouve à l'intérieur des digues, est l'Ijsselmeer (elle-même scindée, de sorte qu'on en distingue la Markermeer). Le travail d'assèchement a créé une nouvelle situation, par une conquête sur les flots qui avaient envahi les terres. Mais ce travail n'est jamais définitif : il n'a de sens qu'à condition d'entretenir continûment les digues qui font obstacle aux assauts intemporels de la mer du Nord, et de réguler ses flots en cas de tempête, pour en amortir l'impact.

---

[381] Idem, *ibidem*, p. 516.

Freud, autrement dit, renvoie à un jeu complexe entre des forces jamais définitivement équilibrées, celles des diverses instances de l'appareil psychique. S'il espère assécher quelque chose, ce ne saurait être la totalité des eaux de l'Inconscient, qui est un océan. Il ne pense pas qu'on puisse par une psychanalyse « assécher » toute vie pulsionnelle. Il ne croit pas que le « Ich » puisse élucider tout penchant inconscient et réussir à embrigader toute l'énergie du « Es » à son propre service, sans reste. Mieux encore : une barrière reste nécessaire qui protège le « Ich » contre l'irruption du chaos pulsionnel. Mais cette barrière ne doit pas, dans le contexte d'une psychanalyse, empêcher la formation des rejetons de l'Inconscient (Abkömmlinge) : ceux-ci sont le fruit d'un compromis entre les diverses instances, et le psychanalyste qui s'y intéresse, cherche à faire prendre au patient la mesure du tribut qu'il paie à chaque maître. Il revient donc au psychanalyste de faciliter la création de ces rejetons, et de faire circuler l'énergie d'un système à l'autre[382]. Mieux vaut parfois lever la barrière de la censure et permettre une inondation momentanée mais dirigée de certaines terres, au lieu de barrer tout flux. Sinon la digue risque d'être emportée en sa totalité et la surface à cultiver d'être entièrement balayée.

Freud n'écrit pas une « egopsychology ». Il se contente d'envisager que le « Ich » puisse s'approprier quelques nouveaux morceaux appartenant au « Es » (Ihre Absicht [der Psychoanalyse] ist ja das Ich zu stärken [...] so dass es sich neue Stücke des Es aneignen kann)[383].

« Die unendliche Analyse » : l'analyse sans fin

En 1937, Freud écrit le texte *Die endliche und die unendliche Analyse*. Le seul titre indique le chemin parcouru depuis ses débuts. Je me contenterai

---

[382] Idem, Das Unbewusste, in *STA, Band III, Psychologie des Unbewussten*, p. 152.
[383] Idem, 31. Vorlesung. Die Zerlegung der psychischen Persönlichkeit, in *STA, Band I, Neue Folge der Vorlesungen zur Einführung in die Psychoanalyse*, p. 516.

d'indiquer ceci : le texte se termine sur la question de la castration, tant chez l'homme que chez la femme. L'analyse, suggère Freud, achoppe au roc de la castration, un roc arrivé à pleine maturité (gewachsener Fels). Ce qui est décisif, explique-t-il, c'est le fait qu'une résistance ne permet pas qu'un changement ait lieu, que tout reste tel que c'est (Entscheidend ist, dass der Widerstand keine Änderung zustande kommen lasst, dass alles so bleibt, wie es ist). Et Freud de penser que le refus de la féminité, en définitive, ne peut pas être autre chose qu'un état de fait biologique, une part du grand mystère de la sexualité. Il y a là plus fort que la psychanalyse. Mais il se console avec la certitude d'avoir incité l'analysé, autant que possible, à mettre à l'épreuve son attitude envers ce facteur biologique et à la modifier[384].

« Das Ich ist nicht Herr in seinem eigenen Haus » :

le sujet n'est pas maître en sa propre demeure

Pour Freud, autrement dit, la problématique sexuelle tient non seulement le rôle prévalent dans le déclenchement de la maladie psychique, mais constitue aussi un facteur qui fait obstacle à la résolution finale des problèmes par la cure psychanalytique. Elle est et reste pour lui le lieu par excellence de l'insupportable : elle ne se laisse pas aisément concilier avec les intérêts du « Ich ».

L'énergie libidinale est si puissante qu'elle exige que le sujet s'en occupe, qu'il cherche à se trouver des satisfactions sexuelles qui soient conciliables avec sa personne et qui puissent évoluent sans fixation infantiles. Mais, dit Freud en 1917 dans un de ses plus beaux textes, *Eine Schwierigkeit der Psychoanalyse*, où il interroge justement la position de la psychanalyse dans la modernité, la vie pulsionnelle de la sexualité en nous ne peut pas être

---

[384] Idem, Die endliche und die unendliche Analyse, in *STA, Ergänzungsband, Schriften zur Behandlungstechnik*, p. 392.

domptée complètement (das Triebleben der Sexualität in uns ist nicht voll zu bändigen). Affirmer que les processus psychiques qui en régulent le destin, sont en soi inconscients, qu'ils ne sont accessibles au « Ich » et ne lui sont soumis qu'à travers une perception incomplète et peu fiable (dass die seelische Vorgänge an sich unbewusst sind und nur durch eine unvollständige und unzuverlässige Wahrnehmung dem Ich zugänglich sind und ihm unterworfen werden), revient à dire que le « Ich » n'est pas maître en sa propre demeure (dass das Ich nicht Herr sei in seinem eigenem Haus)[385].

Le second désenchantement ou le « subjectum »

Freud, en somme, participe au parachèvement de la modernité. Le désenchantement du monde par le sujet conquérant est chez lui redoublé par un désenchantement du sujet lui-même par ce sujet lui-même : ce sujet se découvre incapable d'achever sa conquête de lui-même. Ce qui échappe à la maîtrise humaine tout en fondant l'humain, le divin d'il était une fois, a été rapatrié à l'intérieur du sujet, au lieu d'avoir été évacué dans un monde émancipé du religieux. Mais ce n'est plus du divin : c'est l'autre scène de l'humain, c'est une causalité implicite qui est sous-jacente à ses activités effectives, c'est bel et bien du « subjectum »[386].

Mais quel genre de « subjectum » ? Un fonctionnement d'ordre structural, que nul n'instaure, dont nul ne peut modifier les principes, mais que chacun exploite en situation comme il peut, dans le monde.

---

[385] Idem, Eine Schwierigkeit der Psychoanalyse, in *Abriss der Psychoanalyse. Einführende Darstellungen*, p. 194.

[386] Cette thèse n'est pas nouvelle, évidemment. Elle est formulée en d'autres termes par Marcel Gauchet notamment, et par Lacan, évidemment, qui parle du grand Autre.

La négativité structurale

Certaines personnes, opposées à la psychanalyse, prétendront que parler comme Freud, c'est au fond ne pas vouloir admettre l'échec de l'entreprise psychanalytique tout court, et se donner une hypothèse ad hoc, d'allure plus ou moins philosophique, pour sauver l'édifice théorique, et justifier les échecs qu'on peut en pratique rencontrer.

Je répondrai trois choses. Premièrement, ma propre expérience clinique m'apprend que l'échec de l'action psychanalytique est relatif. Parfois les choses ne se débloquent pas, malheureusement. Mais il ne faut pas penser que le forcing si caractéristique de certaines autres approches, aurait arrangé les choses, au contraire : il se pourrait qu'un forcing conduise uniquement à la décompensation catastrophique. Par ailleurs, nul n'est capable de dire ce qui se serait produit si aucune psychanalyse n'avait été entreprise : il se peut très bien, ou non, qu'elle ait au moins permis qu'un état déjà grave ne périclite pas complètement. Dans d'autres cas, il n'y a pas d'échec mais réussite : la circulation d'un système psychique à l'autre reprend, et la vie peut être vécue activement. Elle devient plus que supportable : elle devient intéressante, valable, désirable. Last but not least, ce qu'il faut entendre par une réussite ne peut être défini que par l'analysant lui-même. Il peut donner cette définition d'emblée, mais il peut également la construire au cours de l'analyse, et modifier et reconstruire au cours de ses entretiens avec le psychanalyste celle qu'il avait initialement avancée. La définition ne peut en aucun cas être posée à partir d'un lieu extérieur, soi-disant neutre et qui serait normal. Ceux qui prétendent le contraire risquent en vérité de cacher fort bien, délibérément ou non, les intérêts d'une instance aliénante, par exemple d'un état qui discipline ses citoyens.

Deuxièmement, un échec mérite d'être interrogé, notamment en questionnant ce qui s'est passé au niveau du transfert et du contretransfert – que certaines pratiques psychothérapeutiques préfèrent ignorer complètement en employant des méthodes diagnostiques et thérapeutiques standardisées, dites objectives, alors qu'elles ne le sont nullement, puisqu'elles écartent un facteur crucial de la rencontre clinique en pleine construction, en imposant par exemple au patient, à des fins diagnostiques, un question-naire tout fait.

Last but not least, à l'humain que je suis, il ne manque pas d'occasions de faire l'expérience de la négativité : je peux traverser l'épreuve du « trou » (die « Lücke »), même sans la psychanalyse. « Faire avec sans » est le principe de notre humanité, non seulement dans la recherche du plaisir. Êtes-vous un être qui vit en société ? Eh bien, apprêtez- vous à résoudre des conflits, préparez-vous à la difficulté de prendre votre place, à la nécessité de négocier toute identité et toute responsabilité, au déni d'existence par l'autre, au rejet d'existence par autrui. Êtes-vous quelqu'un qui rend le monde intelligible verbalement ? Sachez alors que vos théories ne sont pas adéquates, qu'elles ne reflètent pas immédiatement les faits. Travaillez-vous le monde ? Soyez sûrs et certains que tout démiurge est également un apprenti-sorcier. C'est ça l'humain, c'est ça le sujet : une contradiction incarnée, qu'il est aussi nécessaire qu'impossible de lever en acte, et ce sur plusieurs plans.

L'indécidable de principe, la décision de fait

Mais puisque Freud nous parle principalement du « trou » qui est creusé au centre de la pleine satisfaction de nos souhaits, je m'efforcerai de traduire sur ce plan-là ce qu'il avance dans un idiome qui n'est plus uniquement freudien, mais postfreudien, structuraliste. Aussi dirai-je qu'aucune représentation inconsciente n'est quelque chose en soi, et plus exactement que nul souhait inconscient n'a de réalité positive. Chaque souhait est inconscient dans la mesure où il n'existe que d'être distingué des autres et contrasté aux autres. Le refoulement originaire n'est rien d'autre que l'accès de l'enfant à des souhaits qui sont les éléments d'une structure. Vide en soi, le souhait humain exige donc d'être repositivé : l'envers du décor doit être remis à l'endroit, sans quoi le cens (sic) que peut prendre un souhait dans le monde réel, reste indécis. Mais ce remplissage ne peut pas se faire complètement, parce que le souhait reste structuralement négativé, implicitement critiquable : que le sujet se permette quelque chose d'une certaine façon, n'empêche jamais qu'il puisse également se permettre autre chose autrement, ou non. L'activité de pensée inconsciente est donc perpétuellement relancée et n'arrête pas de produire des nouveaux rejetons de souhaits, des rejetons qui sont accessibles à la conscience, les rêves notamment. Par la force des choses, il n'existe aucun rejeton d'un souhait satisfait dans le monde, qui renseigne tout à fait sur la vérité du vouloir inconscient.

Et l'interprète n'a donc, par principe, jamais fini d'interpréter le vouloir humain, qu'il s'agisse du sien ou de celui d'un autre sujet. Mais il peut très bien décider, de fait, de mettre fin à son interprétation de ce que tous les comportements passés ou actuels (rêves, symptômes, actes manqués, rêveries diurnes, regrets et projets, choix amoureux et professionnels …) sont censés lui apprendre, par exemple sur son propre vouloir. Il peut décider comment il veut, sans douter à l'infini sur les méthodes qu'il se permet pour réaliser ses souhaits. Et il peut décider ce qu'il veut, en limitant ses prétentions, sans toujours vouloir une chose différente ou des choses en plus. Il peut donc être libre à un certain degré, sans tout savoir sur ses souhaits inconscients. Il aura en somme admis et au fond permis qu'il y ait un impossible irrémédiable inscrit au cœur de son vouloir. Il aura supporté que son vouloir ne puisse pas être plein. Il aura décidé comment il veut, et ce qu'il veut, ceci, ou plutôt cela, ceci ou plutôt ceci et cela, ceci sans cela et cetera. Quant à savoir si ce qu'il veut est réaliste et réalisable, c'est une autre question : elle ne relève plus d'un implicite structural, mais d'un explicite conjoncturel, que Freud appelle la réalité du monde extérieur.

Un impossible spécifique, dicéique

Tout cela peut paraître abstrait, mais c'est exactement cela, la réalité dialectique de notre vouloir humain. Et Freud l'a découverte et inlassablement explorée. Il ne dit pas autre chose lorsqu'il cherche à statuer sur la validité de l'interprétation du psychanalyste dans *Konstruktionen in der Analyse*, texte écrit en 1937, peu de temps avant son décès. Ce texte a été mal compris par plus d'un auteur critique mais déplorablement réaliste, naïvement positiviste.

La critique veut que Freud interprète n'importe comment ce que lui dit son patient, et qu'il veuille toujours avoir le dernier mot chez ses patients, chaque fois que ceux-ci qui résistent à ses interprétations. Il me semble au contraire que Freud argumente que la vérité de l'interprétation réside non pas dans la preuve objective de ce que le sujet veut vraiment (une preuve qui serait constituée par le constat de ceci ou cela qui aurait eu lieu au passé), mais dans la décision du patient d'arrêter dans le présent l'enchaînement infini des interprétations possibles (dite « construction »). La vérité du patient est à chercher dans le fait qu'il tranche à quel prix il veut et ce qu'il veut, et qu'il agisse en conséquence. Sa vérité est qu'il décide donc, pour le moment, qu'il n'y a plus rien à interpréter qui vaille la peine. Qu'il se contente de ce qui a été construit par lui-même avec l'aide de l'analyste. Il sait ce qu'il souhaite et il sait ce qu'il consent à faire. Et il sait qu'il ne sait pas tout, ni sur ce qu'il souhaite ni sur ce qu'il consent à faire. Mais cela ne le méduse plus et ne l'empêche plus de s'engager dans le monde, enfin libre, parce que prêt à supporter la relativité de sa liberté, qui est éthiquement contrainte, implicitement structurée.

On m'objectera peut-être que tout cela est bien compliqué, et qu'il serait plus simple d'affirmer que nul humain n'est entièrement rationnel, que la raison n'explique pas tout ce qu'il décide, qu'il est également un être sensible, émotionnel et qu'il lui arrive de vouloir passionnément, sans raisonner. Dire cela n'est pas simple, mais simpliste. Freud ne dit pas cela ! Il fait au contraire l'hypothèse que le champ de l'affect humain est rationnel. Il a au fond compris, mais sans arriver à se débarrasser de son représentationnisme, que la raison dont il parle n'est pas une logique mais ce que Jean Gagnepain aurait appelé une « dicéique », une affaire de droit (dikè) : dans cette perspective, la pulsion est humaine dans la mesure où elle est rationnée, c'est-à-dire structuralement analysée et pour cette raison estampée d'une impossibilité définitive.

Cette impossibilité du vouloir est spécifique au vouloir : en tant que telle, elle n'est pas d'ordre théorique, mais bien d'ordre normatif. Ce qui est impossible n'est pas tant de savoir ce que je veux, quand bien-même je ne sais pas vraiment ce que je veux. L'impossible, pour un être qui analyse sa vie pulsionnelle, est le fait de structure que tout justifiable est sous-tendu par un injustifiable et que tout consommable est sous-tendu par un inconsommable. « Je » décide, sur fond d'indécidable : « je » me permets comme ceci à défaut de me permettre autrement, et « je » choisis tel plaisir à défaut des autres. Voilà la liberté contradictoire du sujet décideur, celle d'un être éthique exposé à l'épreuve morale. La décision est très rationnelle, elle est plus exactement rationnée. Et c'est si vrai que je puis exagérer mon rationnement, à l'instar de l'obsessionnel par exemple pour qui toute justification est insuffisante puisqu'elle demeure, dans son scénario fantasmatique, en deçà de cette autre procédure qu'il aurait dû suivre pour enfin s'exonérer de toute culpabilité, et à l'instar de l'hystérique pour qui le plaisir est une déception puisqu'elle reste en deçà des attentes qu'il ne peut s'empêcher de rêver dans son drame passionnel. Le premier, évidemment, s'il vit en société, a vite fait de se trouver un censeur, alors que le second s'arrange toujours pour trouver un personnage scandaleux contre qui protester.

« Der asymptotische Abschluss der Kur » :

la conclusion asymptotique de la cure

Ni l'un ni l'autre ne décident vraiment, mais il y a aussi des gens qui le font – et qui s'en satisfont. Le patient peut donc décider d'arrêter la cure, de fait, et d'arrêter de voir son psychanalyste – jusqu'à nouvel ordre. Et le psychanalyste, lui aussi, peut décider de mettre fin à une cure, ou au moins marquer son accord pour y mettre fin, lorsqu'il estime que l'analysant qui lui communique son intention d'arrêter, est prêt à lâcher prise sur quelque chose et n'a plus besoin d'explorer les méandres du transfert dont il n'est plus dupe. Freud, ma foi, le comprend déjà très tôt, même quand il parle encore du bouchage des trous.

Ainsi évoque-t-il, dans la *Lettre 242 (133)* à son ami Fliess, en référence au cas d'un patient particulier, « la conclusion asymptotique de la cure » (der asymptotische Abschluss der Kur). La conclusion de la cure, déclare-t-il, est asymptotique. Et il ajoute que cela ne peut que décevoir tous ceux qui se trouvent en dehors de la pratique psychanalytique. Le mystère du patient concret dont il parle à Fliess, est presque tout à fait résolu, presque (Sein Rätsel ist fast ganz gelöst), écrit Freud. Ce patient se porte très bien (sein Befinden [ist] vortrefflich), son être a changé (sein Wesen [ist] verändert) : il ne reste plus grand chose des symptômes, pour le moment (von den Symptomen ist derzeit nur ein Rest) [387]. Selon Freud, le travail peut donc être conclu, même si le patient est entretemps attaché à son médecin, et le médecin à son patient.

Freud rapporte en effet l'apparente interminabilité de la cure (die scheinbare Endlosigkeit der Kur) au transfert : le patient s'est attaché au médecin, il a pris goût au travail régulier avec son analyste. Mais cela ne veut pas dire que la cure ne puisse pas s'arrêter. Lâcher Freud si l'on est son patient, ou lâcher son patient si l'on est Freud, d'une part, et se décider de fait de se contenter d'une liberté réelle mais restreinte, d'autre part, c'est tout un : cela revient à désinvestir le cabinet pour réinvestir le monde, vaille que vaille.

Freud en l'occurrence, dans le cas du patient en question, décide que la cure suffit. Il décide de ne plus recevoir cet homme dans le cadre de son cabinet. Mais il ne s'interdit pas de le voir en dehors de ce contexte. Et un soir, il va même jusqu'à l'inviter dans sa maison, en privé. Le patient accepte et met ainsi fin à sa carrière de patient. Aujourd'hui, dans la plupart des cas, on serait sans doute plus prudent, au moins pendant tout un temps. Car on ne sait jamais si une nouvelle tranche d'analyse pourrait être souhaitée par ce même patient, un jour, quelque part, à l'avenir. Bref, la cure peut être conclue, mais toujours de manière asymptotique.

---

[387] Idem, *Briefe an Wilhelm Fliess. 1887-1904. Brief242 (133)*, p. 448-449.

La psychanalyse

ou la possibilité d'expérimenter

la « Ver-lust » de la personne sexuée

Le psychanalyse ne fait jamais que créer un cadre pour faire une expérience de la négativité, sur un plan : il permet de l'explorer dans une perspective bien précise, celle de la transformation des pulsions, celle de la perte du plaisir immédiat (Ver-Lust) qui fait souhaiter autrement, à la mesure d'un refoulement. Il propose un lieu et un temps pour accompagner le cheminement implicitement mesuré vers un plaisir qui n'est pas ce plaisir-là, en définitive. Il explore le péril des méthodes, et les défis qui peuvent décevoir.

Cet itinéraire à obstacles vers un plaisir limité par un au-delà, il aurait pu s'en occuper dans divers champs : il aurait par exemple pu interroger les discours de la méthode scientifique, ou la prétention à la preuve techniquement fabriquée.

Mais le fait est qu'il s'intéresse aux itinéraires à obstacles et aux prétentions trompées dans le champ du social principalement, là où le bien investi ou désinvesti n'est autre que la Personne. Le psychanalyste est donc investi par transfert, en lieu et place d'une personne qui n'est pas là dans l'actualité mais qui replonge d'une manière ou d'une autre l'analysant, s'il est adulte, dans le passé de l'enfant qu'il a été – cet enfant qui a savouré certains plaisirs qu'il continue de re-chercher, éventuellement, et qui a évité certains déplaisirs qu'il continue d'éviter, éventuellement.

Cela étant, Freud privilégie à mon sens une face seulement de cette Personne, le sexe, en réduisant trop facilement la question de la dette à celle du couple, et par ce biais-là, à celle de la famille. Par ailleurs, il arrive aussi que Freud doive réorienter son regard, parce que l'institution de cette Personne fait problème en tant que telle. Il s'intéresse alors aux psychoses et aux perversions, mais en prenant l'incomplétude de la personne pour un manque à souhaiter – et je crois que c'est malheureux. Car la Loi (Nomos), fait exister plutôt que d'interdire. La constitution d'un état, par exemple, le dépôt légal d'une marque, ou la fondation d'une association, en sont plus représentatives que la loi pénale qui décrète ce qui est interdit communément et qui relève en tant que telle de l'appropriation politique du droit, du partage arbitraire de la Norme (dikè).

Troisième partie :

Übersetzung :

Traduction des représentations.

Übertragung :

transfert des affects.

Überbesetzung :

énonciation des souhaits refoulés

En m'arrêtant plus longuement sur le texte des *Studien über Hysterie* de 1895, j'écrivais ceci : tout se passe comme si les patientes de Freud, confrontées à quelque chose qui ne les arrangeait pas, en avaient disposé, comme si elles l'avaient rangé ailleurs, dans un second lieu psychique, l'Inconscient. Cela donne l'impression que l'Inconscient est un coffre bien étanche, une boîte à représentations, remplie de souhaits dont la satisfaction directe a été évitée et continue d'être évitée. On y trouverait par exemple le souvenir d'un trauma qui a pu provoquer le refoulement de tout souhait dont la réalisation se rapporterait par association au trauma. De même, on y trouverait tout souhait refoulé parce que confronté à un objet réel défaillant, donc insatisfait, et que rien à l'avenir ne pourrait satisfaire compte tenu du caractère structural de la « Versagung ». De même, tout souhait dont la réalisation possible se heurterait à un accueil défavorable en société, tout souhait dont la seule expression devrait faire face au désagrément d'une condamnation ou à la peur d'une menace, en particulier tout souhait sexuel interdit, et tout penchant meurtrier interdit.

Les choses se passeraient alors de la manière suivante. Le sujet perçoit par exemple l'envie de tuer son patron. Cette envie illicite est condamnable. Il préfère ne pas s'en rendre compte plus longtemps que nécessaire, car cette condamnation est douloureuse. Il enferme donc tout souhait qui se rapporte à cette envie dans une boîte, bien bouclée. Le souhait s'inscrit mnésiquement, mais dans un lieu inaccessible à sa conscience. Le sujet n'en a plus conscience. Et il répète cette opération chaque fois que cela est nécessaire.

Ce scénario n'est cependant pas tout à fait celui que décrit Freud, notamment parce que tout souhait refoulé cherche à se manifester quand même, malgré le refoulement. Démoniaque par nature, le souhait refoulé pousse et pousse, en quête de satisfaction. Et il arrive que le refoulé fasse retour en passant d'un lieu psychique (inconscient) à l'autre (conscient). Que se passe-t-il alors exactement ? Que nous en dit Freud ? Plus d'une chose, si on survole l'œuvre. Essayons d'y voir un peu plus clair en distinguant plusieurs processus dans le contexte du refoulement, du retour du refoulé, de

la levée du refoulement : l'« Übersetzung », l'« Übertragung », et l'« Überbesetzung ».

1896 : *Brief 112 (52) an Fliess*, die Übersetzung

Dans les *lettres à Fliess*, qu'il n'a pas publiées lui-même, dans la *Lettre
112* du 6 décembre 1896[388] plus particulièrement, Freud explore déjà la question de l'inscription des perceptions. Il y formule l'hypothèse que le fonctionnement psychique doit son origine à la superposition de plusieurs couches –
qu'il appellera par la suite des « lieux » ou des « instances ». La première des
couches est constituée par des perceptions. Elles sont enregistrées dans la
mémoire sans que le sujet en ait conscience. Puis, elles sont transformées de
sorte qu'une deuxième couche se superpose à la première. Et puis, elles sont
à nouveau transformées. Freud fait l'hypothèse que le matériel mnésique est
chaque fois réécrit autrement, qu'il subit une réorganisation à certains moments, qu'il est soumis à de nouveaux rapports (Ich arbeite mit der Annahme
dass unser psychischer Mechanismus durch Aufeinanderschichtung entstan-
den ist, indem von Zeit zu Zeit das vorhandene Material von Erinne-
rungsspuren eine *Umordnung* nach neuen Beziehungen, eine *Umschrift*
erfährt). La réinscription inconsciente de la perception, qu'il appelle la deuxième inscription (die zweite Niederschrift), précède sa réinscription sur le
mode préconscient, qu'il appelle la troisième transcription (die dritte Umschrift), laquelle précède elle-même la prise de conscience encore ultérieure.
Attention : Freud n'affirme pas que toutes les représentations soient à

---

[388] Idem, *Briefe an Wilhelm Fliess. 1887-1904. Brief 112 (52)*, p. 217-220. Comparez
Brief 98 (46). Ces deux lettres ne sont pas faciles à déchiffrer : elles ne présentent
pas des résultats que Freud publie, mais des réflexions et des recherches en acte. Il
faut donc un peu en forcer le texte, en le simplifiant ou en tranchant en un sens ou
en un autre, pour arriver à dire ce que j'en dis.

chaque fois retranscrites, au contraire. Certaines représentations ne deviennent donc jamais conscientes.

Freud appelle les transcriptions, les réorganisations par une inscription d'un autre type, également « Übersetzung ». Cela se défend dans la mesure où de l'Inconscient à la conscience rien n'est en fait écrit, au sens strict du mot : on transforme la mémoire de la souffrance et du plaisir en paroles dites. Le mot « Übersetzung » est d'habitude pris en un sens métaphorique. On le traduit donc par « traduction ». Mais ce mot pourrait aussi littéralement suggérer une trans-position, une trans-lation. Cette traduction littérale a quelque mérite, parce que « traduire » au sens usuel du mot, n'est pas ce dont il s'agit, stricto sensu, à moins de tenir que de l'Inconscient à la conscience un dialogue s'installe entre deux étrangers qu'une appartenance à deux communautés linguistiques divergentes sépare. Est-ce que c'est cela que Freud veut dire ? Pourrait-on par exemple argumenter que l'analysant dialogue avec lui-même comme avec un étranger qu'il découvre ? Que lever le refoulement reviendrait à « traduire », c'est-à-dire à surmonter la contingence historique dans l'interlocution ? Je crois que non. Parler ainsi revient à parler la bouche pleine et à affirmer trop de choses à la fois, par un raccourci plus qu'approximatif : ce qui constitue quelqu'un comme étranger n'est pas coextensif à ce qui réglemente le vouloir en le dédoublant – voilà du moins l'hypothèse que je formulerais.

En tout cas, je ne crois pas que Freud ne se soit pas rendu compte dans cette lettre des deux sens du mot « Übersetzung », littéral et métaphorique. D'autant plus que la *Lettre 112* contient un schéma dessiné : les transcriptions successives que Freud postule y sont tracées sur un support physique, du papier, et de ce fait nécessairement spatialisées, sur une ligne en l'occurrence. L'« Übersetzung » apparait alors effectivement comme une trans-position. Freud retravaillera par la suite ce schéma au septième chapitre de la *Traumdeutung*[389]. Il le complètera, en rajoutant à la succession des trans-positions un terme, la motricité, qu'il positionne en dernier lieu. Le

---

[389] Idem, Die Traumdeutung, in *STA, Band II, Die Traumdeutung*, p. 514.

schéma dessiné au départ est donc le schéma réflexologique, tout à fait coutumier à la fin du XIXème siècle, qui est l'époque de la psychophysique triomphante. Le terme qui clôture la succession est en même temps son but : la perception (une excitation qui provoque une tension) s'inscrit ; puis, elle est organisée et réorganisée en tant que matériel mnésique ; puis, elle débouche idéalement sur une activité motrice (une activité qui évacue la tension, autant que possible). Par ailleurs, quoi qu'il en soit du double sens de ce mot « Übersetzung », qu'on le prenne au sens spatial ou figuré, à la limite il s'agit seulement de choisir un mot en français, par convention, pour un mot en allemand.

Encore faut-il demander ce qui est traduit, ou trans-posé. Eh bien, des représentations, entendons : des représentations de choses qui ne sont pas des objets à simplement percevoir, mais des choses qui sont « perçues » en tant qu'elles affectent quelqu'un, plaisamment ou douloureusement. La perception de ce qui affecte un sujet devient trace mnésique, inconsciente ; celle-ci est transformée en représentation de mot préconsciente, avant d'accéder éventuellement à la conscience, ce qui signifie pour Freud également, avant d'être dite. Et en chaque couche les représentations sont soumises à un nouveau mode d'organisation qui est propre à cette couche : chaque couche introduit des rapports différents entre les représentations. Il semble donc que le mot « Übersetzung » porte davantage sur le destin des représentations, de la même manière que les mots « Niederschrift », ou « Umschrift ».

1896 : *Brief 112 (52) an Fliess*, die Übertragung

Mais le plus important n'est pas là. Pour celui qui prend un peu de recul, parce qu'il connaît les travaux ultérieurs de Freud, la chose décisive, dans la perspective freudienne, est plurielle.

Primo, les transcriptions n'arrêtent pas de se faire au cours de la vie une fois qu'elles ont commencé, mais chacune d'elles prend place une première fois à un certain moment. Depuis les perceptions jusqu'aux représentations verbales, elles se font pour la première fois à certains moments de la vie, probablement aux mêmes moments chez chacun. Il y a donc des moments clés, la toute petite enfance et la puberté notamment. Or, Il s'agit de ne pas rater le moment, sinon, c'est probablement foutu.

Secundo, lorsque ces inscriptions transformatrices ne se font pas, la maladie se déclenche, chaque fois une autre, cela dépend du ratage en question, de la transcription qui a été ratée. Le matériel qui n'a pas été retranscrit, dit Freud, est traité selon un mode plus ancien, contrairement au reste qui a poursuivi le cheminement des transcriptions. Il existe donc des survivances (Überlebsel), le fonctionnement psychique est caractérisé par des poches d'anachronisme. Freud n'affirme pas que la transcription ne se fasse pas du tout en cas de maladie : il précise qu'elle ne se fait pas « pour certains matériaux » (für gewisse Materien), et comme l'on peut s'y attendre, la vie sexuelle joue un rôle crucial.

Tertio, d'organisation en réorganisation, l'appareil psychique se divise de lui-même, se départage en plusieurs « instances », occupe plusieurs « lieux ». Il se complique et il acquiert la capacité de fonctionner selon divers modes en même temps. Ces modes peuvent entrer en concurrence, ils peuvent guerroyer pour prédominer ou collaborer. Leur rapport de forces qui n'est autre que la dynamique psychique, détermine le résultat de l'activité psychique, qui pourrait par exemple préluder à un acte dans la réalité.

Quarto, les modes de fonctionnement s'enchaînent chronologiquement, ils apparaissent les uns après les autres, ils occupent chacun une place sur un axe temporel. C'est si vrai que l'appareil psychique peut revenir en arrière : il peut régresser et se remettre à fonctionner comme avant, complètement ou occasionnellement, comme si d'autres modes subséquents n'existaient pas.

Quinto, il arrive que la traduction de l'Inconscient au préconscient et de là à la conscience ne se fasse pas. C'est ce que Freud appelle le défaut de traduction (Versagung der Übersetzung) ou encore le refoulement (Verdrängung). Ce dernier n'a jamais lieu sans raison, et il n'est pas en soi pathologique. Son motif est d'éviter le déchaînement du désagrément qui aurait lieu en cas de transposition/traduction vers la conscience (Motiv derselben [der Verdrängung] ist die Unlustentbindung, die durch Übersetzung entstehen würde). Ce qui a été refoulé, doit donc le rester, même à l'occasion de nouvelles expériences qui pourraient y ressembler ou s'y rattacher, et faire ressurgir le même désagrément pour le « Ich » conscient. Une fois qu'il y a eu refoulement, tout se passe comme si un barrage (eine Hemmung) avait été installé qui empêche le refoulé d'être transposé/traduit quand-même dans la couche consciente, c'est-à-dire, dans le vocabulaire freudien d'après, de faire retour. Mais parfois le barrage ne tient pas : un événement douloureux du passé, qui a été mémorisé mais pas transposé/traduit, fait irruption tel quel dans l'actualité, comme s'il était actuel, alors qu'il ne devrait pas être réactualisé. Il déchaîne un désagrément. C'est uniquement le cas, dit Freud, pour les événements d'ordre sexuel, parce que les premières excitations sexuelles sont petites en comparaison à celles qui suivent : l'excitation augmente à la mesure du développement sexuel, et du même coup le plaisir et le déplaisir éventuels se décuplent également.

Qu'est-ce à dire ? Deux choses. Un, la « transposition/traduction » est importante pour connaître le destin des représentations. Deux, autre chose importe cependant plus : chez Freud, l'élément crucial pour le sujet du souhait est l'équilibre entre le plaisir et le déplaisir, l'évitement du déplaisir excessif qui se manifeste notamment sous la forme de l'angoisse. Cet équilibre est déterminant dès que le bébé naît au monde, dans le passé lointain, mais il le reste encore et toujours dans l'actualité, à l'horizon des expériences passées, par exemple dans le contexte d'une société qui admet certaines choses mais pas d'autres.

Ce qui explique qu'une transcription n'ait pas lieu du tout ou qu'elle n'ait pas lieu pour certains matériaux, ce qui explique donc que certains matériaux soient traités sur un mode antérieur, et que le sujet régresse malgré le fait que d'autres fonctionnements, postérieurs, lui soient déjà accessibles, c'est l'affect qui est attaché à la représentation. Et ce qui vaut pour les représentations vaut également pour les affects. Les représentations sont inscrites en une couche, et elles peuvent être retranscrites d'une couche à l'autre. De même, l'affect est situé dans une couche et il peut circuler entre les diverses couches de l'appareil psychique. Dans la *Lettre 112*, Freud n'utilise aucun concept particulier pour indiquer la circulation de l'affect d'une couche à l'autre, mais dans d'autres textes il finira par dire que l'affect subit un « transfert » (Übertragung) – concept utilisé tout particulièrement lorsque l'affect rattaché à une représentation inconsciente passe à une représentation consciente, qui se rapporte d'une manière ou d'une autre à la première.

En chaque couche les représentations sont donc investies d'énergie psychique. Et la répartition de l'énergie psychique entre les diverses couches est variable. Concrètement, il peut arriver qu'un matériau ne soit pas verbalisé et qu'il en soit resté à son inscription inconsciente : il n'est investi d'énergie psychique qu'en cette seule couche inconsciente, tout l'affect qui s'y rattache est là. Mais il cherche quand-même à franchir la barrière qui le sépare de la conscience. Pourquoi donc ? Mais pour une simple raison : c'est un souhait, et en tant que tel il est en quête de satisfaction. Et dans ce but ce matériau, qui est un souhait, met au travail l'énergie dont il est investi. Comment s'y prendra-t-il ? Quel est le travail effectué par les représentations inconscientes en train d'essayer de passer à la conscience ? Quel est ce travail qui permettrait de déjouer la barrière, au risque d'un désagrément ?

1899 (1900) : *Die Traumdeutung*[390], die Übersetzung

L'équivoque qui plane sans doute sur les lettres quant à décider quel sens donner à l'« Umschrift » en des « lieux » psychiques divers, appelées couches, ne disparaît pas, je crois, dans les œuvres ultérieures. Certes, Freud est assez explicite pour que nul n'aille s'imaginer que l'Inconscient serait un lieu anatomique particulier, cérébral en l'occurrence. Il ne l'est pas. Dans la *Traumdeutung*[391] par exemple, Freud s'arrête sur l'étrangeté du rêve. Le rêve rêvé par un sujet est parfois si curieux, dit-il, qu'il est difficile pour ce rêveur de se l'attribuer à lui-même. En allemand, le rêveur peut s'attribuer le rêve en première personne (Ich habe geträumt : « j'ai rêvé »). Mais il peut également, et avec beaucoup d'exactitude, parler du rêve comme d'une chose qui lui arrive (mir hat geträumt : « Il m'a été rêve »). Cette étrangeté psychique du rêve mérite d'être expliquée. Freud parle à ce sujet d'une migration de l'activité psychique (eine Umsiedlung der Seelentätigkeit). Mais il précise aussitôt qu'il ne faut pas comprendre cela en termes anatomiques. La migration est métaphorique : elle signifie « simplement » que l'activité psychique du rêveur s'effectue principalement sur le mode inconscient et non sur le mode conscient. Freud n'affirme donc pas du tout que l'activité du rêveur aurait déménagé d'un endroit vers un autre à l'intérieur du cerveau.

Est-ce possible que le rêveur qui se rappelle pourtant son rêve, et qui en a donc conscience, fonctionne sur le mode inconscient, en tant que rêveur ? Oui, mais pareille affirmation implique qu'on ait déjà affirmé de manière générale, comme Freud l'avait déjà fait dans la *Lettre 112*, que l'activité

---

[390] J'ai décidé, pour la facilité de l'exposé, par souci didactique, de simplifier la présentation des idées freudiennes, en ne pas distinguant explicitement entre Préconscient et Conscience. Mais je crois qu'en gros, cela tient. Il suffit d'avoir en tête 1. que beaucoup d'idées actuelles comme passées, sont à peine effleurées lorsque nous sommes éveillés, mais que nous pourrions les évoquer explicitement si nous le voulions ; et 2. que certaines autres idées sont en revanche comme barrées, et n'arrivent pas à être captées, même si nous le voulons.

[391] Idem, Die Traumdeutung, in *STA, Band II, Die Traumdeutung*, p. 72.

psychique peut avoir lieu – c'est le cas de le dire – selon divers modes, chacun définitoire d'une instance psychique. Il faut donc avoir formulé l'hypothèse que le fonctionnement psychique inconscient obéit à d'autres principes que le fonctionnement psychique conscient qui lui est postérieur, généalogiquement parlant. Que sont alors les principes du fonctionnement inconscient ? Il n'y en a qu'un, en fait : inconsciemment, seul compte le (dé)plaisir, seul régit le principe de (dé)plaisir, « das (Un)Lustprinzip ». Si cela permet d'obtenir du plaisir, ou d'éviter du déplaisir, l'énergie psychique circule librement d'une représentation à l'autre, par le biais de la condensation et du déplacement ; il n'y a pas à se préoccuper de la réalité. Le rêveur peut parfaitement bien rêver des choses irréalistes, et de la sorte se faire (dé)plaisir. Il n'en reste pas moins un paradoxe : le rêveur, pas toujours mais souvent, se rappelle qu'il a rêvé, et même ce qu'il a rêvé. Mais s'il en est ainsi, le rêve, quelque part, obéit à un deuxième principe : le principe de réalité.

Mais toute équivoque sur le statut exact de l'« Umschrift » est-elle pour autant évacuée ? Non. Le lecteur que je suis ne peut s'empêcher de penser de temps à autre à un Inconscient qui serait comme une boîte, une boîte à représentations. Cela m'arrive chaque fois que Freud s'intéresse davantage au destin des représentations qu'à celui de l'affect. Et il le fait dans la *Traumdeutung*, chaque fois qu'il interprète le contenu des rêves. C'est surprenant puisque selon Freud lui-même le plus important n'est pas la représentation à interpréter, mais sa valeur : sa charge affective, la manière de l'investir et de la désinvestir, l'affect qui l'accompagne ou non. Soit, pour le dire en termes matérialistes : le plus important, c'est l'énergie qui circule à l'intérieur d'un même « lieu » psychique, ou d'un « lieu » à l'autre, dans le but de réaliser du plaisir et d'éviter du déplaisir dans l'accomplissement d'un souhait. Regardons le détail.

Dans la *Traumdeutung*, Freud parle du rêve selon deux perspectives, l'une interprétative, l'autre explicative. C'est surtout la deuxième qui nous intéresse ici, commençons donc par celle-là. Selon Freud, tout rêveur exerce une activité psychique en rêvant. En plus, conjecture Freud, cette activité met en jeu du souhait : le rêve réaliserait un souhait. Par conséquent, expliquer le rêve revient à expliquer comment le rêve opère (die Traumarbeit) en vue de l'accomplissement d'un souhait (die Wunscherfüllung).

Freud s'y essaie, notamment au septième chapitre de la *Traumdeutung*. Il y reprend et développe les idées déjà explorées dans la *Lettre 112 à Fliess*. L'explication qu'il avance a une portée générale, mais il la concrétise pour rendre intelligible un phénomène psychique particulier, le rêve, qu'il refuse d'envisager comme un phénomène d'origine théurgique ou comme un phénomène seulement somatique. Selon Freud, le rêve a deux auteurs, deux fondateurs (zwei Urheber) : deux forces psychiques (zwei psychische Mächte), deux courants psychiques (Strömungen), deux systèmes psychiques (Systeme) sont à l'origine de la formation du rêve (die Traumgestaltung), et ce en chaque humain (im Einzelmenschen). Le rêve est une formation de compromis entre le souhait qui cherche à s'exprimer, et la censure qui extorque et commande une déformation dans l'expression de ce souhait (eine Entstellung seiner Äusserung erzwingen). Nul souhait, autrement dit, ne s'exprime ni ne se réalise sans passer par une censure qui en évalue le droit au devenir conscient. Nulle représentation, nul souhait plus exactement, n'est conscient ipso facto, du seul fait d'être posé et représenté. Son admission à la conscience est un acte psychique à part entière, distinct de la représentation en tant que telle. Or, ce qui prétend à la conscience (der Bewusstseinswerber) est soumis aux droits (die Rechte) de la censure, la deuxième « instance » psychique (Instanz)[392].

Le rêve s'explique à partir de la dynamique entre divers modes de fonctionnement psychique possibles : par la prédominance du fonctionnement inconscient dont l'objectif est la satisfaction du souhait, et par l'éclipse – partielle – du fonctionnement conscient. Pendant la journée, à l'état d'éveil, par attention pour les exigences de la réalité, l'activité psychique

---

[392] Idem, *ibidem*, p. 160.

consciente fait que certains souhaits nouveaux soient refoulés et que d'autres, déjà refoulés de l'autre côté de la barrière de la censure, y soient maintenus. Mais que serait alors la caractéristique du fonctionnement psychique inconscient, chronologiquement préalable dans le devenir de l'humain ? C'est une manière particulière d'organiser les représentations, répondrait Freud. Et il l'explicite.

Dans le rêve, l'organisation des représentations prend la plupart du temps la forme d'une mise en scène. Le rêveur régresse d'une pensée en mots vers une écriture en images (eine Bilderschrift)[393], dit Freud. Il faut que la représentation, c'est-à-dire le souhait qui se réalise, soit présentable (darstellbar), à la manière du texte d'un bon dramaturge, qui écrit quelque chose que l'on ne peut pas uniquement lire mais également mettre en scène pour en faire une représentation théâtrale[394]. Cette présentabilité, explique Freud, trompe le censeur : normalement celui-ci ne permet pas que des pensées refoulées soient « transposées/traduites » de l'Inconscient vers la conscience ; mais là, grâce aux images dont la pensée se revête, le refoulé passe la barrière de la censure pour advenir à la conscience. Et une fois qu'il est réveillé, le rêveur pourra se rappeler qu'il a rêvé, et même, éventuellement, ce qu'il a rêvé.

Par ailleurs, le rêve est relaté : il est raconté par le patient à Freud, à sa demande. Et il s'avère assez vite, par association interposée, que les images mises en scène, sont débordées de tout côté : elles ne sont qu'un condensé de différentes choses qui sont superposées, et elles recèlent des complications aux limites plus ou moins déplaçables. Le rêveur qui pense, qui habille ses souhaits, a la possibilité illimitée de circuler d'une représentation à l'autre, par condensation ou déplacement, sans être réellement arrêté par quelque absurdité. Les créations du rêve ne sont pas tenues d'être réalistes,

---

[393] Idem, *Ibidem*, p. 280.
[394] Idem, *ibidem*, p. 335-344.

mais elles sont par nature significatives et donnent à penser – consciemment. Bref, le rêveur pense ses souhaits en déguisant ses souhaits par « Verdichtung » et « Verschiebung »[395]. Ou plutôt : cela pense en lui, il ne le décide pas, cela se fait, de nuit. Ses souhaits sont travaillés pour pouvoir apparaître de la seule manière qui soit admise, déguisés (verkleidet). La barrière de la censure ne fonctionne pas pour des souhaits refoulés mais déguisés, les souhaits peuvent donc se réaliser – dans le rêve. Les apparences trompent le censeur, mais au fond rien n'a changé : les souhaits sont les mêmes, ils sont toujours là, en deçà des déformations (Entstellungen)[396]. Aussi revient-il à l'analysant d'interpréter avec l'aide de Freud ce qui a été déguisé, des contenus, soit : des représentations, des souhaits plus exactement.

En interprétant tel ou tel rêve comme la réalisation de tel ou tel souhait, Freud s'appuie sur les associations de représentations que produisent ses patients à l'occasion dudit rêve, et il repère par exemple les restes diurnes qui s'y insinuent. Mais il s'appuie également sur tout le matériel associatif déjà produit au passé à l'occasion d'autres rêves. Et il s'appuie aussi sur la nécessaire anamnèse, qu'il nomme ici avec beaucoup de pertinence « das Vorbericht », le message d'avant[397].

En interprétant, Freud et son patient refont en fait à l'inverse le chemin du travail inconscient effectué pendant le sommeil par le rêveur largement inconscient : ils renversent la régression propre au rêve, ils progressent

---

[395] Idem, *ibidem*, p. 282-308.
[396] Idem, *ibidem*, p. 151-176.
[397] Idem, *ibidem*, p. 125. Les nouvelles se dit « die Nachrichten », les missives d'après. Ce qu'il faut retenir de ce passage, c'est que Freud n'interprète jamais un rêve seulement, mais un rêve parmi d'autres, et qu'il le fait dans le contexte de toute une vie, certes relatée par le patient, mais laquelle peut également être documentée par des sources extérieures. Ainsi Freud lui-même, en explorant se propres rêves, va se renseigner chez des personnes tierces pour recueillir des témoignages indépendants de ses souvenirs à lui (voir *Briefe an Fliess, Brief 142 (71)*).

en parlant à partir du rêve, ils prennent acte des mobiles inconscients du patient, ils découvrent le contenu qui a affecté le patient au point d'avoir été refoulé. L'interprétation (die Deutung) est ainsi le complément du travail du rêve (die Traumarbeit) : en un premier temps les souhaits refoulés du rêveur, ses penchants inavouables que Freud nomme les pensées de rêve latentes (die latente Traumgedanken), sont rendus méconnaissables afin d'être admis sans déplaisir par la conscience comme contenu manifeste du rêve (manifester Trauminhalt)[398] ; en un deuxième temps, dans la cure, l'interprète repasse du contenu manifeste au contenu latent, désormais connu.

Et Freud d'interpréter des rêves, et de nous accoutumer aux idées très variées mais également très typiques que le penseur dormant travestit : des idées œdipiennes en particulier, d'origine infantile ou pubertaire. Le lecteur que je suis, se retrouve donc avec cette conviction que l'Inconscient est comme un lieu où cacher des trésors que l'on veut peut-être bien mais n'ose pas ou n'a pas le droit de montrer : un coffre-fort pour souhaits refoulés qui n'est déverrouillé qu'à certaines conditions. Ainsi Freud lui-même affirme-t-il que « le noyau de notre être » (der Kern unseres Wesens) consiste en souhaits inconscients : insaisissables, ils ne peuvent pas être barrés une fois pour toutes ni complètement, mais s'ils surgissent à la lumière du jour, ce ne peut qu'être détournés par leur déguisement[399]. On trouverait en ce lieu nucléaire diverses choses, divers contenus. On y trouverait des souhaits triviaux, tel le souhait d'une petite fille de manger des fraises et d'autres délices qui lui avaient été refusées la veille – Freud, attendri par sa propre fille encore toute petite, nous parle de ces petits appétits cachés[400]. Mais on y trouverait surtout des trésors d'origine infantile[401], tout ce que les anciens ont pu nommer le démoniaque : tout souhait indestructible (unzerstörbar) et indompté (ungebändigt)[402]. Ce type de souhait, peu trivial, qui n'apparait plus aujourd'hui

---

[398] Idem, *ibidem*, p. 280.

[399] Idem, *ibidem*, p. 572.

[400] Idem, *ibidem*, p. 148.

[401] Idem, *ibidem*, p. 527-9.

[402] Idem, *ibidem*, p. 582.

sous sa forme démoniaque mais comme réalité psychique, serait à cacher, parce qu'il est honteux ou choquant au regard de la conscience. Freud pense à la haine envers le père, au désir de l'enfant pour sa mère, à la jalousie dans la phratrie, à la peur de la castration, au souhait d'avoir un enfant du père, au souhait de meurtre à l'encontre d'un parent ...

Ces souhaits indestructibles et indomptés, refoulés au passé, sans doute pendant l'enfance, lorsqu'un « Ich » encore faible n'a pas pu les supporter ni les intégrer, n'ont pas besoin de grand-chose pour se réveiller la nuit. Il suffit d'une petite incitation diurne, à peine remarquée, pour que le démoniaque revendique sa place et cherche à s'affirmer la nuit, lorsque la censure relâche son attention. Et les forces démoniaques risquent d'autant plus de se réveiller la nuit, qu'une expérience qui s'y rapporte pendant la journée a subi un rejet explicite par le jugement de la pensée à l'essai, soucieuse de réaliser des objectifs réalistes et de ne pas se laisser désorienter par des expériences fautives ou inutiles (die Verwerfung durch das Urteil als unrichtig oder als unbrauchbar für den aktuellen Zweck des Denkakts)[403].

Terminons cette nouvelle exploration de l'« Übersetzung » par une remarque supplémentaire au sujet du septième chapitre de la *Traumdeutung*. Toujours intéressé par le destin des représentations qui ne sont en somme que des contenus, Freud y décrit également la vie psychique en employant une terminologie géométrique, absolument spatiale : l'Inconscient, dit-il, est le plus grand des cercles, celui qui enferme en lui le plus petit, le cercle du conscient (der grössere Kreis, der den kleineren des Bewussten in sich einschliesst)[404].

---

[403] Idem, *ibidem*, p. 564.
[404] Idem, *ibidem*, p. 580.

1899 (1900) : *Die Traumdeutung*, die Übertragung

Omne simile claudicat : toute comparaison est boîteuse. Les métaphores spatiales claudiquent. Elles risquent de faire oublier l'essentiel, que Freud ne manque pas d'affirmer et de réaffirmer, dans la même *Traumdeutung*. L'essentiel, c'est l'affect.

L'appareil psychique est composé de plusieurs systèmes, dont deux en particulier occupent Freud, ceux que sépare la barrière de la censure : le système inconscient, plus ancien dans le développement psychique, où certains souhaits et penchants sont refoulés ; et le système conscient, postérieur dans ce développement, où l'activité de pensée (die Denktätigkeit) est guidée par l'épreuve de réalité (die Realitätsprüfung)[405]. Compte tenu de ce qui est essentiel, il est cependant plus pertinent de formuler les choses autrement et d'affirmer que ces souhaits et penchants, refoulés mais préservés en deçà de la censure, cherchent le plaisir d'être réalisés quand-même, sans attirer l'attention de la conscience, qui elle, de son côté, veut éviter le développement du déplaisir, tout en étant soucieuse d'évacuer les tensions ressenties par voie motrice.

Le rêve, qui est parfois agréable et parfois cauchemardesque, est cependant tout aussi fréquemment désaffecté. Freud nous le dit, il y a plus de cent ans. Et ma propre pratique clinique le confirme, aujourd'hui. Il arrive souvent qu'un analysant rêveur racontant par la suite ce qu'il a rêvé, constate qu'il n'a pas ressenti grand-chose pendant le rêve : très régulièrement il n'a été qu'un spectateur, de choses anodines. Mais il suffit de renverser le travail du rêve par l'interprétation, dit Freud, et de retrouver la pensée de rêve latente, pour se rendre compte que les pensées de rêve travesties qui ont laissé le rêveur indifférent, ne sont pas nécessairement quelconques, au contraire. Il arrive également que ce rêveur soit un spectateur plus qu'étonné

---

[405] Idem, *ibidem*, p. 540[1] [Zusatz 1919].

de ne pas ressentir grand-chose, stupéfait parce qu'il se passe dans son rêve des choses qui l'auraient gravement ébranlé s'il avait été éveillé.

Alors, comment expliquer que le contenu manifeste du rêve soit « désaffecté » dans bien des cas ? Pour que le souhait à réaliser passe la censure, explique Freud, il faut que l'affect soit détaché des représentations en train de chercher à se frayer un chemin vers la conscience dans le but de se réaliser (die Ablösung der Affekte von den Vorstellung[smass]en). Il faut que l'affect soit réprimé (Affektunterdrückung). Il faut que l'affect soit barré, bloqué (Affekthemmung). Le rêve, tout en accomplissant un souhait, doit éviter le déchaînement de l'affect (Affektentbindung)[406].

Du point de vue affectif, le rêve est en général plus pauvre que le matériel psychique latent dont il provient. Mais de même que la représentation peut passer la barrière de la censure en se déguisant, de même l'affect peut passer la barrière de la censure, en étant raccroché à d'autres représentations dans le même rêve, ce qui présuppose que ces représentations autres ne suscitent aucun soupçon[407]. Bref, le rêve est le résultat du compromis entre forces psychiques qui se combattent (das Kompromissergebnis eines Widerstreites psychischer Mächte)[408]. Et il l'est deux fois, pas seulement au regard des représentations, mais également eu regard aux affects.

En toute logique Freud, soucieux de bien démarquer l'enjeu affectif du rêve, ne parle pas toujours de systèmes, ni d'instances, ni de lieux psychiques. Il vaudrait mieux parler, dit Freud, presqu'à la fin du livre, de deux manières d'écoulement de l'excitation (zwei Ablaufsarten der Erregung) :

---

[406] Idem, *ibidem*, p. 450-451.
[407] Idem, *ibidem*, p. 447.
[408] Idem *ibidem*, p. 451.

dans un cas les quantités d'excitation s'écoulent librement (das freie Abströmen der Erregungsquantitäten), dans l'autre cas il est fait barrage à cet écoulement (Hemmung dieses Abströmens)[409].

Toujours dans la même perspective, celle de l'affect, Freud parle également de deux sortes de processus (zweierlei Vorgänge)[410] : 1. le processus primaire et 2. le processus secondaire.

Le processus primaire est caractéristique de la pensée inconsciente (das unbewusste Denken) : l'énergie est libre, mobile (frei, beweglich). Elle coule librement d'une représentation à l'autre, par exemple de la représentation de la faim à l'hallucination de la nourriture. Elle circule sans aucune entrave. L'énergie peut être condensée et déplacée ad libitum : elle peut être investie entièrement, soit sur telle représentation A et non sur telle autre, différente d'elle mais à laquelle elle se substitue (B ou C ou D ou ...), soit sur telle représentation A qui n'est qu'un partiel d'un tout réduit à ce partiel (A + B + C + D + ...). L'investissement alternatif est fait sur la base d'une association fortuite entre la représentation A et les autres représentations B, C, D ... ou sur la base d'une série d'associations intermédiaires entre A et B, C, D ... Cet investissement est donc fait sans égard pour la réalité que représentent les représentations B, C, D ... lorsqu'elles sont conscientes. La représentation A, investie, mais d'origine méconnaissable, peut alors passer la censure, c'est-à-dire : le souhait inconscient peut être admis à la conscience mais seulement parce que, désinvesti lui-même, il apparaît comme si c'était un autre souhait ; le souhait inconscient, méconnaissable, peut être accompli en rêve et le rêveur peut s'en ressouvenir, par après, une fois qu'il est réveillé.

Le processus secondaire est caractéristique de la pensée à l'essai (die probende Denkarbeit). Cette pensée doit s'attacher aux qualités des objets

---

[409] Idem, *ibidem*, p. 569.
[410] Idem, *ibidem*, p. 578.

de la réalité extérieure. Elle doit retenir (hemmen) l'énergie en attendant son écoulement par des activités motrices. Elle est à la recherche d'investissements durables. Elle ne peut pas condenser et déplacer ses investissements d'une représentation à l'autre, à volonté. Elle ne peut pas investir n'importe quelle représentation par simple association, sans égard pour la réalité que représente la représentation investie. Soucieuse d'éviter la douleur, elle ne peut laisser passer des souhaits inconscients susceptibles d'en déclencher qu'à la seule condition qu'ils soient méconnaissables. L'énergie est liée (gebunden)[411].

Lorsque Freud parle des deux systèmes de pensée, il ne désigne pas deux localités à l'intérieur de l'appareil psychique (zwei Lokalitäten innerhalb des psychischen Apparats), mais deux modes de circulation de l'énergie. Refouler (verdrängen) une idée, en arriver à ce qu'elle pénètre la conscience (durchdringen) en perçant la barrière de la censure, tout cela n'équivaut pas à changer une idée de place (eine Ortsveränderung der Idee). Cela équivaut en revanche à retirer l'investissement énergétique d'une idée pour la déposer ailleurs (eine Energiebesetzung zurückziehen, verlegen)[412]. Supposons par exemple qu'un sujet subisse une expérience traumatique. Que fait-il pour l'oublier ? Il en refoule le souvenir : il la désinvestit, il lui retire l'énergie qu'il investit ailleurs, par association ou par une suite d'associations intermédiaires[413]. Il investit l'énergie dans une idée à première vue anodine, mais quand-même liée à la première, quelque part. Ou dans une idée contraire, opposée : il contre-investit une idée que nul ne soupçonne, et lui-même en dernier lieu. Autre possibilité : un sujet éprouve une jouissance interdite. Plaisante en elle-même, cette jouissance change de charge affective à cause de l'interdit. Elle est désormais associée au déplaisir. Et elle déchaîne du déplaisir. Il faut donc la refouler, la désinvestir, et investir l'énergie libérée ailleurs, donc la travailler jusqu'à ce que son origine soit méconnaissable.

---

[411] Idem, *ibidem*, p. 538-541, et p. 559-577.
[412] Idem, *ibidem*, p. 579.
[413] Idem, *ibidem*, p. 565-567.

Méconnaissable, dites-vous ? En reviendrait-on donc au destin des représentations ». Non, pas vraiment parce que les concepts « Verdichtung » et « Verschiebung », sont à prendre au sens où Freud les a pris en un premier temps, le Freud de l'*Entwurf* notamment : littéralement ! C'est l'énergie qui est condensée et déplacée. Et ce n'est qu'en un deuxième temps que ces concepts finissent par désigner les processus de transformation des représentations elles-mêmes, métaphoriquement. Or, le but de toutes ces opérations de pensée reste bel et bien l'écoulement de l'énergie, soit : la régulation du plaisir et du déplaisir, nonobstant les complications créées par le refoulement, nonobstant celles qui sont provoquées par les interdits de la société.

Si l'on veut traduire cette façon économique de parler du refoulement en des termes plus (méta-)psychologiques, on dira à la manière de Freud qu'une expérience anodine « représente » une expérience à haute valeur psychique, au sens diplomatique du mot : la première est là en lieu et place de la deuxième (das gleichgültige Erlebnis zur Stellvertretung für das psychisch wertvolle [Erlebnis]). Tous se passe comme si l'accent psychique d'une idée avait été déplacé ou remplacé d'association inconsciente en association inconsciente jusqu'à l'idée consciente, de sorte qu'aucune valeur psychique ne transparaisse encore[414]. Une puissance psychique est à l'œuvre pendant le travail de rêve, écrit encore Freud : d'un côté elle dévêtit les éléments psychiques à haute valeur de leur intensité, de l'autre côté elle crée des nouvelles valeurs à partir d'éléments de moindre valeur, par la voie de la surdétermination des valeurs[415]. Freud, inspiré par Nietzsche, appelle cela l'« Umwertung aller psychischen Werte », le renversement qui transforme les valeurs psychiques[416]. Exemple : les restes diurnes de la veille réapparaissent dans le rêve ; ils semblent innocents, sans rapport avec toute éventuelle

---

[414] Idem, *ibidem*, p. 189.
[415] Idem, *ibidem*, p. 307.
[416] Idem, *ibidem*, p. 327, comparez *ibidem*, p. 486.

question épineuse ; et voilà que l'analysant et son analyste débouchent par association sur des expériences désagréables, et même parfois sur des expériences désagréables qui n'ont encore jamais été abordées au cours de la cure psychanalytique jusqu'à ce jour-là. Elles étaient donc restées refoulées.

Mais qu'est-ce donc, cette « Umwertung aller psychischen Werte », cet investissement condensé et déplacé, cette condensation et ce déplacement de l'énergie psychique d'une représentation vers une autre ? Quel mot utiliser pour en parler, un mot connu de tous mais dont le sens premier, beaucoup plus général, a été oublié ?

C'est ni plus ni moins le transfert, « die Übertragung »[417]. Pour qu'il y ait transfert, il faut qu'il y ait eu refoulement. Mais le refoulé n'est pas détruit, il existe toujours, et il est actif, il cherche à retourner. C'est le cas lorsqu'il y a névrose, mais également lorsqu'il n'y a pas de maladie psychique, chez tout un chacun, en particulier dans le rêve. La représentation (B, C, D …) qui est refoulée, puis barrée en son retour parce que censurée, est désinvestie. Son énergie est réinvestie sur une autre représentation (A), c'est-à-dire « übertragen ». Elle peut ainsi passer la barrière de la censure et faire retour : le souhait peut être réalisé, en rêve, sans que le rêveur ne s'en inquiète, et sans qu'il ne se réveille. Cela réussit la plupart du temps, mais pas toujours : il arrive en effet qu'un cauchemar réveille le dormeur : le transfert de l'affect n'a pas abouti, de même que la traduction de la représentation n'a pas abouti ; la pensée consciente a été inquiétée et reprend le contrôle des opérations. La prédominance dynamique de l'activité inconsciente cède le pas à celle de l'activité consciente.

« Umwertung », modification de la valeur, évoque « Umwerfung », renversement.
[417] Idem, *ibidem*, p. 567-568.

Nous n'avons pas pu éviter, écrit Freud, l'hypothèse que l'intensité psychique qui est attachée aux représentations, est complètement transférée d'une représentation vers une autre par le travail de rêve ([...] konnten wir der Annahme nicht ausweichen, dass durch die Traumarbeit die an den Vorstellungen haftenden Intensität von einer zur anderen voll übertragen wird)[418]. Le processus du rêve transfère, pour des raisons de censure, l'intensité psychique de ce qui est significatif mais choquant vers ce qui est quelconque, indifférent, sans intérêt (Der Traumvorgang [...] aus Grunden der Zensur übertragt er die psychische Intensität von dem Bedeutsamen, aber auch Anstössigen, auf das Indifferente)[419].

De manière plus générale, poursuit Freud, nous sommes habités par des pensées de transfert, « Übertragungsgedanken »[420], pendant notre vie éveillée : elles sont là, elles pourraient arriver à la pleine conscience, passer d'un état somnolent, préconscient pour utiliser le mot exact, à la pleine conscience, et être verbalisées. Mais comme elles empruntent leur force à des pensées inconscientes, à des souhaits refoulés, elles sont la plupart du temps réprimées : elles passent à la trappe, de la même manière que les pensées originairement refoulées qui leur avaient prêté leur énergie, par transfert.

Il arrive cependant, poursuit Freud, que ces pensées de transfert pénètrent la conscience quand-même, lorsqu'elles sont renforcées par une excitation organique. Si c'est le cas, un combat se déclenche, la défense s'active. La pensée à l'essai doit se trouver et se trouve des objectifs (Ziele, Zwecke) assez puissants pour détourner l'attention, par opposition : il y a contre-investissement (Gegenbesetzung)[421]. Voilà une autre issue possible au conflit psychique, un autre destin possible de l'affect. Et on en retrouve quantité d'exemples en dehors du rêve, dans la vie courante.

---

[418] Idem, *ibidem*, p. 519.
[419] Idem, *ibidem*, p. 561.
[420] Idem, *ibidem*, p. 573-574.
[421] Idem, *ibidem*, p. 573-574.

Concrètement, telle ou telle chose peut être investie, chargée d'affect, sans que ce soit un secret. En même temps cet investissement peut passer inaperçu, jusqu'à ce que quelque chose attire l'attention dessus, parfois par hasard. On s'étonne alors de la charge affective que jouit cette chose. Et on se demande à juste titre si un motif inconscient n'a pas été transféré sur cette chose de la vie de tous les jours : dans ce cas ce motif est devenu conscient mais méconnaissable, car il a été renversé en son contraire, ce qui est un des destins possibles de l'affect. Quelqu'un par exemple est poli. Puis, soudainement, il semble qu'il soit excessivement poli, en une circonstance particulière, ou avec telle ou telle personne. Et on ne s'explique pas dans l'actualité pourquoi il en est ainsi. L'explication est donc ailleurs. Il n'est pas impossible du tout que le sujet soit au fond agressif : une agression potentielle dans l'actualité en a peut-être réveillé une autre qui est longtemps restée enfouie, d'origine infantile, inconsciente. Il y a d'autres phénomènes du même type. Quelqu'un est-il propre – trop propre ? Il se pourrait que ce sujet soit inconsciemment effrayée par la rencontre physique d'un partenaire sexuel, ce qui présuppose le primat du génital. Quelqu'un éprouve-t-il une haine manifeste ? Peut-être est-ce le reste d'un amour déçu, d'une identification amoureuse devenue insupportable. Et ainsi de suite.

Il arrive même et beaucoup plus fréquemment qu'on ne le croit, que le contre-investissement soit durable et extensif, au point d'être devenu le style de toute une vie. On a pu parler dans ce contexte de névrose de caractère. Prenons une personne en analyse, habitée sans doute par des peurs anciennes, mais quand-même, rien d'excessif, m'avait-il semblé. Jusqu'à ce que cette même personne me raconte un jour qu'elle se pèse plusieurs fois par jour, pour contrôler son poids. Et m'explique ce qu'elle n'avait jamais jugé utile ou pertinent de signaler : comment elle faisait attention à son régime, comment elle soumettait son corps à un entraînement physique spartiate. Il m'est apparu d'un coup comme une évidence massive ce que je n'avais pas saisi jusqu'alors, que la vie entière de cette personne s'était transformée en un grand symptôme : elle résultait d'une opération de défense contre des peurs archaïques, depuis longtemps oubliées, évoquées en analyse, mais beaucoup plus graves et fondatrices que je ne le soupçonnais. La vie de cette personne était au fond un monument de contrôle érigé à la mémoire des peurs infantiles, un rempart contre tout imprévu. Ce qui n'empêchait pas que cette vie apparaisse – et même à juste titre – comme une parfaite réussite aux yeux des tiers. Quelle dépense d'énergie inouïe, du matin au soir, depuis trente à quarante ans ! Il y avait eu transfert énorme, par contre-investissement. Et l'enjeu initial, mais permanent depuis, avait été parfaitement masqué, pour tout le monde.

Il faut être naïf pour croire qu'on puisse mettre fin à un contre-investissement de pareille envergure, assorti de souffrances mais également de plaisirs, au moyen de quelques bons conseils qui semblent pourtant plus que raisonnables et adéquats. Le bon sens est passablement impuissant face aux bénéfices secondaires obtenus. Mais que peut-on alors faire en tant qu'analyste, à supposer déjà que l'analysant veuille y changer quelque chose ? Il faut patienter sans forcer le relâchement. Il faut travailler par petits pas, dans le but de libérer l'analysant du besoin impérieux d'éviter ses premiers déplaisirs, refoulés il y a longtemps. Il faut inviter l'analysant à revivre ses premières peurs en séance, dans le but de permettre à sa pensée à l'essai de modifier les investissements qu'il s'impose dans le monde d'aujourd'hui. Il faut lui apprendre à se permettre des réjouissances autres que celles de bâtir un empire professionnel, à s'en permettre alors qu'il ne les contrôle pas d'avance, et qu'elles sont en contradiction explicite avec l'impératif présumé qui l'anime d'outre-tombe. *Facile dictu, difficile factu.*

Bref, la méprise inconsciente d'une personne pour une autre que l'on appelle « transfert » (au sens restrictif du mot), la répétition inconsciente d'une problématique tantôt agréable tantôt douloureuse dans la cure à travers le transfert sur l'analyste, ne sont que des variantes de la même opération générale qui consiste à répartir les investissements entre les instances, à désinvestir ici pour réinvestir là-bas sans provoquer des soupçons, sans se heurter à la censure. C'est ce que chaque humain fait en tant que sujet du souhait, qu'il le veuille ou non, d'une manière ou d'une autre, nécessairement. Le sujet a en effet arrêté de simplement réguler son plaisir et son déplaisir : il réglemente ses penchants et souhaits, en se pliant aux droits de la censure, en mesurant ce qu'il se permet et comment il se le permet.

Je pourrais donner des dizaines d'exemples de transfert d'affect, tous repris à la pratique psychanalytique. Je me contenterai toutefois d'en donner un seul. Je le réduirai au strict minimum nécessaire, parce que le réalisme m'y contraint. Le plaisir ambitieux de prouver quelque chose doit être frustré pour les besoins de la cause. L'édition de cet ouvrage se complique s'il y a trop de pages, les lecteurs décrochent, et, last but not least : le secret professionnel est un droit à respecter à l'égard des analysants.

Un homme, qui ne rêve pas trop pour s'en souvenir et m'en parler, rêve : « Il y a une femme, il y a moi, nous nous donnons un baiser sur la bouche. Elle aime ça, moi aussi ». Voilà la scène du rêve, rien de plus, voilà ce que l'homme relate après-coup, rien que cela, mais oh combien significatif ! Il ne fait pas de doute, compte tenu de l'anamnèse et du travail psychique effectué depuis le début de la cure, que les relations de cet homme avec l'autre sexe sont problématiques, source de souffrance. Il est clair aussi que le plaisir de la bouche est un enjeu majeur dans la construction de son rapport à l'autre sexe. La réalisation du souhait sexuel passe par, la bouche, elle est même restée accrochée à cette zone érogène. La bouche est à prendre pour la trace d'une organisation corporelle à certains égards encore infantile. En plus, elle est le lieu d'un impossible, d'une « Versagung », d'une défaillance insupportable, qui coûte à cet homme des frustrations, des renoncements, une tristesse insondable, la solitude sans réconfort. Des frustrations qu'il essaie tant bien que mal de dépasser en investissant sa vie professionnelle plus que nécessaire, mais sans tout à fait y arriver, avec des bénéfices quand-même. Cette bouche est même le lieu d'un interdit œdipien, le lieu d'une honte, d'une culpabilité, des reproches qui en sont l'écho. Bref, le rêve qui paraît banal, ne l'est pas du tout.

Le rêve que me raconte cette personne, lui est agréable : il réalise un souhait, pour son plaisir, sous forme irréelle, celui du baiser partagé par deux personnes qui aiment cela, lui-même et une femme. Dans la vie réelle, ce souhait est rarement accompli. Le rêve semble assez direct, comme si rien n'avait été déguisé. C'est faux. Il y a déformation quand-même, et dans tous les sens. Le rêve est travaillé à la mesure du « cens », aurait pu dire Jean Gagnepain. Le rêve ne permet pas d'identifier la femme, il y a condensation : la femme du rêve, assez investie pour que le rêveur se la rappelle une fois qu'il est réveillé, est une inconnue. Mais elle n'en reste pas moins une femme concrète, singulière, différente des autres femmes concrètes qui se distinguent entre elles d'occuper des positions très diverses à l'égard de cet homme dans la vie réelle. Il vaut mieux (Umwertung aller psychischen Werte) que la femme ne soit pas identifiée dans le rêve, car l'identifier aurait déchaîné l'angoisse pendant le rêve (Unlustentbindung). Quelle angoisse ? Celle-là même que cet homme ressent réellement lorsque l'objet actuel de ses souhaits est là, à prendre, à jouir, dans la vie. Angoisse paradoxale, il est vrai : il aurait ce qu'il souhaite, alors pourquoi angoisser ? Parce que se permettre son plaisir dans la vie réelle équivaudrait à céder à la tentation, et qui plus est, à une tentation interdite. L'angoisse qu'il ressent réellement, c'est l'angoisse annonciatrice du déplaisir qui accompagnerait la satisfaction d'un souhait dangereux[422]. Comment faire en effet pour être sûr dans la vie réelle qu'il ne se trompe pas de bouche, car la bouche de la femme actuelle, réelle, n'est pas sans rappeler celle d'une autre femme, dans un passé lointain, parfaitement interdite. Un baiser réel sur cette bouche d'il était une fois, déclencherait l'angoisse, incestueusement. Le baiser souhaité, autrement dit, est déjà souhaité depuis l'enfance. Mais refoulé, mal refoulé. Et il fait retour, dans le rêve, à la faveur d'un transfert d'affect sur la bouche d'une inconnue.

Par allleurs, céder à la tentation, avec consentement de cette partenaire possible dans l'actualité, permettrait non seulement une jouissance sexuelle, mais également de faire taire la bouche de l'autre, ce qui serait tout bénéfice. Dans le rêve, la bouche est embrassée, donc elle se tait. Il y a déplacement : donner un baiser, n'est pas donner un baiser seulement. C'est aussi faire taire la bouche, c'est une autre manière si l'on veut de ne pas s'exposer à la discussion des adultes qui sont contraints de renoncer à quelque chose d'impossible par égard pour les interdits et les attendus de la société. Mais ce n'est pas tout. Donner un baiser sur la bouche équivaut également à vaincre la peur d'être dévoré, celle-là même que cet homme a réellement

---

[422] Idem, Vorlesung 32. Angst und Triebleben, in *STA, Band I, Neue Folge der Vorlesungen zur Einführung in die Psychoanalyse*, p. 524.

ressenti lorsqu'un jour il a cédé à la tentation du baiser avec la femme souhaitée et consentante. Cette peur n'apparaît pas dans le rêve, elle a été omise, en tant que fragment du tout qui manque. Et ce n'est pas tout : céder au baiser, céder à cette bouche, dans la réalité, c'est risquer sa liberté en changeant de femme, c'est mettre fin, peut-être, à une vie de couple, et même à une vie de famille. Mais pas dans le rêve.

Bref, il y a condensation : l'élément A du rêve, n'est pas A, en réalité, la femme inconnue du rêve remplace la femme connue, les femmes connues. Et il y a déplacement : l'élément A du rêve, n'est pas seulement A, en réalité : donner un baiser sur la bouche dans le rêve n'est pas que cela, mais autre chose en plus, faire taire, risquer d'être dévoré, bouleverser sa vie socialement codifiée. Le rêve a été plaisant, mais la vie ne l'est pas pour autant. Un moment de répit a été accordé, comme si le souhait était réalisable.

Voilà un exemple. Ce n'est malheureusement pas une fable, mais une histoire vraie. Toute ressemblance du personnage évoqué avec une personne réelle est évidemment parfaitement fortuite.

Et dire que les adversaires de la psychanalyse continuent de la déclarer fausse, ou en tout cas morte ! Quelle ineptie. Quel refus d'essayer de comprendre simplement ce que Freud affirme. Évidemment, pour en arriver à faire pareille expérience du rêve, de chaque rêve, il faut d'abord se mettre à écouter, au lieu de soumettre le patient à une check-list standardisée afin de décider sur la base de « signes » présumés statistiquement récurrents s'il est malade du trouble X , Y ou Z dans la liste des centaines de troubles possibles du DSM ou de la CIM. Il faut aussi questionner la conviction que telle ou telle intervention va nécessairement faire du bien aux gens, comme si l'on savait déjà d'emblée ce qu'est leur bien. Tout est affaire d'équilibre global. Et le bien des analysants est à construire avec eux, pas malgré eux, ou en dehors d'eux. À ceci près que les analysants ne vivent pas seuls, et que leur bien pourrait être le mal, socialement inadmissible, d'un autre, d'un autrui, qui n'est pas là, en analyse. Le psychanalyste que je suis, faut-il le dire, est un être capable d'empathie avec ceux qui ne sont pas là pendant la cure, et un être responsable en tant que citoyen envers des consorts. Bref, comme me dit un jour Marie-Cécile Ortigues, il n'y a pas de cas facile. L'analyse d'un rêve même innocent en apparence, sans « valeur » excessive évidente, suffit à s'en convaincre.

1915 : *Die Verdrängung*, die Übersetzung[423]

Pérégrinons encore un peu dans cette matière, par souci de complétude. Nonobstant les clarifications de la *Traumdeutung*, les mêmes difficultés conceptuelles ressurgissent quinze ans plus tard, dans quelques textes métapsychologiques fondamentaux.

Le vocabulaire a changé dans *Die Verdrängung* : Freud parle moins de souhaits que de pulsions. Les motions pulsionnelles qu'on ne peut fuir comme un danger extérieur, dit-il, sont refoulées, non pas parce qu'elles sont désagréables en soi, mais parce que leur satisfaction, toujours plaisante (immer lustvoll), serait par ailleurs accompagnée d'une douleur (Schmerz) qui serait insupportable. Une fois refoulée par un premier acte de refoulement dit le refoulement originaire (die Urverdrängung), la représentation qui représente la pulsion continue à exister. Elle attire d'autres idées, qui sont repoussées par la conscience et refoulées après-coup, à proprement parler (die Nachdrängung, die eigentliche Verdrängung). Toutes ensembles, elles s'organisent et se réorganisent entre elles. Et elles cherchent la satisfaction quand-même. Elles y arrivent en se déformant, par le biais de leurs rejetons (Abkömmlinge), qui sont autant de formations de compromis, par exemple : le rêve, les contre-investissements, la fantaisie, et les symptômes qui sont autant d'Ersatz de satisfaction. Le refoulé, autrement dit, fait retour.

Le travail psychanalytique permet de reconstituer à partir des rejetons les représentations inconscientes représentant la pulsion. Freud appelle

---

[423] Idem, Die Verdrängung, in *STA, Band III, Psychologie des Unbewussten*, p. 107-112.

cela, sans nous surprendre, « die bewusste Übersetzung », la traduction/transposition consciente. Mais il se garde bien de nous faire croire que le refoulement puisse être levé une fois pour toutes. Le refoulement débute dans le temps, une fois. Il n'existe pas dès la naissance. Il commence à un moment donné au cours du développement psychique. Et il en marque une étape décisive : dès qu'il a eu « lieu », il devient un fait de structure, dirions-nous aujourd'hui. Le psychisme a arrêté de réguler seulement, il réglemente le plaisir et le déplaisir : il équilibre l'un et l'autre, mais il le fait en arrivant à se permettre des plaisirs quand-même, malgré le refoulement.

1915 : *Die Verdrängung*, die Übertragung[424]

Freud, on s'y attend, si on sait ce qu'il déjà a écrit, insiste ensuite sur le fait qu'une représentation refoulée n'est pas une représentation inactive : elle reste investie d'énergie. Le moment quantitatif, dit-il, est décisif pour le destin de la motion pulsionnelle, pour l'issue du conflit entre les instances psychiques. La pulsion est représentée par des représentations (Vorstellungen), mais également par de la quantité d'affect (der Affektbetrag).

Quels sont les destins de l'affect ? Ici, Freud en nomme trois : soit il est complètement réprimé (unterdrückt), soit il change quelque part de couleur qualitativement (irgendwie qualitativ gefärbt), soit il se transforme en angoisse (in Angst verwandelt).

Le destin de l'affect qui représente la pulsion, précise Freud pour qu'aucun doute ne subsiste, est de loin plus important que le destin de la représentation. L'important, c'est d'éviter le déplaisir (die Vermeidung von Unlust). Si la représentation est refoulée, mais pas l'affect, s'il y a angoisse,

---

[424] Idem, *ibidem*, p. 107-112.

on doit dire que le refoulement n'a pas réussi. La défense contre l'insupportable est ratée.

Freud remarque par ailleurs que le désagrément ne donne pas uniquement lieu à du refoulement. Il aboutit tout autant à une idéalisation : l'interdit des parents peut se transformer en un idéal de vie. Le sujet peut ainsi s'abstenir complètement de tout rapport sexuel. Ou plus simplement cultiver le plaisir sexuel dans les marges de l'admissible, mais sans transgresser l'interdit de l'inceste.

1915 : *Das Unbewusste*, Die Übersetzung[425]

Freud commence ce texte classique en expliquant que le refoulement ne détruit pas la représentation qui est l'ambassadeur de la pulsion. Il la tient seulement à distance de la conscience, elle se trouve alors « en état d'inconscience » (im Zustand des Unbewussten). La représentation inconsciente a ceci de particulier qu'elle existe à la manière inconsciente. Et cette représentation peut être rendue consciente par le travail psychanalytique. Quel mot Freud utilise-t-il ici pour parler de ce passage de l'état inconscient à l'état conscient ? Il parle de la transposition ou traduction dans le conscient, « Umsetzung oder Übersetzung in Bewusstes ».

Mais qu'est-ce qu'alors cette traduction de l'Inconscient vers la conscience ? Est-ce une inscription dans une nouvelle localité psychique (eine zweite Niederschrift der [...] Vorstellung [...] in einer neuen psychischen Lokalität) ? Ou s'agirait-il plutôt d'un changement d'état du même matériel au même lieu ? La question est rhétorique, car la première possibilité est rejetée. Freud récuse l'idée que les souvenirs latents ne seraient que des phéno-

---

[425] Idem, Das Unbewusste, in *STA, Band III, Psychologie des Unbewussten*, p. 131-135.

mènes d'ordre somatique. Il s'agit bel et bien, affirme-t-il, d'une réalité psychique, mais d'Inconscient quand-même. Le mot réalité ne doit pas induire en erreur et faire croire qu'il y a là quelque chose qu'on retrouverait quelque part dans le cerveau, à un deuxième endroit, en un lieu séparé. Sa topique psychique, explique-t-il, n'a pour le moment rien à voir avec l'anatomie. Il ne nie évidemment pas qu'il y existe un soubassement neurophysiologique de la représentation, mais il rejette les idées courantes de l'époque. Aujourd'hui on dirait sans doute qu'il adopte une position connexionniste.

Et il poursuit : le fait que le médecin communique au patient la représentation que celui-ci a refoulée en son temps, n'abolit pas le refoulement. Au contraire, le plus souvent cela commence par renforcer le refoulement. Mais l'idée en question existe désormais sur deux modes différents : sur le mode de la communication (mitgeteilt) et inconsciemment. Le même contenu (der nämliche Inhalt) existe selon deux modalités, celle de l'avoir entendu et celle de l'avoir vécu (das Gehörthaben und das Erlebthaben).

1915 : *Das Unbewusste*, Die Übertragung[426]

Et voilà que Freud écrit ce à quoi on ne peut désormais que s'attendre. « Das eigentliche Ziel der Verdrängung ist die Unterdrückung der Affektentwicklung » : l'objectif du refoulement est à proprement parler de réprimer le développement de l'affect. Cet affect, s'il se développait, pourrait provoquer une activité motrice incontrôlée, sans l'apport de la pensée à l'essai, qui, elle, est tenue de s'orienter à la mesure de l'épreuve de réalité. Alors qu'elle devrait relever du libre arbitre de l'individu, cette activité motrice échappant à son contrôle, résulterait de son incapacité à trouver un compromis entre les diverses forces à l'œuvre dans sa vie psychique. Elle caractériserait surtout la psychose.

---

[426] Idem, *ibidem*, p. 136-162.

Fondamentalement, explique Freud, la répression de l'affect ne peut se faire qu'à la seule condition d'un contre-investissement. Le refoulement originaire est contrebalancé par un contre-investissement, un investissement conscient qui neutralise l'investissement inconscient. Cela signifie qu'il faut pour bien refouler, également bien investir la réalité, la recréer, la transformer. Cela présuppose un double travail de la pensée : la réorganisation progressive des acquis de la pensée à l'essai, et le contournement de la barrière de la censure par le travail de la fantaisie qui invente ce qui n'existe pas encore.

Et Freud de traiter à nouveau les destins variés de l'affect, laquelle est également un ambassadeur de la pulsion. Il précisera encore que l'affect n'est pas à strictement parler « inconscient », puisque le sujet perçoit par exemple l'angoisse qu'il ressent, et puisque il ne peut se sentir coupable sans le sentir. Il est donc plus exact d'affirmer que les affects sont rendus méconnaissables par le refoulement, « verkannt ». Ainsi un sujet peut-il être angoissé sans trop savoir pourquoi, puisque l'angoisse est indéterminée. Et se sentir coupable sans réaliser pourquoi, puisque l'occasion concrète qui déclenche sa culpabilité est innocente, à ses propres yeux comme aux yeux des autres. L'explication proposée par Freud est que l'affect ne transparaît pas directement, mais par un compromis, par des détours, accroché ou non à des rejetons. Et Freud précise encore que l'énergie qui nourrit l'affect à rendre méconnaissable, est surtout libidinale.

Notons enfin ceci : selon Freud, le renoncement (Verzicht) à un objet réel défaillant, le désinvestissement de l'énergie libidinale auparavant investie en cet objet réel, ne conduit pas nécessairement au réinvestissement de cette énergie dans un objet inconscient, refoulé, qui prête alors par exemple son énergie à la création de formations de fantaisie et d'autres types de rejetons. Il se peut également que la libido libérée s'investisse narcissiquement, sur la personne propre, sur le « Ich ». Par la même occasion le sujet se retire du monde du commun des mortels et régresse vers un état psychique premier dans son développement psychique : le narcissisme ou investissement de soi sans investissement d'objets extérieurs. Dans ce cas, le transfert de l'affect sur quelqu'un d'autre, d'extérieur, la personne du psychanalyste notamment, s'avère difficile : on a affaire à une psychonévrose de défense, mais pas à une névrose de transfert (Übertragungsneurose). Selon Freud, il y a psychose et non névrose. Ce qu'il en dit, est toutefois plus compliqué. Il explique que cet état psychotique, caractérisé par ce qu'il appelle dans d'autres textes une perte radicale de réalité (Realitätsverlust), est à son sens l'état le plus grave qui soit, en termes de maladie psychique. Mais, continue-t-il, il est néanmoins réversible ou susceptible d'être modéré : le délire constitue aux yeux de Freud déjà une tentative de guérison. C'est déjà une manière de réinvestir du monde, celui des mots.

Ce qu'il faut au total en retenir, c'est que Freud ne modifie pas sa perspective typiquement psychanalytique lorsqu'il parle de la psychose. Il envisage la psychose comme il envisage la névrose, à savoir : au regard de la question du plaisir et du déplaisir, au regard de leur régulation, et au regard de leur réglementation – sociale selon lui.

1915 : *Das Unbewusste*, die Überbesetzung

Tout cela étant dit, Freud semble faire marche arrière quelque part à mi-chemin de cet article[427]. Il parle d'affect depuis un moment, ou si l'on veut de la somme d'affect (Affektbetrag), de la quantité d'énergie. Et puis, tout d'un coup, il commence à préciser quel est le contenu des deux systèmes (der Inhalt der beiden Systemen). Il précise plus particulièrement quelles idées forment le noyau de l'Inconscient (der Kern des Unbewussten) : ce sont, dit-il, des formations psychiques héritées par l'humain en général, quelque peu analogues à l'instinct des animaux, c'est une espèce de population psychique originaire (eine psychische Urbevölkerung). Plus tard, au

---

[427] Idem, *ibidem*, p. 154. Comparez p. 145.

cours du développement de l'enfant, cette population sera rejointe par tout ce qui a été écarté au cours de la vie individuelle faute d'être utile (das als unbrauchbar Beseitigte).

Ces idées sont surprenantes. Tout se passe comme si Freud au fond n'arrivait pas à se décider. Qu'est ce qui compte finalement le plus : le contenu de l'Inconscient et ses traductions ? Ou l'affect méconnu, les manières de se satisfaire quand-même, les destins de l'énergie pulsionnelle ?

Freud tranche la question vers la fin de l'article[428], d'une manière que je trouve étonnante, car il y a comme un désaveu de l'importance de l'affect, sur la base d'une théorie du langage qu'il avait développée très tôt déjà, en 1891, dans son article sur les aphasies, *Monographie über die Aphasien* (1891). Le passage des représentations depuis l'Inconscient à la conscience n'est certainement pas une question de réinscription d'un contenu dans un autre lieu, affirme-t-il. Ce n'est même pas une question d'états fonctionnels différents d'une représentation qui se trouverait au même lieu. Le passage indique toute la différence qu'il y a entre 1. la représentation d'une chose (die Sachvorstellung) et 2. cette même représentation de chose, nouée cette fois aux représentations de mots qui lui correspondent (die Verknüpfung met den ihr [der Sachvorstellung] entsprechenden Wortvorstellungen)[429].

Supposons : il y a un objet. Un sujet le perçoit. Cet objet l'affecte, agréablement ou désagréablement. Il n'est pas indifférent par rapport à ses souhaits : la représentation de chose, résultat des perceptions de l'objet, est investie dans la mesure où le sujet est affecté. Qu'arrive-t-il lorsque le sujet parle de cet objet, qui existe déjà psychiquement en tant que représentation de chose qui l'affecte, qui est donc investie ? Eh bien, il l'investit une deuxième fois, prétend Freud, comme par-dessus le premier investissement : il effectue un « surinvestissement », une « Über-besetzung ». Reformulons : prendre conscience de quelque souhait refoulé, ce n'est pas seulement le

---

[428] Idem, *ibidem*, p. 152-154, p. 159-160, et p. 168-173.
[429] idem, *ibidem*, p. 160.

percevoir, mais également le faire exister au moyen de la représentation de mot qui y appartient (die zugehörige Wortvorstellung) : c'est aussi en saisir la représentation en mots (die Vorstellung in Worte fassen). Le refoulé est donc a contrario ce qui n'est pas dit, pas encore, voire tout ce qui est impossible à dire, définitivement[430].

«Words, words, words »

Il y a un sens à tenir que le refoulé est ce qui n'est pas encore dit. Mais suffit-il de le dire, et en ce sens d'investir un mot, pour en neutraliser la charge affective ? Il est banal de constater que nous pouvons nous empoisonner la vie en n'arrêtant pas de parler de quelque chose qui nous tracasse, alors que s'en abstenir pourrait au contraire créer le vide nécessaire pour passer à autre chose, et se mettre à circuler en quête d'une autre satisfaction, moins morbide. La valeur de la chose dite, à laquelle nous restons accrochés en la ressassant dans un discours sans ouverture, n'a donc pas changé : cette chose n'a pas été désinvestie du fait d'en parler, au contraire.

Mais il est tout aussi banal, pour quelqu'un qui aurait un peu d'expérience clinique ou un peu d'expérience de la vie humaine tout court, de constater que nous pouvons parler d'une chose pour éviter l'affrontement d'une autre : la première, investie par un discours, implique un désinvestissement de la deuxième dans ce même discours. Cela n'implique toutefois pas que cette deuxième chose soit désinvestie tout à fait, au contraire, ainsi que le prouvent les lapsus linguae : le discours autrement dit révèle autant qu'il cache, il est ambivalent.

On sait également qu'il arrive à certaines personnes en analyse de pouvoir enfin parler sans contrainte externe, sans devoir avaler ce qu'ils res-

---

[430] idem, *ibidem*, p. 160.

sentent, sans devoir juger si ce qu'ils profèrent est bien ou mal, s'ils le profèrent dans la bonne forme ou non, donc sans censurer quoi que ce soit, peu importe que ce soit honteux, scandaleux, banal, infantile, incohérent, absurde. Les mots jouissent alors d'une authenticité qu'ils n'ont jamais eue, ou qu'ils n'ont plus eue depuis très longtemps. Qui parle se défoule, il lâche prise, et il effectue certainement un travail psychique bénéfique : il débloque l'affect, il le rend disponible pour qu'il soit transféré et investi ailleurs, autrement.

Nul non plus n'ignore qu'une blague par exemple permet d'évacuer des tensions : l'humour verbal qui fait rire modifie l'état affectif, pour le mieux – mais il n'en a pas le privilège exclusif puisqu'un dessin par exemple peut tout autant faire rire. Inversement, une blague qui tombe mal peut blesser tout comme un commentaire désobligeant. Les mots ont un impact émotionnel.

On sait encore qu'une interprétation analytique au sujet des motifs qui animent l'analysant peut avoir des effets sur cet analysant. Mais cette interprétation en a-t-elle, des effets, parce qu'elle est juste ? Ou alors plus banalement parce que l'analyste décide que le moment est arrivé de bousculer son analysant, au risque de se tromper dans son interprétation, mais dans la certitude que l'analysant peut encaisser quelque chose ? Dans le deuxième cas, l'interprétation aurait donc des effets parce que l'analyste fait des vagues, comme on dit, parce qu'il oblige son analysant à se manifester, parce qu'il lui donne l'occasion de se décider à son tour et d'engager sa liberté en prenant position, à l'endroit justement de ce qui l'affecte.

Le rapport entre les choses perçues qui nous affectent et les mots qui en font quelque chose, n'est pas simple du tout. Que veut donc affirmer Freud quand il parle du « surinvestissement » d'une chose perçue qui affecte un sujet, par son rattachement à des représentations de mot ? Il appelle cette « Überbesetzung » également « un progrès de plus dans l'organisation psychique » (ein weiterer Fortschritt der psychischen Organisation)[431]. Et il précise que ce genre de réorganisation psychique a lieu en règle générale à la puberté, c'est-à-dire au moment du rafraîchissement du complexe d'Œdipe infantile[432] : la barrière entre l'Inconscient et la conscience s'établit alors solidement[433], mais sans empêcher que l'énergie psychique circule d'un système à l'autre – à condition que le complexe d'Œdipe soit retraversé sans dégâts majeurs. Freud dit encore que tout progrès de l'organisation psychique rencontre une nouvelle censure. Ce progrès implique donc que le refoulé, afin de pouvoir passer une censure de plus, se déforme encore plus qu'avant[434].

Au total, il semble que Freud croit que la santé psychique implique un va-et-vient fructueux entre l'Inconscient et la conscience, alors que la maladie serait caractérisée par une scission entre les tendances des deux systèmes[435]. Le « Ich » a la charge d'assurer la circulation entre les deux systèmes, en captant les formations de l'Inconscient à ses propres fins. On peut supputer que le surinvestissement par le biais d'un mot relève des fonctions du « Ich » : il prête à travers les mots son attention (die Aufmerksamkeit) à une question sans l'éviter comme il l'a fait jusqu'alors, il la soumet à l'épreuve de réalité (die Realitätsprüfung)[436]. Et la cure ? Elle fait parler le sujet des choses qu'il a justement tendance à éviter, et elle le fait dans le but de rajuster l'équilibre entre les systèmes. Elle doit favoriser la production de rejetons de l'Inconscient, elle doit permettre d'en déchiffrer le sens, et en définitive permettre qu'une tendance inconsciente puisse être mise à profit dans le sens des aspirations dominantes ([...] dass die Unbewusste Regung

---

[431] Idem, *ibidem*, p. 152.

[432] Idem, Über die Psychogenes eines Falles von weiblicher Homosexualität, in *STA, Band VII, Zwang, Paranoia, Perversion*, p. 267.

[433] Idem, Das Unbewusste, in *STA, Band III, Psychologie des Unbewussten*, p. 154.

[434] Idem, *ibidem*, p. 150 et p. 152.

[435] Idem, *ibidem*, p. 153.

[436] Idem, *ibidem*, p. 151 note 1.

gleichsinnig mit einer der herrschenden Strebungen wirken kann). L'Inconscient est alors ajusté au « Ich » (Ichgerecht), pas entièrement, loin s'en faut, mais sur un certain point quand-même[437].

On ne saurait être surpris de lire par exemple dans *Die Frage der Laienanalyse* que l'objectif thérapeutique de Freud est la réparation, la guérison du « Ich » (das Ich herstellen)[438]. On aurait seulement tort de traduire le mot « Ich », par « moi », ce que je n'ai jamais fait dans ce livre, sachant ce que ce mot évoque à tout lecteur assidu de Lacan. Car il faut ajouter, à propos de la cure, ceci : elle ne fait pas disparaître l'Inconscient. La levée du refoulement (die Aufhebung der Verdrängung)[439] n'équivaut pas à l'anéantissement du refoulement tout court : le refoulement originaire ne peut pas être levé. La levée du refoulement (secondaire) réaménage plutôt la circulation de l'énergie psychique aux fins du « Ich », toujours pris de toute part dans un travail d'équilibrage entre instances autres, toujours clivé.

On peut dire dans cette perspective que le langage est pour Freud œuvre de conscience, de progrès, de conquête sur l'Inconscient : dans *Das Unbewusste*, parler veut dire effectuer l'ajustement de l'Inconscient aux aspirations du « Ich », pour une part au moins, mais pas plus que cela. Le « Ich » a la tâche de réaménager l'Inconscient à ses fins, par le biais des mots. Cela devrait étonner tout lecteur de Lacan, pour qui l'Inconscient, sans nécessairement être identique au langage, est « structuré comme un langage » : celui qui parle, tombe sous la coupe du Signifiant, il se clive, plutôt que de réduire le clivage …

––––––––––––––––––––

[437] Idem, *ibidem*, p. 153.
[438] Idem, Die Frage der Laienanalyse, in *STA, Ergänzungsband, Schriften zur Behandlungstechnik*, p. 295.
[439] Idem, Das Unbewusste, in *STA, Band III, Psychologie des Unbewussten*, p. 152.

Un échange de mots entre l'analysé et le médecin

Freud ne serait cependant pas Freud si l'on ne trouvait pas dans son œuvre immense l'un ou l'autre passage, où cette conception du langage comme œuvre de progrès effectuée par le « Ich », qui ajuste l'Inconscient à ses propres aspirations, semble contredite, ou complétée et précisée, par une autre conception. Ainsi Freud affirme-t-il, en s'adressant en 1916 à un public viennois à la fois savant et laïque, au cours de la première conférence de son cycle de *Conférences d'introduction à la psychanalyse*, qu'il ne se passe rien d'autre au cours du traitement analytique qu'un échange de mots entre l'analysé et le médecin (In der analytischen Behandlung geht nichts anderes vor als ein Austausch von Worten zwischen dem Analysierten und dem Arzt)[440].

Le langage n'a dès lors plus rien d'un instrument qui déterminerait un itinéraire tracé d'avance vers un objectif à maîtriser, également fixé d'avance. Il est là, situé d'emblée dans un contexte social particulier. Freud met en évidence le caractère dialogique, très spécial il est vrai, de la cure analytique. Très spécial parce que l'analysant – qu'il vaut mieux appeler analysant qu'analysé, puisqu'il est sommé de s'activer et de fournir un travail psychique – est invité par son analyste à « tout dire », à cet analyste comme à lui-même. L'analyste ne lui demande pas de faire la gazette interminable et complète des événements de sa vie actuelle ni passée, mais plutôt de ne pas censurer ce qu'il dit parce que ce serait insignifiant, hors propos, honteux, illogique et cetera. Cet analysant est poussé à dire ce qui lui passe par la tête et à associer librement. Il l'est dans la supposition que l'association, libre, est orientée malgré tout, et va quelque part : là où c'est investi inconsciemment. Les mots qui comptent, ceux qui pourraient faire progresser « l'organisation psychique » sont donc des mots chargés d'affect qui échappent à la censure

---

[440] Idem, 1. Vorlesung. Einleitung, in *STA, Band I, Vorlesungen zur Einführung in die Psychoanalyse*, p. 43.

habituelle, grâce à une règle technique énoncée par l'analyste qui établit le cadre de travail de l'analysant, et qui écoute.

Le transfert des sentiments sur la personne du médecin

Ces mots prononcés par l'analysant parce qu'il y a été invité, sont donc adressés, mais à qui ? C'est toute la question. L'analyste intervient, souvent, comme on le sait, en maintenant le silence. Il ne cède pas à la tentation narcissique de faire valoir son propre statut et de jouer son propre rôle préféré. Il ne se permet pas d'occuper le terrain lui-même et pour lui-même avant que l'analysant ne le lui fasse occuper à sa manière. La libre association de l'analysant et le silence de l'analyste, en somme, sont les conditions à satisfaire pour que l'analysant puisse donner à l'analyste le statut qu'il veut et se permet de lui donner, et pour que cet analysant puisse faire jouer à l'analyste le rôle qu'il veut et se permet de lui faire jouer. Ils doivent permettre que l'analysant réactualise en la personne de son analyste quelqu'un qui n'est pas là mais qui ne le laisse pas du tout indifférent. Ils doivent permettre qu'il investisse l'analyste de tout ce qui l'affecte et le mobilise psychiquement. Et la plupart du temps l'analysant fait exactement cela, mais à son insu. Il est en plein transfert.

Le rapport de l'analysant au médecin qu'est Freud, est « un lien affectif spécial » (eine besondere Gefühlsbindung)[441], ainsi que le dit Freud dès le début de ces conférences. Après, au cours des conférences qui suivent, il explore bien sûr davantage le thème du transfert au sens restrictif du mot, le transfert des sentiments sur la personne du médecin (Übertragung von Gefühlen auf die Person des Arztes)[442]. Rappelons qu'il ne s'agit jamais que d'un cas particulier du transfert en général, celui des affects rattachés à des représentations inconscientes, vers des représentations conscientes, par-

---

[441] Idem, *ibidem*.
[442] Idem, 27. Vorlesung. Die Übertragung, *ibidem*, p. 425.

delà la barrière de la censure. Et Freud attire bien sûr l'attention sur un paradoxe auquel l'on n'échappe jamais pendant le travail analytique, à savoir que le transfert de sentiments négatifs ou positifs sur l'analyste est un appui (Stutz) indispensable pour le travail analytique, d'une part, mais tout autant une source de résistance (Widerstand) au changement par l'analyse, d'autre part[443].

Bref, dans le contexte singulier d'une psychanalyse, les mots qui changent les destins des pulsions, ont cet effet seulement dans la mesure où ils sont échangés avec un interlocuteur déjà affectivement investi, qui n'est pas dupe de cet investissement, et qui essaie éventuellement d'en modifier la teneur, après l'avoir accueilli d'abord. Le transfert d'affect, depuis une représentation inconsciente vers une représentation consciente, prend corps en la personne du psychanalyste. Réellement présent, physiquement là, il est investi consciemment, mais il l'est tout autant inconsciemment, en lieu et place des absents qui ont été investis et désinvestis au passé, ailleurs. Et il est censé ne pas en être dupe, et en faire quelque chose au service de l'analysant.

Exemple. Un homme me dit : « Je vous avais déjà dit la semaine passée que je me demandais s'il ne valait pas mieux d'arrêter [tout contact] avec X [une personne qui compte dans l'actualité de cet homme]». Je réponds : « Cela vous libérerait ». Il me répond : « Je n'ai pas envie ». Il veut dire, et je le sais, puisqu'il m'en avait déjà parlé : « Je n'ai pas envie d'arrêter de voir X ». Mais je lui réponds : « d'être libre ». Il me regarde tout étonné, il dit : « Je ne l'avais jamais vu comme ça. D'habitude je dis que je ne veux pas être

---

[443] Idem, 19. Vorlesung. Widerstand und Verdrängung, ibidem, p. 286-290. Comparez *Zur Dynamik der Übertragung*, in *STA, Ergänzungsband. Schriften zur Behandlungstechnik*, p. 160.

seul. Mais c'est différent ». J'ai fait exprès de ne pas entendre la même chose que lui, et je lui ai fait entendre quelque chose qu'il vit bon gré mal gré : « das Gehörthaben », consciemment, n'est pas « das Erlebthaben », inconsciemment. Mais il a fallu un facilitateur (le psychanalyste) pour que cette personne (un analysant) entende la vie qu'il vit, ce qui s'y joue, quel en est l'enjeu, ce que cela vaut, par-delà les seules évidences du moment actuel avec telle ou telle individu concret.

Ergo, une manière de le dire n'en est pas une autre. Et elle l'est d'autant moins 1. que la chose dite est dite par un sujet qui s'adresse à l'analysant sans détours, l'analyste en l'occurrence, qui lui parle comme son père ne l'a jamais fait, qui lui donne une place à occuper, lui demande de l'occuper, le félicite de l'occuper, et 2. que le sujet auquel parle l'analyste est sorti de sa caverne solitaire, défensive, pour explorer avec cet interlocuteur professionnel ce qui l'affecte. Et qu'est-ce qui affecte donc cet analysant particulier ? Eh bien par exemple le fait que son père, depuis toujours, commande ce qu'il est supposé faire en tant que fils au service du père. Et le fait que le père ait éjecté le fils aussitôt que celui-ci a refusé de marcher dans les combines du vieux et a voulu se forger une vie qui ne serait pas une vie pour le père seulement. Ce même père, depuis toujours, prend possession de ce qui lui semble son dû, et ce faisant il s'arrange toujours pour que rien ne lui soit donné par quelqu'un qui serait indépendant de lui, son égal – même aujourd'hui, alors que son fils, entretemps adulte, socialement institué à travers un métier, se retrouve manifestement en position d'autorité en diverses matières que le père ne maîtrise pas du tout. S'étonnera-t-on du fait que cet homme, aujourd'hui, n'arrive pas à faire quelque chose si cela n'est fait que pour lui-même seulement ? Qu'il ne ressent pas l'intérêt d'entreprendre quoi que ce soit sauf si quelqu'un d'autre autre peut en être le bénéficiaire, s'il peut donc le faire avec l'espoir que cette personne lui soit reconnaissante, et lui rende quelque chose en retour ?

Il y a transfert sur son psychanalyste, un transfert compliqué, il est vrai. Je donne, il donne, je prends, il prend, je reçois, il reçoit, je demande, il demande. Cet analysant me dit par exemple : « Ah non, vous n'allez pas couper juste quand cela devient intéressant ». Ben si, je coupe, comme dans la vie, mais pas systématiquement : il m'arrive de déborder, un peu, à sa demande. Et le transfert, patiemment travaillé, n'est pas sans effet. Les rêves que produit cet homme, se modifient. Dans un rêve, pour la première fois il s'insurge et ose outrepasser un ordre : il ose dire « non » et provoquer, tout cela avec une aide féminine. Et qui plus est, cet analysant ressent dans ce rêve lui-même une envie de rébellion : l'affect n'est pas réprimé. Et pourquoi le serait-il ? Il est souhaitable, il est nouveau, en contradiction avec le souhait d'être reconnu malgré tout par un père qui n'est pas capable, sans doute, de reconnaître qui que ce soit. L'affect a pris une autre couleur qualitative, la pulsion semble maintenant se chercher un autre destin, dans les rêves. Mais qu'en est-il de la réalité d'aujourd'hui ? Eh bien, là aussi, les choses se modifient, peu à peu : cet homme a récemment su dire « non » pour de vrai à quelqu'un, c'est rarissime. Il a dit « non » à son ancien employeur, lorsque ce dernier a cru pouvoir l'utiliser et lui faire jouer un certain rôle, dans la conviction évidente qu'il ne devait même pas lui demander son avis et son accord préalablement.

Ajoutons à cela que mon rôle est une chose, et que mon statut en est une autre. J'exerce un métier, je rends un service à quelqu'un qui me fait confiance, mais en plus, je ne suis pas une femme. L'équation transférentielle est donc difficile d'un autre point de vue, quand il n'est plus question du rapport au père, mais de la relation à la femme … Il faut savoir que ce même homme m'a dit ne pas savoir ce qui a été pire : le père qui l'a battu, ou la mère qui ne l'a pas battu, et qui a été battue comme lui, et qui l'a rendu dépendant comme elle rend dépendant son chat qu'elle ne nourrit pas deux fois par jour, mais tout le temps, un petit peu. Le chat miaule de misère dès qu'il est seul. Cet homme a longtemps hésité s'il prendrait un chien ou non. Mais il a en tout cas décidé de ramener les chats que sa mère avait laissés chez lui : il n'en a plus voulu. Qu'elle se débrouille avec, s'est-il dit. Il n'a cependant pas rompu le contact avec X, alors que l'incertitude sur le sens exact de cette relation apportait beaucoup de souffrances. Il n'a pas pu imaginer se protéger en ne la voyant plus, il aurait eu l'impression de la jeter, comme il a été jeté par son père dans le temps. Cela aurait été insupportable. Il lui a donc fallu emprunter d'autres chemins pour se libérer sans se détruire, non pas d'elle, mais d'une malsaine dépendance qui n'arrêtait pas de se manifester dans des scénarios répétitifs.

On peut multiplier les exemples à l'envie. J'en donnerai un deuxième, très bref. Un homme me consulte, il n'est pas jeune, plutôt fin de carrière. Il est en congé de maladie, suite à une problématique de harcèlement au travail qui l'a gravement fragilisé. Il ne peut aucunement imaginer reprendre le travail dans le même environnement professionnel. Son patron lui fait très peur : ce monsieur craint être confronté à de nouvelles attaques, il n'ose même pas fréquenter les lieux où il risque de rencontrer ce patron par hasard. Ce patron a vraisemblablement tout d'un hurluberlu excité, qui panique pour la sauvegarde de son héritage professionnel, à transmettre à la prochaine génération, encore trop jeune et inexpérimenté. Il introduit donc les dernières modes du management (self-evaluation mensuel, quality control, open workspace ...), il met la pression partout, et il a besoin d'un bouc émissaire. L'actualité du monsieur qui me consulte est pesante, douloureuse. Mais en ce patron loge un autre personnage, ancien, probablement : le père, autoritaire, surdimensionné, Dieu sur terre. Jamais il n'est venu à l'idée du monsieur qui me consulte, que son patron puisse réincarner son père, qui est entretemps très affaibli et ne devrait plus avoir l'effet de Dieu le père. Mais il ne suffit pas de le lui dire pour que son patron soit aussitôt désinvesti, et remis à sa juste place, ramené à sa réelle dimension. L'enfant survit dans l'adulte, immanquablement. Tout sujet se répète, un peu, beaucoup ou complètement. Il ne peut pas faire autrement, puisqu'il a été un enfant. Il en va autrement, bien sûr, quand l'enfant a été un enfant autiste ou un enfant psychotique. Et c'est plus compliqué aussi lorsqu'on a à faire à des analysants psychotiques.

Voilà les mots, ou ce qu'on appelle incongrument les mots, puisqu'à travers ces mots se jouent diverses problématiques, en tant que telles pas forcément verbales. La fièvre n'est pas une maladie, mais elle se manifeste dans beaucoup de maladies, elle en est une manifestation possible, à côté d'autres phénomènes. Il en va de même des mots : plus d'une question se joue en eux. Et l'on ne peut s'empêcher de constater que le vocabulaire freudien, des « représentations », brouille parfois les pistes, en faisant croire que tout est une affaire de mots ou d'intellection. Freud accorde un rôle crucial au dire, aux mots. Il ne faut pas grand-chose pour que certains, des analysants notamment, se mettent à croire, qu'il suffit de parler de quelque chose qui les affecte négativement, pour en être débarrassé et réorienter leur vie vers un autre destin, qui vaudrait alors vraiment la peine d'être vécu, et qui serait désormais vécu par quelqu'un qui serait enfin libéré d'un passé pesant.

C'est faux, parce que simpliste, ne fût-ce que parce qu'aucun mot ne se suffit à lui-même et ne signifie quelque chose en soi. Et les choses se compliquent considérablement dès que l'on prend acte du fait que nous avons cette fâcheuse habitude de nous tromper d'adresse quand nous voulons quelque chose de quelqu'un : aucun individu n'a de statut ni de rôle en dehors d'une interaction sociale à laquelle nous participons autant que l'individu en question, mais nous ne pouvons de part et d'autre pas nous empêcher de souhaiter qu'il ait un statut ou un rôle, et cela à notre insu. La personne à qui nous nous adressons actuellement, est alors investie affectivement, à notre insu. Elle devient ainsi l'adresse de notre re-cherche, d'origine infantile.

Réussirons-nous à ne pas répéter les clichés de nos relations et rapports préférés, ceux de nos satisfactions premières et passées, ceux de nos évitements de déplaisir premiers et passés ? Réussirons-nous à ne pas décider inconsciemment du statut qu'aura quelqu'un d'autre, à ne pas installer autrui dans le rôle que nous voulons inconsciemment lui faire jouer ? Parviendrons-nous à permettre qu'il ait son statut à lui et qu'il joue son rôle à lui, indépendamment de nos souhaits inconscients ? Et qu'en est-il de sa réponse au statut et au rôle que nous voulons bien lui accorder ? Et qu'en est-il de son propre transfert ? Que veut-il de nous, quel statut et quel rôle nous permet-il, sans nécessairement le savoir ? Voilà des questions quotidiennes, mais abyssales.

Cela dit, le transfert n'est pas la propriété exclusive de la situation psychanalytique, mais l'analyste est supposé être attentif au fait qu'il y en ait, et qu'il faut travailler à modifier l'économie du plaisir et du déplaisir de l'analysant à partir de là. Il s'intéressera donc aux transformations du transfert, tant à travers la modification des mises en scène fantasmatiques du rêve de l'analysant qu'à travers ses prises de positions réelles, en dehors du cabinet ou dedans. Ce serait magnifique si l'analyste pouvait se contenter de communiquer (mitteilen) à un analysant comment celui-ci investit quelqu'un d'autre transférentiellement, pour que ce transfert, s'il est nocif, s'arrête net. Les choses ne se passent pas ainsi. Ce que le sujet souhaite et permet de la part de l'analyste n'est pas nécessairement ce qu'il croit. Et le statut comme le rôle de l'analyste résistent à ce que le sujet veut et permet. Et vice versa.

« Old habits die hard », comme on dit. L'habitus, pour parler comme Bourdieu, ça existe. Pour l'analysant. Et même pour l'analyste qui a été en analyse comme il le doit.

Conclusion

Plaidoyer pour une axiologie

De couche en couche, j'ai exploré une problématique, toujours la même. Il n'en a pas été autrement lorsque j'ai tenté de situer Freud dans une histoire forcément réductrice de notre savoir au sujet du « sujet », si je puis dire, en essayant d'éclairer la position paradoxale que Freud occupe dans la modernité, à l'instar d'autres penseurs, qui présupposent Descartes et tout ce qui s'ensuit, mais qui ne peuvent que le contredire : certains philosophes, tel Nietzsche, certains scientifiques, tel Saussure et tous ceux qu'on a appelé les « structuralistes ».

L'angle d'attaque qui traverse ce livre de part en part est, me semble-t-il, toujours le même : celui qui spécifie le champ même de la psychanalyse, ses efforts théoriques, ses pratiques. Freud– c'est un axiome –, s'intéresse par définition au plaisir et au déplaisir, à sa régulation autant qu'à ce que j'ai pu appeler d'un mot non freudien sa « réglementation ». Cette dernière est selon lui socialement requise au nom des interdits, concrètement réalisée en situation par un renoncement que prépare la pensée en train d'essayer, et psychiquement travaillée, face à ce qui est trop insupportable, par le biais de diverses opérations défensives, dont aucune ne peut empêcher le retour de ce qui a été « oublié ». On pourrait également dire que Freud s'intéresse à la naissance et au développement d'un sujet qui souhaite et qui ne peut satisfaire ses souhaits sans se heurter aux impératifs sociaux qui lui sont opposés au nom du progrès de culture. Ou qu'il s'intéresse aux destins des pulsions. Ou au conflit des volontés entre lesquelles le « Ich », l'« armes Ding », est supposé organiser une réconciliation supportable, eine « Vertäglichkeit ». Tout cela est à peu près pareil.

Et à partir de là j'aimerais bien pouvoir en toute logique conclure ceci ou cela. Mais ce n'est pas possible. D'un savoir à l'autre, il y a rupture, par-delà la dette.

Ma conclusion sera donc peut-être laconique aux yeux de certains. Si la chose décisive en matière de refoulement n'est pas tant le destin des re-présentations que celui de l'affect, ou comme le dit encore Freud, la question de la *valeur* psychique, toute théorie des névroses, comme des conduites tout à fait normales qu'elles mettent en évidence, par exagération d'un processus nullement pathologique en soi (le refoulement), se doit d'être une axiologie.

L'axiologie n'est pas une théorie de ce qui vaut, ou des valeurs, comme diraient les philosophes, mais une théorie qui explique comment l'humain valorise : comment il transforme la régulation séquentielle du déplaisir (le prix) et du plaisir (le bien) en réglementation réciproque, celle du déplaisir structuralement mesuré (le gage) par le plaisir structuralement mesuré, et celle du plaisir structuralement mesuré (le titre) par le déplaisir structuralement mesuré[444]. Et j'ajouterai : peu importe ce qui est réglementé (le contenu, le fait que je souhaite ceci ou cela), car ce qui compte c'est la forme de la réglementation : les sacrifices qui légitiment des droits à la satisfaction, et les droits qui justifient des sacrifices. Il ne faut donc pas non plus d'emblée postuler que l'énergie pulsionnelle soit libidinale, comme Freud l'a fait. Elle peut l'être, mais ce n'est pas une nécessité, axiologiquement parlant[445].

---

[444] Gagnepain J., *Du vouloir dire. Traité d'épistémologie des sciences humaines. Volume II. De la personne, de la norme*, p. 209 et suivantes.

[445] On n'en conclura pas au monisme des pulsions, à la manière de Jung. Toujours-est-il qu'il y a lieu de faire la part des choses entre « un fonctionnement pulsionnel », « qui peut être réprimé, inhibé, refoulé ou – au contraire – se satisfaire légitimement ou illégitimement » (p. 127), et qui n'obéit qu'aux seuls principes de plaisir et de réalité, d'une part, et « les formes » qu'il peut prendre, duelles et partielles, du fait d'habiter un corps, d'autre part.
Ce corps qui est à la fois corps sexué (mâle ou femelle) et corps génital (capable de générer et de participer en tant que spécimen à la procréation de l'espèce qui lui survit), est d'abord vécu sur un mode erratique, par bouts et morceaux. Et pourtant, même dans ces conditions-là, sans avoir réalisé une stabilité comme tout, il est déjà susceptible d'enregistrer ce qui lui vient des corps extérieurs pour lui également encore en voie de stabilisation, de la part donc des corps de son entourage, également sexués et génitaux, et de surcroît socialisés. Le bébé enregistre ainsi « un ton de voix, une silhouette, une rugosité de la peau … » (p. 128), mais également une posture

Et je rajouterai qu'il ne faut pas se laisser tromper par la question beaucoup trop logocentrique et somme toute trop globale des « représentations ». Il ne s'agit aucunement de négliger que les névrosés puissent verser dans l'exagération dramatique à travers des scénarios fantasmatiques qui « représentent » le summum de la catastrophe ou du scandale. Il va également de soi qu'ils puissent bon gré mal gré démasquer les « pensées » refoulées qui les travaillent, à travers des lapsus. Et l'expérience apprend, s'il fallait encore en convaincre quelqu'un, qu'ils peuvent s'accuser et se rappeler à l'ordre au moyen d'« idées » obsédantes, qu'ils peuvent s'effrayer sans limite en « imaginant » à la fois comment ils vont flancher et comment ils doivent se protéger contre ce lâchage. Mais il n'empêche, Freud finit malheureusement et non sans se contredire, par récupérer et remettre au centre de ses préoccupations la question des représentations : malgré tout ce qu'il dit sur l'affect, il affirme que le fait de progresser culturellement, équivaut au fait de « surinvestir » des souhaits refoulés par des représentations de mots.

Si Freud n'avait pas déclaré au départ[446] que la pulsion, inconnaissable en soi, peut être explorée à travers deux ambassadeurs, la représentation et l'affect, il en serait sans doute arrivé à la conclusion que l'affect peut accompagner n'importe quoi, et pas uniquement de la représentation. Tous les rejetons de l'Inconscient, tous les symptômes par exemple, parmi lesquels il faut compter bon nombre de conduites sans aucune incidence verbale, sont également les ambassadeurs de la pulsion. Je me demande en outre comment l'on peut subsumer sous un seul concept général, la « représentation », des réalités aussi diverses qu'une perception et un souhait, qu'un mot et un fantasme. Descartes, en parlant d'idées, l'avait déjà fait. Mais je ne crois pas que cela soit cliniquement tenable.

---

protectrice, une voix apaisante, un regard haineux, un cri exaspéré, un geste dédaigneux ou agressif … (voir à ce sujet Pirard R., *L'insoutenable légèreté de l'être dans l'existence psychotique*, in *Anthropies. Prolégomènes à une anthropologie clinique*, p. 127-128, et p. 123).

[446] Freud S., Die Verdrängung, in *STA, Band III, Psychologie des Unbewussten*, p. 136.

Par ailleurs, nous devons aux phobiques, aux compulsifs, et aux divers types d'hystériques de mettre en évidence 1. aussi bien l'articulation des divers aspects de la réglementation des pulsions en quête de satisfaction, 2. que les difficultés que peut éprouver chaque humain en réajustant « l'Inconscient » aux fins du « Ich » en situation. Ces difficultés s'expliquent par le fait que le « Ich », c'est-à-dire celui qui décide et engage sa liberté en vue d'un bien légitime, est contraint de prendre en compte la conjoncture de la réalité, toujours variable, alors que « l'Inconscient » d'un côté s'en contrebalance, et que les pulsions de l'autre côté ne cherchent que la satisfaction, aussi grande que possible. Chacun de ces malades névrotiques, à sa manière, réglemente trop, se replie sur ses activités de réglementation de la pulsion, et perd pied dans la réalité. Ils peuvent soit obsessionnellement et phobiquement cultiver le déplaisir ou prix à payer, au point de s'interdire en situation le bien que celui-ci doit pourtant permettre, soit hystériquement dénoncer ces biens, renchérir sans limite sur les prétentions aux biens au point de trouver partout des preuves de la tromperie et de l'insuffisance des biens dont ils ne profitent d'ailleurs pas davantage que les premiers.

Cela peut changer, s'améliorer, entre autre par le biais d'un travail clinique, mais je préfère en tant que psychanalyste ne pas provoquer ce changement par un forçage brutal. D'autres psychothérapeutes, comme on le sait, ne reculent pas devant ce forçage brutal, dans le but de faire fonctionner les gens qui dysfonctionnent, du moins à leurs yeux, et ce sans trop se demander s'ils ont à faire à une question d'ordre névrotique, du côté de la Norme, ou à tout autre chose, de l'ordre de la Personne. Je me rappelle par exemple un jeune adulte, venu me consulter peu de temps après une rupture amoureuse, à une époque où il était déjà professionnellement actif, et quelques années après des faits survenus pendant l'adolescence. Un âge délicat, où certains plus que d'autres risquent de virer à la psychose. L'angoisse que l'on baptise un peu vite pour ne pas dire bêtement « phobie sociale », n'y est pas forcément un indice de névrose. Il est dans ce contexte significatif, sinon crucial, que ce jeune homme ait changé de langue en cours de cure, en passant d'une langue adoptée, une des miennes, à la langue de

son enfance, une autre que je maîtrise moins bien : question d'appartenance, et question de dette. Ce jeune homme avait été hospitalisé dans le
département de psychiatrie infantile d'un hôpital général, alors qu'il angois-
sait toujours plus de se retrouver à l'école, et se retirait sur lui-même, en
rétrécissant progressivement le périmètre de ses sorties. Il me disait comment la thérapie comportementale qu'on lui avait administrée à l'hôpital ne
l'avait pas aidé. Le psychiatre passait une fois par jour pour demander comment ça allait ; la psychologue ne lui avait guère inspiré confiance et lui sem-
bla incompétente ; il avait plus parlé aux infirmiers et aux éducateurs qu'à la
psychologue et au psychiatre ; son dossier médical, apprit-il, par après, sti-
pulait qu'il était exigeant et narcissique. La thérapie proposée, imposée à vrai
dire, avait consisté en des bains de foules : on lui avait annoncé qu'il devait
quitter l'hôpital et retourner à l'école s'il ne consentait pas à s'exposer, accompagné d'un membre du personnel, au chahut des grandes foules dans un
gigantesque centre commercial. Il y avait consenti, à contre cœur. Et il me
raconta donc, quelques années après, que cela ne lui avait pas servi, puisque
ses questions (Qu'est-ce qui m'arrive ? Pourquoi cela m'arrive-t-il ?) étaient
demeurées sans écoute, sans aucune réponse. Je n'ai pas critiqué ses soi-
gnants, je me suis contenté de remarquer que cette expérience brutale, sans
répondre à sa demande, et que personnellement je ne pratique pas, a quand-
même eu des effets : il avait repris l'école, tant bien que mal, et il avait décidé, des années plus tard, d'aller voir quelqu'un qui refuse de travailler ainsi.
Il avait donc recouvert la pratique de sa liberté, en quelque sorte. Et je l'ai
écouté, en prenant acte de sa manière à lui de s'installer dans la vie, jusqu'à
ce qu'il décide, à nouveau, que le travail effectué chez un psychanalyste suffisait. Ce fut une expérience singulière, et j'espère bénéfique pour lui.

Quand on parle des enseignements de la clinique dans le domaine du
plaisir et du déplaisir à réguler et réglementer, il n'y a pas que ceux qui néve-
rotisent, évidemment, qui peuvent nous apprendre quelque chose. Il y a
parmi nous, en permanence, pour ne pas dire en chacun de nous, par moments, ceux qui ne réglementent pas assez : ils vivent sans frein, ils régulent
selon les poussées qui les animent, et non comme il faut, à la mesure d'une

nécessité intérieure, éthique. Ils satisfont la pulsion, ils consomment, comme s'ils ne refoulaient pas ou en tout cas pas assez. Pour eux, la plus-value est là, pourquoi donc s'en abstenir, pourquoi donc payer un prix structuralement négativé pour la justifier, pourquoi donc faire des détours et cultiver un plaisir autre, légitimé par du manque ? Ils nous présentent l'envers de la névrose, qui n'est pas comme Freud l'a cru la perversion[447], mais la psychopathie, à savoir : un défaut d'abstinence, un déficit de rationnement[448]. Les psychopathisants illustrent positivement ce que la névrose rend difficile : la satisfaction sans détours, la plus-value, la jouissance majorée à moindre frais, le plaisir économique. Les psychanalystes ne parlent malheureusement presque jamais de la psychopathie, sauf quand ils s'occupent de toxicomanie, et puis encore, d'une certaine manière, lorsqu'ils parlent aujourd'hui de la nouvelle économie psychique – laquelle, humainement parlant, ne peut jamais être qu'une nouvelle topique et dynamique en même temps.

Mais de même que la névrose est rarement totale, unipolaire, de même la psychopathie est rarement totale, unipolaire. Le penchant à objecter finement mais sans borne par exemple, à ne pas payer de prix du tout dans la quête d'un bien, n'exclut pas de ressentir en certaines situations de la culpabilité, à la manière de celui qui obsède, et n'en a jamais fini de payer ce prix. Et le penchant au libertinage par exemple, qui consiste à essayer avec goût mais sans borne chaque bien qui se présente pour en jouir, n'exclut pas la protestation ciblée contre le scandale, à la manière de celui qui hystérise et ne profite pas d'un bien par définition trompeur parce que différent de ce qui est promis.

---

[447] Idem, Drei Abhandlungen zur Sexualtheorie, in *STA, Band V, Sexualleben*, p. 74.
[448] Au sujet des psychopathies, voir par exemple l'essai de Mettens P. et Schotte J.-C., Un cas de modélisation de la forme structurale. Portraits-robots des troubles de la consommation, in Giot J. et Schotte J.-C. (éditeurs), *Langage, clinique, épistémologie. Achever le programme saussurien*, p. 183-224.

De même, mais inversement tout névrotisant ressent la tentation de céder. Et parfois il cède, en passant à l'acte, pour aussitôt redevenir le névrotisant qu'il est, et chercher à se rediriger et à s'exonérer, encore plus que d'habitude : il aurait dû s'y prendre autrement, alors pourquoi ne l'a-t-il pas fait ? Il doit se trouver des raisons, après coup. Et il n'a pas trouvé satisfaction, contrairement à ce qu'il croyait. Mais alors qu'est ce qui aurait pu le satisfaire ? Il questionne après-coup ce qu'il veut vraiment, en toute légitimité. C'est ce qu'on appelle des annulations rétroactives, des compensations après-coup pour des décompensations névrotiques précédentes.

Elles présupposent cependant ceci : que le névrotisant vit une histoire, qu'il rétablit des continuités, qu'il se réapproprie ce qui s'est passé dans la vie, à travers le temps. Y a-t-il une raison a priori pour qu'il ne pratique que des annulations rétroactives ? Non, elles peuvent tout aussi bien être proactives : il justifie alors d'avance les écarts à venir dont il s'inquiète, il prospecte d'avance les déceptions qu'il pressent. Plus radicalement sans doute faut-il se demander si ces passages à l'acte et leurs annulations illustrent autre chose qu'un va-et-vient dialectique en soi indifférent à la question du temps. Ce n'est certainement pas ce que Freud aurait dit, puisqu'il tient d'emblée que tout plaisir associé à un déplaisir s'inscrit mnésiquement, et que le souhait surgit comme souhait de rétablissement d'un plaisir passé, et que le refoulé est un « oublié ».

Je ferais plutôt l'hypothèse que tous ensemble, les névrotisants et les psychopathisants ne font jamais autre chose que montrer, par excès ou par défaut respectivement, comment chacun de nous construit un compromis entre les deux pôles que sont les pulsions naturelles d'une part et la réglementation implicite d'autre part : ce va-et-vient dialectique prend place dans des situations infiniment variables, et il est tout à fait normal d'être parfois casuiste (hédonique), parfois principiel (stoïque). Ce qui l'est moins, c'est de camper sur un pôle, comme s'il n'y en avait pas un deuxième. Par ailleurs, rien n'empêche la personne que je suis de retrouver la cohésion et la cohérence personnelle, proprement historique, dans ce va-et-vient pour autant qu'il soit vécu dans un contexte social que je partage avec certains individus, mais pas avec tous : le prix à payer peut être le mien, le bien à apprécier peut être apprécié par un autre ou un autrui, ou inversement. En néerlandais on dirait alors : « De lusten en de lasten zijn niet gelijk verdeeld » (les jouissances et les fardeaux ne sont pas équitablement distribués).

La nouvelle question qui surgit alors est la suivante : que veut dire « partager », qu'est-ce que « distribuer » ? La réponse à pareille question n'est pas axiologique, mais sociologique. La construction d'une authentique axiologie se heurte donc à la nécessité de la décharger de toute incidence d'ordre social. L'inverse est tout aussi vrai : ne prend-on pas trop facilement la Loi, en tant que principe de l'émergence à la vie en société, fondamentalement arbitraire, pour une loi au fond pénale ? Ne confond-on pas fréquemment « Nomos » et « Dikè » ? Se pourrait-il qu'une Loi qui est en premier lieu envisagée au regard de ce qu'elle interdit et légitime, soit en fait une Loi pour névrosés et psychopathes ? Ne faudrait-il pas plutôt explorer exclusivement les perversions et les psychoses pour saisir les ressorts de cette Loi – mais sans privilégier la question de la « jouissance », c'est-à-dire : en se demandant plutôt, à son propos comme à propos de tant d'autres choses, à qui elle appartient et qui en la responsabilité ? Au turbin !

Bibliographie

Anthropo-logiques 3. En corps le langage, Peeters, Louvain-la-Neuve, 1991.

Arendt Hannah, *The human condition*, Chicago, The university of Chicago press, 1958.

Bachelard G., *Le matérialisme rationnel*, Paris, Presses universitaires de France (collection Quadrige), 1990 (1re édition1953).

Bachelard G., *Le rationalisme appliqué*, Paris, Presses universitaires de France (collection Quadrige), 1986 (1re édition1949).

Bourdieu P., *Le sens pratique*, Paris, Les Éditions de Minuit, 1980.

Bourdieu P., *Méditations pascaliennes*, Paris, Seuil (Essais), 2003 (1re édition1997).

Brackelaire J.-L., Le corps en personne. À la frontière naturelle de la sociologie, in *Anthropo-logiques 3. En corps le langage*, Peeters, Louvain-la-Neuve, p. 141-204.

Breuer J. und Freud S., *Studien über Hysterie*, Frankfurt am Main, S. Fischer Verlag, 2003 (1re édition1893/1895).

Breuer J. und Freud S., über den psychischen Mechanismus hysterischer Phänomene, Vorläufige Mitteilung, in *Studien über Hysterie*, Frankfurt am Main, S. Fischer Verlag, 2003 (1re édition1893/1895).

Chemama R. et Vandermersch B. (éditeurs), *Dictionnaire de la Psychanalyse*, Paris, Larousse-Bordas, 1998.

Dartiguenave J.-Y. et Garnier J.-F., *La fin d'un monde ? Essai sur la déraison naturaliste*, Rennes, Presses Universitaires de Rennes (Collection « Essais »), 2014.

Descartes R., *Discours de la méthode*, Montréal, Les Éditions Variétés, 1946 (1re édition1629).

De Guibert C., La non-évidence de la souffrance. De la psychose maniaco-dépressive vers l'aboulie, in *Tétralogiques 9. Questions d'Éthique. Anthropologie clinique*, p. 166-186.

De Guibert C., De l'agnosie à l'aboulie. La folie maniaco-dépressive, in *Tétralogiques 11. Souffrance et discours*, p. 31-72.

Foucault M., *Les mots et les choses. Une archéologie des sciences humaines*, Paris, Gallimard, 1966.

Foucault M, *Leçons sur la volonté de savoir. Cours au Collège de France, 1970-1971*, suivi de *Le savoir d'Œdipe*, Gallimard Seuil (Hautes Études), 2011.

Foucault M., *Histoire de la folie à l'âge classique*, Paris, Gallimard (Tel), 1972.

Foucault M., *Surveiller et punir*, Paris, Gallimard (Tel), 1975.

Foucault M., *Histoire de la sexualité 1. La volonté de savoir*, Paris, Gallimard (Tel), 1976.

Foucault M., *Dits et écrits I, 1954-197*, Paris, Gallimard (Quarto), 2001 (1re édition1994).

Foucault M., *Dits et écrits II, 1976-1988*, Paris, Gallimard (Quarto), 2001 (1re édition1994).

Foucault M., Préface à la transgression, *in Dits et écrits I, 1954-1975*, p. 261-278

Foucault M., Nietzsche, Freud, Marx, in *Dits et écrits I, 1954-1975*, p. 592-607.

Foucault M., Sur les façons d'écrire l'histoire, in *Dits et écrits I, 1954-1975*, p. 613-628.

Foucault M., Préface à l'édition anglaise [de The Order of Things], in *Dits et écrits I, 1954-1975*, p. 875-881.

Foucault M., Nietzsche, la généalogie et l'histoire, in *Dits et écrits I, 1954-1975*, p. 1004-1024.

Foucault M., Entretien avec Michel Foucault, in *Dits et écrits I, 1954-1975*, p. 1025-1042.

Foucault M., La volonté de savoir, in *Dits et écrits I, 1954-1975*, p. 1108-1112.

Foucault M., La vérité et les formes juridiques, in *Dits et écrits I, 1954-1975*, p. 1406-1514.

Foucault M., Folie, une question de pouvoir, in *Dits et écrits I, 1954-1975* ; p. 1528-1532.

Foucault M., L'Occident et la vérité du sexe, in *Dits et écrits II. 1976-1988*, p. 101-106.

Foucault M., Le discours ne doit pas être pris comme ..., in *Dits et écrits II. 1976-1988*, p. 123-124.

Foucault M., Entretien avec Michel Foucault, in *Dits et écrits II. 1976-1988*, p. 140-160.

Foucault M., Les rapports du pouvoir passent à l'intérieur des corps, In *Dits et écrits II. 1976-1988*, p. 228-236.

Foucault M., Non au sexe roi, In *Dits et écrits II. 1976-1988*, p.256-269.

Freud S., *Studienausgabe, Band I-X*, Frankfurt am Main, S. Fischer Verlag, 1989 (1re édition1969).

Freud S., *Studienausgabe, Ergänzungsband, Schriften zur Behandlungstechnik*, Frankfurt am Main, S. Fischer Verlag, 1989 (1re édition1975).

Freud S., *Briefe an Wilhelm Fliess 1887-1904. Ungekürzte Ausgabe* , S. Fischer Verlag, Frankfurt am Main , 1999 (1re éd., 1986).

Freud, S., *Psychische Behandlung (Seelenbehandlung)*, 1re édition 1890.

Freud, S., *[Vortrag] Über den psychischen Mechanismus hysterischer Phänomene*, 1re édition 1893.

Freud S., *Die Sexualität in der Ätiologie der Neurosen*, 1re édition 1898.

Freud S., *Die Traumdeutung*, 1re édition 1900.

Freud S., *Die Freudsche psychoanalytische* Methode, 1re édition 1904.

Freud S., *Über Psychotherapie*, 1re édition 1905.

Freud S., *Drei Abhandlungen zur Sexualtheorie*, 1re édition 1905.

Freud S., *Bruchstück einer Hysterie-Analyse*, 1re édition 1905.

Freud S., *Meine Ansichten über die Rolle der Sexualität in der Ätiologie der Neurosen*, 1re édition 1906.

Freud S., *Über infantile Sexualtheorien*, 1re édition 1908.

Freud S., *Die « kulturelle » Sexualmoral und die moderne Nervosität*, 1re édition 1908.

Freud S., *Über « wilde » Psychoanalyse*, 1re édition 1910.

Freud S., *Die zukünftigen Chancen der psychoanalytischen Therapie*, 1re édition 1910.

Freud S., *Psychoanalytische Bemerkungen über einen autobiographisch beschriebenen Fall von Paranoia (dementia paranoides)*, 1re édition 1911.

Freud S., *Formulierungen über die zwei Prinzipien des psychischen Geschehens*, 1re édition1911.

Freud S., *Über neurotische Erkrankungstypen*, 1re édition 1912.

Freud S., *Zur Dynamik der Übertragung*, 1re édition 1912.

Freud S., *Über die allgemeinste Erniedrigung des Liebeslebens*, 1re édition 1912.

Freud S., *Totem und Tabu, Einige Übereinstimmungen im Seelenleben der Wilden und der Neurotiker*, 1re édition 1912-1913.

Freud S., *Zur Einleitung der Behandlung*, 1re édition 1913.

Freud S., *Zur Einführung des Narzissmus*, 1re édition 1914.

Freud S., *Erinnern, Wiederholen und Durcharbeiten*, 1re édition 1914.

Freud S., *Zeitgemässes über Krieg und Tod*, 1re édition 1915.

Freud S., *Die Verdrängung*, 1re édition 1915.

Freud S., *Das Unbewusste*, 1re édition 1915.

Freud S., *Triebe und Triebschicksale*, 1re édition 1915.

Freud S., *Aus der Geschichte einer infantilen Neurose. [Der Wolfsmann]*, 1re édition 1918.

Freud S., *Vorlesungen zur Einführung in die Psychoanalyse*, 1re édition 1916-1917.

Freud S., *Wege der psychoanalytischen Therapie*, 1re édition 1919.

Freud S., *Jenseits des Lustprinzips*, 1re édition 1920.

Freud S., *Das Ich und das Es*, 1re édition 1923.

Freud S., *Die infantile Genitalorganisation*, 1re édition 1923.

Freud S., *Neurose und Psychose*, 1re édition 1924.

Freud S., *Der Realitätsverlust bei Neurose und Psychose*, 1re édition 1924.

Freud S., *Die Verneinung*, 1re édition 1925.

Freud S., *Die Frage der Laienanalyse*, 1re édition 1926.

Freud S., *Die Zukunft einer Illusion*, 1re édition 1927.

Freud S., *Fetischismus*, 1re édition 1927.

Freud S., *Das Unbehagen in der Kultur*, 1re édition 1930.

Freud S., *Neue Folge der Vorlesungen zur Einführung in die Psychoanalyse*, 1re édition 1933.

Freud S., *Warum Krieg ?*, 1re édition 1933.

Freud S., *Die endliche und die unendliche Analyse*, 1re édition 1937.

Freud S., *Konstruktionen in der Analyse*, 1re édition 1937.

Freud S., *Der Mann Moses und die monotheistische Religion*, 1re édition 1939.

Freud S., *Die Ichspaltung in Abwehrvorgang*, 1re édition 1940.

Freud S., *Gesammelte Werke. Nachtragsband. Texte aus den Jahren 1885 bis 1938*, Frankfurt am Main, S. Fischer Verlag, 1987.

Freud S., *Entwurf einer Psychologie*, 1re édition 1987 (écrit en 1895).

Freud S., *Abriss der Psychoanalyse, Einführende Darstellungen*, Frankfurt am Main, Fischer Taschenbuch Verlag, 2004 (1re édition 1940).

Gagnepain J., *Du vouloir dire. Traité d'épistémologie des sciences humaines*, Paris, Livre et Communication (Volumes I et II) ; et Bruxelles, De Boeck (Volume II), 1991/1995. 1991 (*I. Du signe, de l'outil*), 1991 (*II. De la personne, de la norme*), 1995 (*III. Guérir l'homme, former l'homme, sauver l'homme*) (1re édition volumes 1 et II, 1982).

Gauchet M., *L'inconscient cérébral*, Paris, Seuil (Librairie du XXIème siècle), 1992.

Gauchet M. et Swain G., *La pratique de l'esprit humain. L'institution asilaire et la révolution démocratique*, Paris, Gallimard, 1980, et 2007 pour la préface.

Gauchet M., *Le désenchantement du monde. Une histoire politique de la religion*, Paris, Gallimard (Bibliothèque des sciences humaines), 1985.

Gauchet M., *La démocratie contre elle-même*, Paris, Gallimard (Tel), 2002.

Gauchet M., Essai de psychologie contemporaine 1. Un nouvel âge de la personnalité, in *La démocratie contre elle-même*, Paris, Gallimard (Tel), 2002, p. 229-262.

Gauchet M., Essai de psychologie contemporaine 2. L'inconscient en redéfinition, in *La démocratie contre elle-même*, Paris, Gallimard (Tel), 2002, p. 263-295.

Giot J. et Schotte J.-C. (éditeurs), *Surdité, différences, écritures. Apports de l'anthropologie clinique*, Bruxelles, De Boeck (Raisonnances), 1997.

Giot J. et Schotte J.C. (éditeurs), *Langage. Clinique, Épistémologie. Achever le programme saussurien*, Bruxelles, De Boeck (Raisonnances), 1999.

Guyard J. et Guyard H., Approche clinique de la Norme. Un exemple de probation sans correction. L'hystérie en cause, in *Tétralogiques 9. Questions d'éthique. Anthropologie clinique*, p. 115-163.

Guyard J. et Guyard H., Les troubles autolytiques. Quelques propositions pour comprendre l'obnubilation névrotique, in *Tétralogiques 11. Souffrance et Discours*, p. 73-114.

Guyard J. et Guyard H., Perdition et effondrement. Quelques éléments pour distinguer deux hystéries, in *Tétralogiques 11. Souffrance et Discours*, p.173-154.

Guyard H., *La plainte douloureuse*, Rennes, Presses universitaires de Rennes, 2009.

Hegel G. W. F., *Phänomenologie des Geistes*, Frankfurt am Main, Suhrkamp (Taschenbuch, Wissenschaft 603), 1986 (1re édition1807).

Homère, *Odyssée*.

Horace, *Odes*.

Lacan J., *Écrits*, Paris, Seuil (Le champ freudien), 1966.

Lacan J., *Écrits 1 et 2,* Paris, Seuil (Essais), 1966-1971.

Lacan J., *Le Séminaire. Livre I. Les écrits techniques de Freud*, Paris, Seuil (Essais), 1975.

Lacan J., *De la psychose paranoïaque dans ses rapports avec la personnalité*, Paris, Seuil (Essais), 1975 (1re édition1932)

Lacan J., *Le Séminaire. Livre II. Le moi dans la théorie de Freud et dans la technique de la psychanalyse*, Paris Seuil (Essais), 1978.

Lacan J., *Le Séminaire. Livre III. Les psychoses*, Paris, Seuil (Champ freudien), 1981.

Lacan J., *Le Séminaire. Livre IV. La relation d'objet*, Paris, Seuil (Champ freudien), 1994.

Lacan J., *Le Séminaire. Livre V. Les formations de l'inconscient*, Paris, Seuil (Champ freudien), 1998.

Lacan J., *Le Séminaire. Livre VI. Le désir et son interprétation.* Publication hors commerce, document interne à l'Association lacanienne internationale.

Lacan J., *Le Séminaire. Livre VII. L'Éthique de la psychanalyse*, Paris, Seuil (Champ freudien), 1986.

Lacan J., *Le Séminaire. Livre VIII. Le transfert*, Paris, Seuil (Champ freudien), 2001.

Lacan J., *Le Séminaire. Livre X. L'Angoisse*, Paris, Seuil (Champ freudien), 2004.

Lacan J., *Le Séminaire. Livre XI. Les quatre concepts fondamentaux de la psychanalyse*, Paris, Seuil (Champ freudien), 1973.

Lacan J., *Le Séminaire. Livre XVI. D'un Autre à l'autre*, Paris, Seuil (Champ freudien), 2006.

Lacan J., *Le Séminaire. Livre XVII. L'envers de la psychanalyse*, Paris, Seuil (Champ freudien), 1991.

Lacan J., *Le Séminaire. Livre XX. Encore*, Paris, Seuil (Essais), 1975.

Lacan J., *Autres écrits*, Paris, Seuil (Champ freudien), 2001.

Lacan J., *Des Noms-du-Père*, Paris, Seuil (Champ freudien), 2005.

Laplanche J. et Pontalis J.-B., *Vocabulaire de la psychanalyse*, Paris, PUF (Quadrige), 1998 (1re édition1967).

Lebrun J.-P., *La perversion ordinaire. Vivre ensemble sans autrui*, Mesnil-sur-l'Estrée, Éditions Denoël, 2007.

Lebrun J.-P., *Un monde sans limites. Suivi de : Malaise dans la subjectivation*, Toulouse, Éres, 2009.

Le Bot J.-M., *Le lien social et la personne. Pour une sociologie clinique*, Rennes, Presses universitaires de Rennes (Le sens social), 2010.

Lévi-Strauss C., *Les structures élémentaires de la parenté*, Paris, PUF, 1967 (1re édition1949).

Lévi-Strauss C., *Anthropologie structurale*, Paris, Librairie Plon, 1974 (1re édition1958)

Melman C., *L'homme sans gravité. Jouir à tout prix*, Mesnil-sur-l'Estrée, Éditions Denoël, 2002 (texte) et 2005 (postface).

Mettens P., Les fondements sociologiques de la psychanalyse, in *Tétralogiques 9, Questions d'éthique. Anthropologie clinique*, p. 3-37.

Mettens P., Freud « sociobiologiste » malgré lui ?, in *L'éthique hors la loi. Questions pour la psychanalyse*, p. 45-71.

Mettens P. et Schotte J.-C., Un cas de modélisation de la forme structurale. Portraits-robots des troubles de la consommation, in Giot J. et Schotte J.-C.

(éditeurs), *Langage, clinique, épistémologie. Achever le programme saussurien*, p. 183-224.

Morin M., Marseault F., Le Borgne R. et Guyard H., Tu me tiens, je te tiens. Confrontation de trois cas de psychose et de perversion, in *Tétralogiques 12, Paternité et langage*, p. 141-173.

Nietzsche F., *Werke in drei Bänden*, München, Carl Hanser Verlag, 1955.

Nietzsche F., Die fröhliche Wissenschaft, in *Werke in drei Bänden, zweiter Band*, München, Carl Hanser Verlag, 1955 (1re édition1882).

Nietzsche F., Jenseits von Gut und Böse, in *Werke in drei Bänden, zweiter Band,* München, Carl Hanser Verlag, 1955., (1re édition1886)

Nietzsche F., Zur Genealogie der Moral, in *Werke in drei Bänden, zweiter Band,* München, Carl Hanser Verlag, 1955, (1re édition1887).

Nietzsche F., Götzendämmerung oder wie man mit dem Hammer philosophiert, in *Werke in drei Bänden, zweiter Band*, München, Carl Hanser Verlag, 1955 (1re édition1888).

Pirard J.-L., Du côté de chez Freud. Eléments pour une axiologie, in *Tétralogiques 9. Questions d'éthique. Anthropologie clinique*, p. 39-63.

Pirard R., *Anthropies. Prolégomènes à une anthropologie clinique*, Bruxelles, De Boeck (Bibliothèque de pathoanalyse), 1991.

Pirard R., Si l'inconscient est structuré comme un langage ..., in *Anthropies. Prolégomènes à une anthropologie clinique*, p. 13-50.

Quentel J.-C., *L'enfant. Problèmes de genèse et d'histoire*, Bruxelles, De Boeck (Raisonnances), 1993.

Quentel J.-C., Discours et éthique. Autre désir et désir de l'Autre, in Giot J. et Schotte J.-C. (éditeurs), *Surdité, différences, écritures. Apports de l'anthropologie clinique*, p. 61-76.

Quentel J.-C., *Le parent. Responsabilité et culpabilité en question*, Bruxelles, De Boeck (Raisonnances), 2001.

Richards A. et Grubrich-Simitis I. (éditeurs), *Sigmund Freud. Gesammelte Werke. Nachtragsband. Texte aus den Jahren 1855 bis 1938*, Frankfurt am Main, S. Fischer Verlag, 1987.

Sabouraud O., À la recherche d'une pathologie neurologique de l'Ethique. Les syndromes frontaux revisités, in *Tétralogiques 9. Questions d'Éthique. Anthropologie clinique*, Rennes, Presses universitaires de Rennes, 1994, p. 187-201.

Shakespeare W., *Hamlet. Le roi Lear. Traduction et préface d'Yves Bonnefoy*, Paris, Gallimard (Folio), 1957 / 1965 / 1978.

Schotte J.-C., *La raison éclatée. Pour une dissection de la connaissance*, Bruxelles, De Boeck (Raisonnances), 1997.

Schotte J.C., Impossibilité ou compossibilité ? Réflexions sur l'explication clinique en sciences humaines, in Giot J. et Schotte J.-C. (éditeurs), *Surdité, différences, écritures. Apports de l'anthropologie clinique*, p. 7-23.

Schotte J.C., *La science des philosophes. Une histoire critique de la théorie de la connaissance*, Bruxelles, De Boeck (Le point philosophique), 1998.

Schotte J.C., *Méditations cartésiennes et anticartésiennes. Still lost in translation 2*, Norderstedt, Books on Demand, 2015.

Schotte J.C., *D'un Œdipe à l'autre, de Freud à Sophocle. Still lost in translation 3*, Norderstedt, Books on Demand, 2015.

Steffgen, Michaux, Ferring (éditeurs), *Psychologie in Luxemburg. Ein Handbuch*, Luxemburg, Universität Luxemburg, 2014.

Tacite, *Annales*.

Tétralogiques 9. Questions d'éthique. Anthropologie clinique, Rennes, Presses universitaires de Rennes 2, 1994.

Tétralogiques 11. Souffrance et discours, Rennes, Presses universitaires de Rennes 2, 1997.

Thomas Aquinas, *Summa theologiae*.

Toulmin S., *Cosmopolis. The hidden agenda of modernity*, The Free Press, New York, 1990.

Virgile, *Énéide*.

Table des matières

TROISIÈME PARTIE :

ÜBERSETZUNG : TRADUCTION DES REPRÉSENTATIONS.

ÜBERTRAGUNG : TRANSFERT DES AFFECTS.

ÜBERBESETZUNG : ÉNONCIATION DES SOUHAITS REFOULÉS — **293**